Googleデータポータルによる

レポート作成の教科書

安田 渉、石本 憲貴、稲葉 修久、沖本 一生、
小田切 紳、佐々木 秀憲、白水 美早、杉山 健一郎、
世良 直也、谷尻 真弓、古橋 香緒里、松浦 啓、宮本 裕志［著］

小川 卓、江尻 俊章［監修］

本書のサポートサイト

書籍に関するサンプルファイル、訂正情報や追加情報は以下のウェブサイトで更新させていただきます。

https://book.mynavi.jp/supportsite/detail/9784839975739.html

本書の読書特典について

本書の読者特典については、巻末のAppendixを読んでから、ご使用ください。

はじめに

この本は『Googleデータスタジオによるレポート作成の教科書』の内容を大幅に修正し、現在のレポート活用に役立つ書籍へと一新しました。サービスのアップデート対応はもちろん、SFAツールとの接続方法だけでなく、実践的なレポート事例も盛り込みました。

「Googleデータスタジオ」は、元々有償版としてサービスがスタートし一部無料で使える機能もありましたが、2017年には完全無償化となりました。

そんな流れもありここ最近ではGoogleデータポータルを活用している、または活用してみたいといった方も多いのではないでしょうか。使い方を知りたければインターネットで検索をすれば出てくるでしょう。ただし、“使う”ことと“使いこなす”ことは異なります。せっかく使うのであればデータ解析の考え方も学んだうえで“使いこなす”ことが重要です。

ウェブマーケティングに従事する方の共有の悩みとして「レポーティングに時間がかかる」「都度データをピックアップするのが手間」「解析ツールのどこを見れば良いかわからない」といったことがあると思います。

レポートを作るたびに毎回データを出力し、Excelやスプレッドシートにコピーペーストを繰り返す。そんな作業を行っていませんか？

レポーティング作業を簡略化するための有料のレポート生成サービスもありますが、必ずしも自社にピッタリあった情報を提供している訳ではなく、いわゆるテンプレートの形式で何となく数字は並んでいるが良くなったのか悪くなったのかがわかりにくかったり、「次のアクションが生めない」レポートになっていたりするのではないでしょうか。

私は代理店に勤務していることもあり、クライアントの担当者から「解析ツールを導入してはいるが見る箇所が多く、どこを見れば良いかがわからない」といった悩みをよく聞きます。例えばGoogleアナリティクスだと、ページビュー数や直帰率は定期的に見ているが「なぜ数字が上がった(下がった)のか原因はわからない」「お問い合わせを増やしたいが何をすれば良いかわからない」といったことです。

ただ数字を並べたものからは、課題や変化は見つけられません。ビジュアルを工夫したり、昨年の実績と比べてみたり、時には売り上げデータと気温の推移を比べる必要があるかもしれません。

前述したものはごく一例に過ぎないのですが、Googleデータポータルを活用することで普段の業務を効率化したり、見るべきデータに絞ったオリジナルのレポートを簡単に作成したりすることができます。

ここ数年で名前も機能も大きく進化したGoogleデータポータルを活用して、日々の解析業務やレポーティング作業をもっとレベルの高いものにしましょう。

2021年3月

著者を代表して　安田 渉

監修者の言葉

この書籍の底本となる『Googleデータスタジオによるレポート作成の教科書』を最初企画した当時、編集部とはデータポータル(当時はデータスタジオ)は今後も存在するのか？　突然無くならないか、という懸念がありました。しかしその心配は全く的外れでした。データポータルは、今やマーケティングでデータを用いる人全てにとって必須のスキルとなっています。

なぜなら、データポータルは私達の想定を遥かに超え、Googleが提供するさまざまなソリューションの重要なレポーティングツールとして進化をし続けています。印刷や表示の機能が強化され、接続できるデータも増えました。データの結合のような複数のデータをデータポータル上で連携する、今までの念願だった機能も実現されています。そして利便性が高まったデータポータルはレポーティングツールの枠を超えました。

私達が最もよく使うGoogleアナリティクスのカスタムレポートでは、データポータルでのレポート作成を推奨しています。

そして去年リリースされたGoogleアナリティクス4では、ビューという概念がなくなりました。分析ハブは残っているものの、これらの動きは「もうGoogleアナリティクスはクライアントにわかりやすくレポートを見せるツールではなくなり、わかりやすく情報を伝えるビジュアライゼーションは、データポータルのようなソリューションを使ってください」という意思表示にほかなりません。

計算を支援するGoogleスプレッドシート、文章作成を支援するGoogle Docs、プレゼンテーションを支援するGoogleスライドと並び、データを表現するソリューションとしてデータポータルは前述に並ぶ、必須のツールとしての地位を確保したと言えるでしょう。

一方で、マーケターや企業が、データポータルを利用しているかというと、まだまだ利用頻度は低いのが現状です。一度テンプレートを作れば簡単になるということがまだ浸透していないのが実情です。

そのため今一度最新の、より使いやすくなったインタフェースによる初心者向けの解説も残してあります。加えて、BigQueryやSalesforce、連携可能な最新のソリューションの例を加えることもできました。今回紙面の都合で割愛しましたが、業績管理や業務管理などマーケティング以外での応用も広がっているデータポータルをこの書籍を通じて、ぜひご活用いただければ幸いです。

このタイミングで乗り遅れないようにしましょう。いま手書きでレポートを書いたら、クライアントは不思議に思うでしょう。Excelでレポートを提出したらクライアントが違和感を覚える時代はもうすぐそこに来ています。

ぜひ、楽して素敵なレポートをたくさんつくりましょう！

2021年3月

一般社団法人ウェブ解析士協会代表理事　江尻 俊章

Contents

Chapter 1

これからの
ウェブ解析レポートとは

本書は、Googleデータポータルを使って、最小限のコストで表現力豊かなウェブ解析レポートを作成し、ビジネスの武器とすることを目的としています。そのためには、「ウェブ解析レポート」のあるべき姿を理解しておくことが重要です。ここでは、Googleデータポータルを使ったレポート作成について説明する前に、まずは「ウェブ解析レポート」自体について説明していきます。

1-1

これからのウェブ解析レポートとは

はじめに

この本を手に取って頂いた方の中には、すでにウェブ解析士(旧初級ウェブ解析士)もしくは上級ウェブ解析士などの資格をお持ちの方、または、企業の中でウェブ担当やマーケティング担当として、自社サイトの分析を行っている方や、コンサルタントとして他社のウェブサイト分析を行っている方などがいるのではないでしょうか。

いずれにせよ、この本を読み進めて頂くにあたり、そもそも「ウェブ解析」という言葉自体について、改めて皆さんと理解を揃えておきます。

ウェブ解析士協会では、ウェブ解析の目的を「事業に成果をもたらすこと」と定義しており、単にアクセス解析(Googleアナリティクスなどの、サイトへのアクセスデータの分析)にとどまらず、ウェブマーケティング分析(ウェブ上での競合やカスタマーの動きをマーケティングする)やビジネス解析(ビジネスモデルやマーケット全体、売上・利益構造やオフラインデータと突き合わせた解析)を実施し、"ウェブ"解析と言いながらもウェブを軸としてビジネス全体を見たうえでの"ウェブ"活用・改善を行い、事業の成果につなげることをゴールとしています。

もちろん、この書籍の大きなウェイトを占めるのは、Googleデータポータルの使い方や、Googleデータポータルも含めた「レポーティングの方法」になっていますが、途中でビジネス分析などそれ以外の内容も出てくるのは、本書で言う「ウェブ解析」を、今お伝えしたような意味で捉えているからです。

ぜひ、本書を片手に一つのウェブ解析の指針として活用頂き、自社もしくはクライアント先企業の「事業の成果につなげる」ウェブ解析・レポーティングを行ってください。

ウェブ解析で実現すべきこととは

そもそも、「ウェブ解析」とはなんでしょうか?

ウェブ解析とは、「デジタル化されたユーザーの行動を読み解き、情報の価値を知り、自分のビジネスに活かすための基礎技術」とされています。

今でこそ、「ウェブ解析」という言葉自体も有名になりましたが、古くは「アクセス解析」という言葉で指し示される、「自社サイトへのアクセスデータの解析」が一般的でした。つまり、「アクセス解析」のスコープ(対象範囲)は、「自社サイトのみ」であり、解析対象のデータも「自社サイトへのアクセスデータ」のみでした。

「ウェブ解析」では、最終的に「自社サイトの改善を元に、事業上の成果に貢献する」ことを目的とし、「あらゆるデータ」を解析していくことが求められます。自社サイトのデータはもちろんのこと、オンライン上の「他社のデータ」「マーケット・トレンドのデータ」や、オフラインで取れる「問い合わせの電話件数」や「商談率」「受注率(成約率)」などのデータも含まれています。私が実際に「ウェブ解析」に携わり、クライアントから期待されていること、クライアントに喜ばれることを言語化すると、「ウェブやマーケティングの専門知識を持ち」「事業の成果につながるであろう気づきをデータから見つけ」「効果の出る施策提案をしてくれる」「コンサルタント」といったところでしょうか。

経営コンサルタントや、マーケティングコンサルタントとは違い、まず求められるのは「ウェブの専門家」であることは間違いがありません。しかしながら、「ウェブだけの専門家」であると、なかなかインパクトの大きい分析・施策提案を行うのが難しいこともまた事実です。

ウェブサイトは企業の持つ武器の1つに過ぎません。
売上や利益を上げるために、「ウェブを上手く活用したい！」というニーズは間違いなくありますが、営業部隊が売上(利益)を上げても、ウェブサイトが売上(利益)を上げても、会社に取っては同じ売上(利益)です。
ウェブサイトもマーケティングも営業も全ての専門家であることは難しいでしょうが、少なくとも分析や施策を検討する際にウェブサイトの「前工程」「後工程」や「オフライン」が存在することを忘れないようにしましょう。
また、一つひとつの分析・施策のKPI(評価指標)は「セッション数」「ページビュー数」などウェブ解析の指標で大丈夫ですが、最終的にその分析・施策は売上や利益といった「事業上の成果」に繋がる内容か？　ということは必ず意識してください。

ウェブ解析の本質とは

さて、ウェブ解析という言葉の意味をご理解頂いたところで、改めてウェブ解析の本質について触れておきます。

「事業の成果につなげる」活動とは、一体どんなことでしょうか。

誤解を恐れずに言うと、ウェブ解析士やウェブ解析を行っている人に求められるのは「分析・解析」ではありません。

「分析・解析」がスタート地点であり、ウェブ解析の軸であることは間違いありません。しかし、分析や解析をして「こんなことがわかりました」では、成果につながりません。判明したことを元に改善案となる施策を考え、実行し、成果が出たことを確認・報告して初めて成果につながったと言えるのです。

いわゆるPDCA（Plan Do Check Action）サイクル、全てを回す中心人物でなければなりません。

どんなに良い分析をしても、施策に繋げられなければ改善は有りえません。

どんなに良い施策を考えても、実行されなければ絵に描いた餅です。

どんなに良い施策を実施しても、実際に効果が出ていることが確認できなければ事業の成果に貢献したとは言えません。

つまり、ウェブ解析を行う人の役割は多岐に渡ります。

分析の段階では「アナリスト」、施策立案の段階では「ウェブ制作会社」や「広告代理店」、そして施策実行の段階では「プロジェクトマネージャー」、施策評価の段階では、「ビジネスマネージャー」としての役割が求められます。

対象企業が大手であれば、関係者それぞれが別の部署で別のKPIを追いかけていることも考えられますので、より「プロジェクトマネージャー」として共通の目的（事業の成果に貢献）に向かって多部署の関係者を束ねて、着実にプロジェクトを進めていくことが求められます。対象企業が中小であれば、より「経営者と同じ目線」で、ビジネスに対しコミットし、事業の成果につなげるためにあらゆることを行うパートナーの役割が求められます。

最初から全てを完璧にできることはありませんが、今後ウェブ解析のプロフェッショナルとして活躍するためには、全ての専門家になることを最終的な到達地点・目標として目指し続けてください。

また、別の観点として「そもそも分析に必要なデータを取得するために何をすべきか？」という点も考える必要があります。

実際にコンサルティングの経験がある方は、対象サイトでGoogle アナリティクスが導入されていても、IPアドレスなどで「関係者のアクセス数を除外」していない、正しい「コンバージョン」の設定ができていない、「ユーザーに関するレポートをオンにし、利用規約に記載していない」、リンクのクリック数やPDFダウンロード数などを計測する「イベント計測」が設定されていないなどのケースに遭遇したことは何度もあるのではないでしょうか。「こんな分析をしたほうが良いな、すべきだ」と思ったとしても、「そもそも分析するデータがない(取れていない)」とスタート地点でつまずいてしまいます。データ取得の設計もウェブ解析を行う人の重要な役割です。

成果につながる考え方「仮説検証・問題発見・対策立案」

また、ウェブ解析士協会では、ウェブ解析を実際に行う方法として、「仮説検証・問題発見・施策立案」という3つのポイントをお伝えしています。詳細はChapter3で解説しますが、分析〜改善の一連の流れを表した言葉です。

先程お伝えした、改善のための「PDCAサイクル」を回すためにも、仮説検証・問題発見・対策立案の流れを意識して成果につなげるウェブ解析を行うことを常に心がけてください。

ただ、こういったお話をすると良く言われるのが「仮説はなぜ必要か？」と「仮説を立てることが難しい」ということです。

まず、「仮説がなぜ必要か？」という点ですが、理由はシンプルで「時間の短縮」です。

常に「時間との戦い」であるビジネスにおいて、「素早く結論に到達する」手段として仮説が必要なのです。

経営コンサルティング会社でも「仮説ありき」でデータの分析を行っています。なぜなら、短期間で成果につながる分析・提案をしなければならないからです。

逆に「仮説を立てない場合の分析」がどうなるかを考えてみましょう。

仮説がない場合は、「どんな軸で、何を分析・検証すべきか？」が定まらないため、目についたデータをかたっぱしから見て、何とか気づきを得ることになります。もちろん時間が有り余っていれば、それでも良いのですが、そんなことはありませんよね。

では、仮説がある場合はどうでしょうか。

自らの立てた仮説を検証するためであれば「こんなデータがあれば仮説は正しいと証明できるな」ということがわかるので、分析すべきデータがわかっている状態からスタートできます。

また、仮説を証明しようとして分析したデータが、仮説とは違う内容だった場合もあるでしょう。そのときは、新たな気づきを得られたことで、さらに仮説を見直せば良いのです。イメージとしては、常に行き当たりばったりで迷路をさまようのと、紙とペンで道を書きながら迷路を進むくらいの差があります。

また「仮説を立てることが難しい」という点についてですが、これも実はシンプルです。「ユーザーの気持ちに立ってサイトを見てみる」だけです。

ウェブサイトの目的に従い、自社サイトのユーザーの気持ちになってサイトを見てみると、「ここは使いづらそうだな」とか、「こういう行動をしたいと思ったときに、迷ってしまうな」など、さまざまな気付きが出てくるはずです。それがそのまま仮説になります。

例えば、とあるユーザー層にとって使いづらそうなページがあったときに、「●●というセグメントで絞り込んだときに、それ以外のユーザー層と比較して●%も離脱率が多い」ことがデータから立証できれば、仮説は正しいことになります。

ここまでの流れで、「仮説：●●というユーザー層にとって、このページは使いづらい」「検証すべきデータ：該当ページの離脱率を、セグメント毎に比較」までが自然と決まります。そして、そこから改善施策も見えてくることでしょう。

ウェブサイトには必ず「目的」があります。つまり、「誰に」「何をしてもらいたいのか？」ということです。そしてウェブ解析で最も基礎となるアクセスデータは、実際のユーザーの行動データの集合体です。

「目的」に合わせた視点でサイトを見直して仮説を立て、アクセスデータで仮説が正しいかどうかを確認することで、「成果につながる分析」を素早く行えます。

とはいえ、初めはなかなか仮説どおりのデータが導き出せない場合もあります。

「筋の良い仮説」を立てるためには、ユーザーに関するデータのインプットや、「仮説思考」に対する慣れも必要ですので、臆せず積極的にチャレンジしてみてください。

モニタリングデータの出力は自動化を図る

上記PDCAサイクルの中で時間がかかるのが「分析・解析」に必要な「データ出し」の作業です。今、敢えて“作業”と書きましたが、データ出し自体に重要な意味はないと考えています。もちろん、「どんなデータを出すのか？の設計」や「データ取得の重要性を伝え、必要なデータを集める」ことは、腕の見せどころではあります。

また、すでに大なり小なりウェブ解析に携わっている方であれば、おそらくほとんどの方が「週次レポート」や「月次レポート」といった、いわゆる「モニタリング(定点観測)レポート」を作成しているのではないでしょうか。

モニタリングレポート自体は、時系列でのサイトの状態を把握し、次の施策を検討するために重要なレポートですが、「モニタリングレポートを作る」作業自体には、そこまで価値はありません。

そのため、本書でこれから説明していくGoogleデータポータルを使って、データ出しや定期レポーティング(モニタリング)も全て自動化してしまう方法や、Chapter6で説明するGoogle アナリティクスとGoogle スプレッドシートを使った手法などで、極力「モニタリングレポートのためのデータ出し」作業は自動化しましょう。

出てきたデータを分析し施策に落とし込み、関係者を巻き込んで施策を実行し、事業に成果で貢献する。ただの分析屋でも制作屋でもない、事業貢献ができるパートナーとしての立ち位置を築いてください。

ウェブ解析を行うプロとしての仕事はデータの集計ではなく、集計されたデータを分析し、気づきを施策に落とし込み改善を行い、「事業の成果に貢献する」ことです。そこに注力するためにレポートを省力化することが本書の目的です。

1-2

自分なりのKPIを作り出す

KPIとは

KPIとは「重要業績評価指標」という意味のKey Performance Indicatorの頭文字を取ったものです。似た言葉で、重要目標達成指標を意味するKGI(Key Goal Indicator)や重要成功要因を意味するKSF(Key Success Factor)があります。

「重要業績評価指標」とはその名前のとおり、業績を評価するための重要な指標のことです。しかし、どの企業、どのプロジェクトでも重要業績評価指標は同じものではなく、それぞれの目的に合わせたユニークなものになります。

例えば、月間の収益を100万円から10%増(110万円)することを目標とし、下記が現状の数値とします。

- **アクセス数:10,000**
- **購入率:2%**
- **購入単価:5,000円**

アクセス数を10%アップさせて達成

- **アクセス数:11,000**
- **購入率:2%**
- **購入単価:5,000円**

アクセス数11,000×購入率2%×購入単価5,000円=収益1,100,000円

購入率と購入単価を5%ずつアップさせて達成

- **アクセス数:10,000**
- **購入率:2.1%**
- **購入単価:5,250円**

アクセス数10,000×購入率2.1%×購入単価5,250円=収益1,102,500円

このように最終目標の収益を10%増加させることに対しても取れる施策は無数に存在し、どの割合で目標を達成させるかが戦術になります。

また、KPIを設定し共有することで「どの指標」が「どこまで改善」されたら目標が達成するのかが誰が見ても一目でわかるようになり、全員が同じ視点で課題に取り組めるようになります。

では次に「自分なりのKPI」の例を見てみましょう。

自社オリジナルのKPIにすると一味違うレポートになる（事例：AbemaTV）

AbemaTVの須磨 守一さんはまさにこのKPIをうまく設定したことで、データの活用において大きく成功された方の一人です。もともと、サイバーエージェントのAbemaTVでは、「視聴の習慣化」をミッションに掲げていました。それは、視聴の習慣化がマスメディアになる目標を叶えるためです。

では、視聴の習慣化とは一体なんなのでしょうか。サイバーエージェントでは、その答えを「ユーザーフローの設定から始めた」と言います。

図1-2-1　ユーザーフローの設定

まず、ユーザーが訪問して、面白い番組に出会えたら満足します。では、満足するためにはユーザーはその直前にどんな行動をしないといけないでしょうか。それは番組を見始めることです。

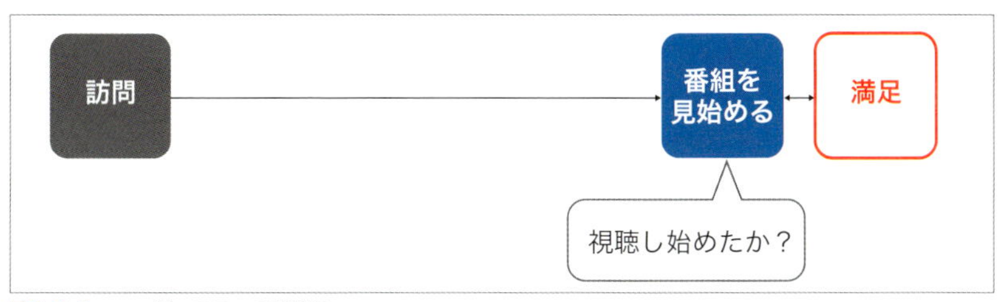

図1-2-2　ユーザーフローの逆算①

では、その前はどうでしょうか。番組を見始める前には、「番組を見つける」必要があります。さらにその前は番組を探す必要があります。

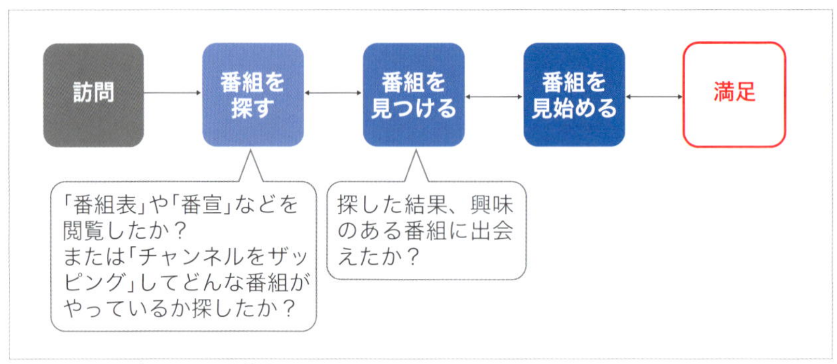

図1-2-3　ユーザーフローの逆算②

このように最終的にユーザーが番組を見て満足するためには、何が必要かを書き出していきます。ユーザーが満足したあと、そのあともまた見てくれると、視聴の習慣化ができそうです。それを形にしたものを以下に示します。

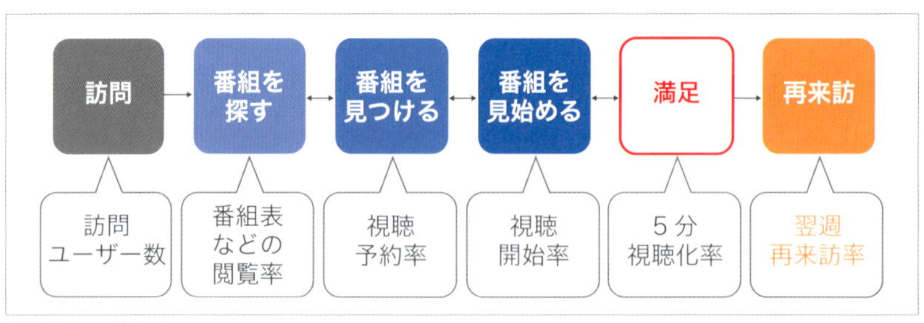

図1-2-4　KPI設計

一つひとつのポイントにKPIを設定していきます。

表1-2-1　分割した行動フローごとにKPIを設定する

行動フロー	KPI
訪問	訪問ユーザー数
番組を探す	番組表などの閲覧率
番組を見つける	視聴予約率
番組を見始める	視聴開始率
満足	同一番組を5分以上視聴した割合
再来訪	翌週再来訪率

行動フローごとにKPIを定めると、KPIを部署ごとに落とし込むことができます。

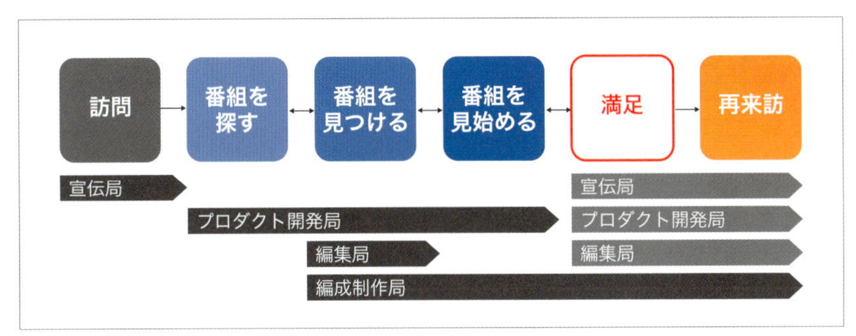

図1-2-5　部署間のバトンタッチ

宣伝局は「訪問」。プロダクト開発局は「番組を探す」「番組を見つける」「番組を見始める」。編成局は「番組を見つける」。編成制作局は「番組を見つける」「番組を見始める」「満足」「再来訪」。ゴール達成のために必要なユーザーの行動一つひとつを部署ごとの目標にできるようになりました。

全体から発想するのは重要なことです。「部分最適化」ではなく、「ユーザー満足度」を高めるためのKPI設計が重要とAbemaTVの須磨さんは話していました。

くら寿司のKPI

くら寿司の場合、鮮度を保つことを重要と考えています。そのため、回転レーンに乗せてから55分経った商品を廃棄しています。この方針を貫きつつ、収益を高めるため、廃棄率5%をKPIにしています。※1

これもとても良いKPIの例と言えます。「ユーザー満足度」を高めるうえで、寿司の鮮度は非常に重要です。鮮度が落ちれば、味も劣化しますし、最悪の場合、食中毒などの致命的なリスクも高まる可能性があります。そのため、鮮度を維持するために強制廃棄にしつつ、その廃棄率を5%以下にすることで明確な基準を作っています。

廃棄率を抑えることは廃棄コストの削減だけでなく、品質の維持も達成し顧客満足度の向上に繋がっています。

※1　https://bizboard.nikkeibp.co.jp/kijiken/summary/20100105/NIS0214H_1575394a.html

一方で気をつけたい、やりすぎなKPI

一方で、KPIさえ設定すれば全てうまく行くのでしょうか。実際にはそうではありません。カルビーでは過去に3000に及ぶKPIを設定していました。その結果、生まれたのは「現場の混乱」でした。混乱を予防するはずのKPIだったのに、やりすぎKPIはむしろ混乱を生んでしまうのです。このことをカルビーの営業企画部 部長である本田健氏は取材の中でこう振り返っています。※2

> 「かつて、われわれは、3000におよぶKPI(重要業績評価指標)を設定していました。そこから学んだことは、『KPIを重視した経営は、現場の心に響かない』です」

この反省を元にカルビーではシンプルなKPIに絞り込みました。あれもこれも重要だ、と言われると何にフォーカスすれば良いかわからないところがあります。カルビーではその後シンプルなKPIに設定変更し、2009年3月期に3%台だった営業利益率を2015年度末時点には約11%台までに向上させています。さらに市場シェアを10%近く落としたポテトチップスも、現在はシェアを以前と同様の75%にまで回復させることに成功しました。

自分なりのKPIを作ろう

このようにKPIを作ることは、ほとんど経営のデザインであると言っても良いでしょう。どの値を大切にするか、を決めれば、次のアクションが見えてきます。一方で、その数字を追う意味がよくわからないと、単なる数字として終わってしまいます。情緒的な表現になりますが良いKPIを作ると数字がイキイキとしてきます。今まで思いつかなかった手法が思いついたり、打開策を考えやすくなったりするのです。

※2 https://news.mynavi.jp/kikaku/20150623-a002/

1-3 ビジュアライゼーションで、直感的にわかりやすく

データを「伝わる」ように見せてこそレポート

最近では「ビジュアライズ」や「BI(Business Intelligence)ツール」などのキーワードがよく使われていますが、なぜ今ビジュアライズなのでしょうか。

一つには、ウェブサイトを使ってビジネスをすることが一般的になり、ウェブ解析のレポートを見る方が増えたことが挙げられるのではないでしょうか。

また、レポートはあくまで「読み手」がいるものです。読み手が理解しやすいレポートを作らなければ、おそらくそのレポートで伝えたかった内容は忘れられます。せっかく良い分析をして、事業の成果に大きく繋がる施策を提案していたとしても、実行されることはないでしょう。ただでさえ専門用語が多く出てくるため「理解することが難しい」ウェブ解析のレポートですから、データは理解すべき内容がすぐに伝わるよう、ビジュアライズしましょう。

詳しくはChapter5で説明していきますが、データは通常「表」型式で表されます。例えば、こちらはGoogle アナリティクスの「性別レポート」の一部ですが、
表の左側には性別が「ディメンション(分析の軸・切り口)」として設定され、性別ごとの「指標」として、「セッション(数)」「新規セッション率」「新規ユーザー(数)」「直帰率」などの指標のデータが表示されています。

	性別	集客			行動		
		セッション	新規セッション率	新規ユーザー	直帰率	ページ/セッション	平均セッション時間
		19,346 全体に対する割合: 39.74% (48,679)	57.89% ビューの平均: 59.49% (-2.69%)	11,199 全体に対する割合: 38.67% (28,958)	43.52% ビューの平均: 47.15% (-7.69%)	4.80 ビューの平均: 4.44 (7.94%)	00:04:19 ビューの平均: 00:04:01 (7.47%)
☑	1. male	12,157 (62.84%)	55.56%	6,754 (60.31%)	41.47%	5.01	00:04:30
☑	2. female	7,189 (37.16%)	61.83%	4,445 (39.69%)	46.99%	4.43	00:03:59

図1-3-1　Googleアナリティクス　性別データ

もちろん、データを表示するための基礎となる表現方法ではありますし、さまざまな指標を一覧で確認できる点は優れているのですが、レポートにこの表があった場合にどの指標を注意して見るべきなのか、読み手側にもスキルが求められます。

次によく見かけるのが、見て欲しい部分に赤丸などをつけて目立たせる方法です。

性別	集客			行動		
	セッション	新規セッション率	新規ユーザー	直帰率	ページ/セッション	平均セッション時間
	19,346 全体に対する割合: 39.74% (48,679)	57.89% ビューの平均: 59.49% (-2.69%)	11,199 全体に対する割合: 38.67% (28,958)	43.52% ビューの平均: 47.15% (-7.69%)	4.80 ビューの平均: 4.44 (7.94%)	00:04:19 ビューの平均: 00:04:01 (7.47%)
1. male	12,157 (62.84%)	55.56%	6,754 (60.31%)	41.47%	5.01	00:04:30
2. female	7,189 (37.16%)	61.83%	4,445 (39.69%)	46.99%	4.43	00:03:59

図1-3-2　Googleアナリティクス　性別データ

もちろん見るべきところは理解できるので見やすくはなりますが、それでも赤丸がついている「平均セッション時間」について説明をしているとき、ついつい他の項目の数値も見てしまうのではないでしょうか。

対面で説明をしているときであれば、相手の目線や説明を聞いているかを確認しながら内容を伝えきることは可能です。しかし、基本的にレポートは「提出した後に回覧される」ことを前提に作る必要があります。

また、「伝言ゲーム」の経験がある方はわかると思いますが、レポートを見せながらあなたがクライアントの担当者にした説明の内容を、担当者が上司に説明をするシーンなどでは、同じ説明はできないでしょう。

そのため、次に説明する「ビジュアライズ」の手法を使い「言いたいことが自然と伝わる」レポートを作る必要があります。

ビジュアライズをするときに、どのようなグラフを選ぶべきか？　ということはChapter5で詳しく説明するので、エッセンスだけをこのChapterで紹介します。

皆さんも、ほかの方が作成した資料がわかりづらいと感じたことはありませんか？次の2つの図を見比べてみてください。

2021年度は、2020年度と比較して、
1月はセッション数が120%だったが、
2月は90%で推移した

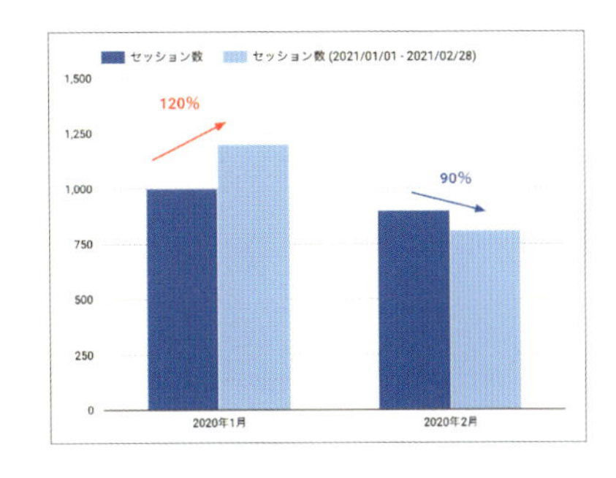

図1-3-3　文字情報のみ(左)とグラフ化した情報(右)

どちらのほうが理解できたでしょうか？

おそらくほとんどの方がグラフ化した情報のほうがわかりやすいと感じたはずです。

一説には、人間の脳が1分間に処理できる情報量は文字情報で1000文字、図では3000文字分と言われています。

つまり、忙しい上長やクライアントなど関係者に「すぐに」「直感的に」伝えるためには、ビジュアライズすることが近道とも言えるのです。

データをビジュアライズする際には、何らかのグラフを利用し「ディメンション(軸・切り口)」と「指標(何のデータを表示するか)」を選び、かつあなたが伝えたい内容が「最もよく伝わる表現方法」で表現します。

Googleデータポータルを使ってなるべく作業の手間を最小限にし、より「伝わるレポート」をビジュアライズで実現してください。

レポートで、「判断」と「実行」させる

詳しくはChapter4で説明をしますが、レポートの目的は「受け手にアクションを起こさせること」です。また、そもそもウェブ解析の目的は「事業の成果につなげる」ことなので、事業の成果につながるアクションをレポートを読んだほう(会社)が実行する。ここまでが「ウェブ解析レポート」のあるべき姿です。

つまり、ウェブ解析のレポートに必要なことは、ただの「報告(レポート)」ではなく現在起きている事実を報告したうえで、「判断」と「実行」を促すものである必要があります。気をつけるべきポイントは、分析結果から導き出された改善「施策」

が書かれており（実行すべき内容がわかる）、施策には「やるかやらないか？」を判断できる材料となる「工数/金額と期待される効果」がなくてはなりません。

「判断」については、ビジネス上の意思決定の基礎となるのは「費用対効果」となるため、いくらの予算/工数で、どれだけの効果が得られるのか？　が判断基準となります。実行したことがない施策について効果を考えることは非常に難しい作業ですが、類似する施策や他社事例の効果（かなり高い効果が出たものが事例になっていることは注意が必要ですが…）など、あらゆる情報を駆使し現実的な効果試算を実施しましょう。

判断する点において、さらに作成をおすすめしたいのが「施策一覧」です。

提案概要

まずは、下記施策一覧の中でもコスト・インパクトの観点から、
優先順位1～３を実施することをお勧め致します。

施策No.	施策内容	KPI	想定応募数	想定費用	インパクト	コスト	優先順位
1	主要キーワードのリスティング出稿	+550セッション	17応募/月	35000円/月	中	小	2
2	主要キーワードでのSEO対策	+100セッション	3応募/月	20万円/回	小	小	3
3	各原稿へのSEO対策	+100セッション	3応募/月	月額費用に含む	小	小	3
4	ショップカード/ポスターにQRコード設置	+1000セッション	42応募/6ヶ月（7応募/月）	32万円/回	中	大	8
5	「[illegible]」でリスティング出稿/LP作成	+707セッション	12応募/月	12万円/月	中	中	4
5'	「[illegible]」でリスティング出稿/LP作成			30万円/1LP			
6	indeed広告の増枠	+7972セッション	35応募/月	30万円/月	大	大	1
7	SNS活用	-	-	無料（人件費のみ）	未知数		-
8	[illegible]へのリンク追加	+120セッション	2応募/月（効果は長期的）	60万円/回	小	大	7
9	[illegible]ページの強化	+160セッション	3応募/月（効果は長期的）	60万円/回	小	大	5
10	[illegible]コンテンツの作成	CVR+0.11pt	19応募/月（効果は長期的）	180万円/3ページ	大	大	6
11	[illegible]とクリエイティブの向上	CVR+0.01pt	1応募/月	月額費用に含む	小	小	3

図1-3-4　採用サイトへのウェブ解析レポート時の施策一覧

ウェブ解析レポートを作成すると、複数の分析観点それぞれに対して施策を提案するため、レポート全体で10個以上の施策が出てくることもあるでしょう。クライアントが掛けられる予算、担当者の工数などを考えると数名のチームでの対応でない限り、10個の施策を同時進行するのは至難の業でしょう。

施策一覧を作ることで先程の「工数/金額（コスト）」と「効果（インパクト）」をベースに優先順位をつけ、クライアント側で検討する必要なあることを事前にお膳立てできます。一般的にはコスト・インパクトが良いかと思いますが別の指標でも構いませ

ん。分析者が一生懸命考えた「このようにすべきである」という提案を通しやすくするページになるので、ぜひ作成しましょう。

また、「実行しよう！」となったときにきちんと実行できる程度の具体性も必要です。

例えば、あなたがウェブ解析コンサルタントとしてプロジェクトに関わっているのであれば、あなたの書いたレポートが「指示書」としてウェブ制作会社に渡り、作業を進められることが理想です。

「具体的」の定義ですが、「●●というランディングページの改善」ではなく、そのランディングページのどこをどう変えれば良いのか？　までを書くことで、初めて実行に移せるレポートと言えます。

デザインなど専門的な部分は制作会社にお任せするとして、「どんなユーザーにとって」「何が問題で何を解決したいのか」「おおよその解決の方向性」は最低限必要です。あなたのウェブ解析の価値のアウトプットであり、ウェブ解析が良い内容になるか、悪い内容になるかを決める武器でもある「レポートの質」を、この本を通じて高めてください。

ビジュアライゼーションの鉄則

ビジュアライゼーションの鉄則は伝わるレポートにすることであるというのは、先に述べた通りです。

そのために必要なことは情報を極力シンプルにすることです。人が判断できる情報量には限界があります。

1.表現の基本原則

データの表現には以下の方法しかありません。

a.文字

数字や文章を含みます。的確に伝わる反面情報量が多く、読み手を混乱させます。

b.線

変化を示すのに適しています。線の種類や色で表現することで多くの情を伝えられますが、その反面、位置が近いと混乱します。

c.位置

縦軸横軸の位置で表現します。散布図が代表例です。関係性を表現しやすい反面、2種類の比較しかできないのが欠点です。二軸グラフでもう一軸加えたり、バブルチャートのように面積や色で表現を組み合わせたりすることもありますが、3次元以上の表現はおすすめしません。

d.記号

記号の違いで表現する方法です。対比が容易ですが、位置や線などと同様、4種類以上は使うべきではありません。

e.面積

面の大きさで表す方法です。量の評価に便利な表現ですが、円と円の面積の比較など、量の大小が的確に受け取られない面積表現もあることに注意が必要です。

f.色

記号同様対比に使ったり、色温度で変化やトレンドも表現できたりしますが、色数を多く使うと読みにくくなります。

2.シンプルにする

伝えるメッセージを目立たせる唯一の方法はシンプルにすることです。

a.数字や言葉を減らす

文章を減らします。グラフや表に対しての説明を避け、それぞれが自ら表現するよう努めます。数字も伝えるべきこと以外を省いてください。

b.線や面積を減らす

横線縦線が不要なら省いてください。グラフの枠線、不要ならグラフ、タイトルなどの線も含みます。伝えたいことが特にない項目があれば、そもそもグラフ内に入れないことも検討してください。

c.色数を減らす

色数はできる限り減らしてください。対比させたい項目は、色を変えることで違いを際立たせることができますが、それ以外の内容で違う色相の色を使わないでください。レポート全体で使う色は統一し、ページをめくっても、違和感がないようにしましょう。対比させる内容ではないなら、同系色や類似色を使い、明度や彩度の調整で違いを見せてください。

d.目盛りや補助線は最小限に

目盛りは必要最小限にしてください。主線や補助線、グリッドも不要です。メッセージと関わるものだけを残してください。目盛りを見て、横に線を辿って各数値を見るのではなくグラフに直接数字を表示したほうがわかりやすいでしょう。

e.文字装飾を最小限に

文字に不要な装飾を外してください。タイトルや摘要の太字や下線は本当に必要か、問い直してください。これらはメッセージとして伝えたいことに使うものです。ましてや、ワードアートや3D文字はいわずもがなです。

3.ルールを決める

a.インデント、文字大きさで情報構造ルールを決める

インデントや文字の大きさは強調したいメッセージの表現を除き、階層や構造を表すために使います。タイトルやH1やH2、引用、脚注、リンクなど、全体を通して同じルールで表現してください。

b.色と記号の意味のルールを決める

まずは全体で使用する背景と文字など表現の色を決めた後、強調、ポジティブとネガティブな表現、競合などと「比較」をするときに使う表現、問題点と提案に使う色を決めます。グラフごと、表ごとで異なる表現をしないようにしましょう。

c.強調方法を決める

数字や文字の強調方法を決めます。具体的には、太字、斜字、下線をどういった場合に利用するのか？　の基準を決めます。

4.メッセージの加え方

a.わかりやすく伝える

主語や述語を明示し、使役形を使わず、50文字以内に収めることを基本とします。

b.事実と意見を分けて書く

事実表現と意見では文章を分ける。提案や問題点も「事実」を表現していること、それを元にしたあなたの「意見」がありますので、それが混同されないようにしましょう。

C.常体と敬体、数字の表現を決める

ですます体、だ、である体のどちらで文章を書くのかを決めましょう。
また、数値の表現に関しては必ず「単位」をつけること、また数字には「10,000」のように3桁区切りで「,」を入れる、表に数字を入れるときは右寄せで0の位置が揃うようにするなど、注意する点は多いです。数字を日常的に見慣れている人ほど、「見やすさ」にこだわります。

5.数字とフォントを整える

a.数字の表現方法を整える

タイトル、副題は右寄せか中央寄せかを決めます。項目は基本左寄せで数字は右寄せが基本ですが、小数点以下の表現や桁区切りなどの表現を定めないと混乱します。

b.フォントはゴシック系を基本とする

英語ではlegibility、日本語では「可読性」と言いますが、フォントは読みやすいものを選択しましょう。
基本的にはゴシック系のフォントを使うことをおすすめします。

6.ロジックツリーでまとめる

データと提案はできれば1ページに記載をすることが望ましいです。データのページと提案のページを行ったり来たりするのは読み手に負担が掛かります。
しかし、データや提案を伝えるのにスペースが足りない場合、提案はまとめて前方に置き、参照するデータは後半に置く方法を取る場合もあります。
そのとき、データと提案が離れてしまうため、どの提案がどの提案に基づき、どのKPIを達成するための提案なのか？　という関連がわかりにくくなってしまうことがあります。そのときはロジックツリーを作り、データと施策とKPIの関係をわかりやすく示すことをおすすめします。
また、参照すべきページや項目を乗せることで問題点がわかりやすくなります。
施策量が多いようであれば、後述する「施策一覧」をつくり、何のKPIをどの提案で、どれだけ達成するのか？　をわかりやすく表現しましょう。

ビジュアライゼーションで注意すべき点

さて、簡単に「ビジュアライズとは」について触れましたが、もう少しだけ掘り下げてお話します。Chapter5でもそれぞれのグラフの特徴などに触れていますので、参考にしてください。

まず、ビジュアライズをする場合「何を伝えたいのか？」をしっかりと検討することが必要です。ビジュアライズといっても「レポート」であり、レポートの内容をよりわかりやすくするために利用するものなので、その点に注意しましょう。

Chapter5でも触れますが基本的にはデータを見て、言いたいことが決まれば自然とどういったグラフを利用すべきか？　は決まってきます。

Google データポータルの場合、「定点観測」しやすいツールになるので、1-2で紹介したKPIをしっかりと定め、そのKPIのモニタリングをしやすいグラフを選択してビジュアライズしましょう。KPIを細かく確認して問題があるときにはすぐに対応をすることで、目標達成に近づくことができます。ビジュアライズはその目標達成を効果的に支援する手法です。また、ビジュアライズする際には、伝えたいメッセージを際立たせるために必要な注意点があるので、そちらをいくつかお伝えをします。

データの量が違いすぎるものを比較するときには注意をする

例えば、平日と土日の時間帯ごとの「セッション数」を比較してみて、違いを把握したいと考えたとします。しかし､純粋に「セッション数」を比較してしまうと「全ての時間帯で土日の方がセッション数は少ない」という当たり前のことしかわからないでしょう[※1]。

これを意味のある分析に変えようとすると、「1日の合計セッション数を100%としたときの、各時間帯のセッション数の比率」を比較してみることが考えられます。この方法であれば、平日のセッション数が多い日でも、土日のセッション数が少ない日でも最大値は100%となり、時間帯ごとの平日と土日の動きの違いが確認できるようになります。

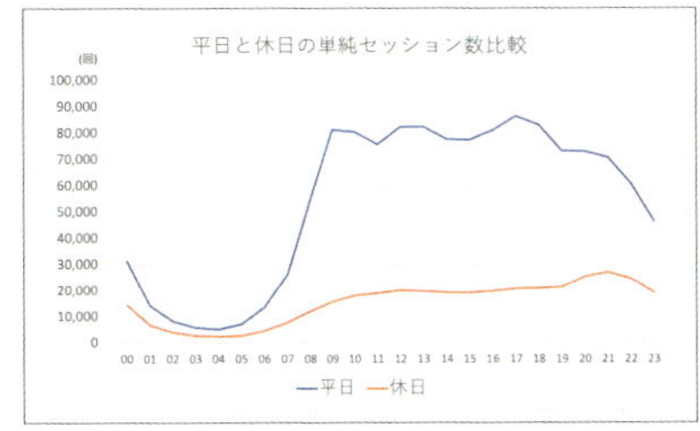

図1-3-5　平日と休日の単純セッション数比較
単純にセッション数を比較した場合。休日のグラフが横ばいとなり、違いはわかりづらい

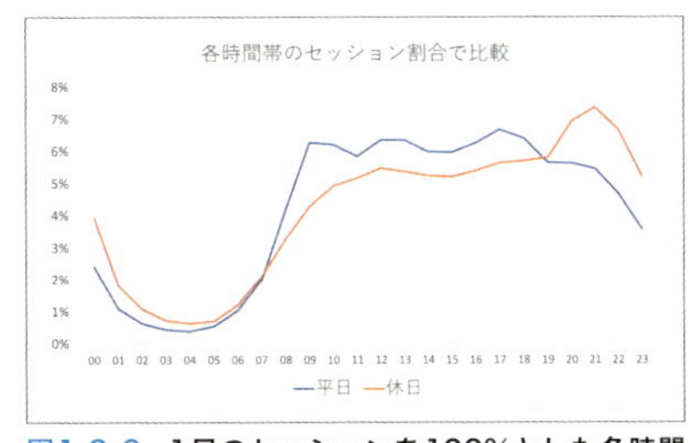

図1-3-6　1日のセッションを100%とした各時間帯のセッション割合の比較
1日のセッション数を100%として、各時間帯のセッション数の割合を比較したもの。比較がしやすく、時間帯ごとの違いが浮き彫りとなる

※1　主にBtoBサイトで顕著ですが、平日よりも土日のセッション数のほうが少ないことが多い。

グラフの「軸」を意識する

図1-3-7　軸の最小値を設定した推移グラフ

こちらのグラフを見て、皆さんはどのように感じるでしょうか。
左であれば「かなり下降傾向だ」、右であれば「少し下降してはいるが、変化は緩やか」と感じるのではないでしょうか。

ですが実は、こちらの２つのデータは全く同じものになります。
左側の「軸」に注目して頂きたいのですが、左は「85-100」で、右は「0-100」で設定されています。

そのため、このような違いが出てきます。
「データ」は事実なので嘘をつきませんが、「見せ方」によって大きく印象が変わることをご理解頂けたでしょうか。

あなたがきちんと分析をして、伝えたい内容が決まっていれば、より効果的な「軸」を選んで使えば良いのです。

上の例では、「縦軸（Y軸）」の話をしましたが、同様に「横軸（X軸）」にも注意が必要です。

とくに日々の変動が激しい時系列データなどは、切り取る期間によって印象が全く変わってしまいます。

図1-3-8　2013年から2020年までの日経平均推移
2013年からは上昇傾向があることが読み取れる

図1-3-9　2020年の日経平均推移
3月に一度下降し6月まで緩やかに上昇し、11月頃までは横ばいだったことが読み取れる

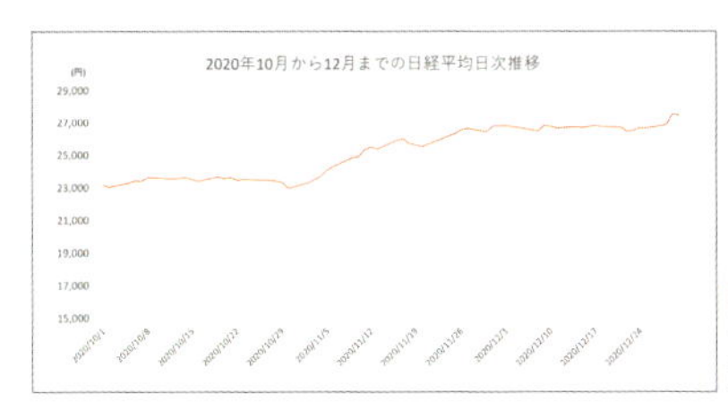

図1-3-10　上昇傾向にあるグラフ
10月29日頃をきっかけに、上昇傾向に移ったことが読み取れる

この違いを理解したうえで、「何を伝えるために」「どのようなビジュアライズをするか」を設計して利用するようにしてください。

以上、ビジュアライズの基本と注意すべき点をお伝えしました。閲覧期間や、閲覧対象を変更できるGoogle データポータルでは、全ての対応ができる訳ではないですが、さらなる機能追加を待ちつつ、提案書など作成するときにはぜひ意識して「伝わる、動かすレポート」作成をしましょう。

Google データポータルを使った実装例についてはChapter5で解説しています。

Chapter 2

Googleデータポータルの使い方

ここでは、Googleデータポータルを使ったレポート作成を解説していきます。ぜひ本書を片手に、一緒に操作をしながら学んでみてください。

2-1

Googleデータポータルとは

ビジュアライゼーションについての現在の潮流

さて、2章では早速、「Googleデータポータル」の具体的な使い方を見ていきます。

その前に、まずは「Googleデータポータル」も含まれる「データビジュアライゼーションツール」というジャンルについて触れておきましょう。

データビジュアライゼーションとは、「データをわかりやすく伝える」ことを目的として、膨大で複雑なデータをグラフや図で視覚化して表現する技術のことです。とくに目新しいキーワードという訳ではないのですが、コンピュータの処理能力が飛躍的に向上したことや、クラウド化が進んだことで比較的安価に、負荷の高い(重い)計算ができるようになりました。また、2012年頃から「ビッグデータ」というキーワードとともに、再度注目をされ始めました。

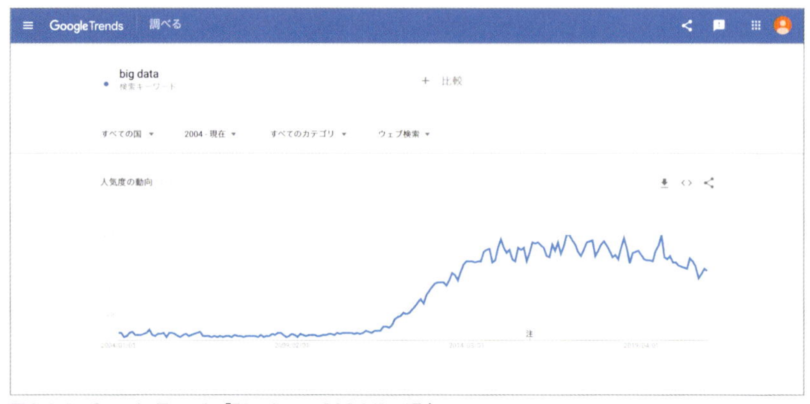

図2-1-1　Google Trends「Big date」2004/1～現在

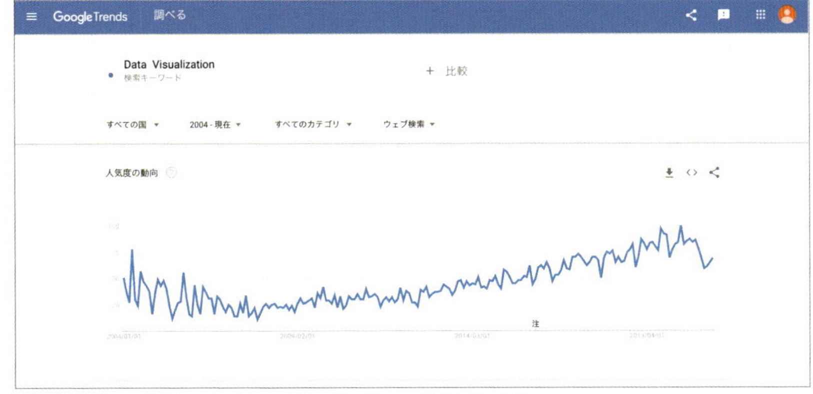

図2-1-2 Google Trends「Data Visualization」2004/1〜現在

「ビッグデータ」は、従来は保存や集計しきれなかった大量で複雑なデータのことです。このビッグデータを集計・処理・解析することで、新たな知見を得られるようになり、それをビジネス活動につなげることが可能になりました。

例えば、「Aを買う人は、(関連性が薄い)Bも購入する傾向が高い」など、人間の仮説だけでは気づくことが難しい、関連性を見つけ出します。この技術は「データマイニング」と呼ばれ、すでに実際のビジネスにも使われています。データマイニングの事例としては、アメリカのスーパーマーケットチェーンのPOSデータを分析することから導き出された、「紙おむつを夕方に買う人は、ビールも一緒に買う傾向がある」という説が有名です。

図2-1-1と図2-1-2からわかる通り、「Data Visualization」は、ビッグデータほど浮き沈みはないものの、「ビッグデータ」の検索トレンドが上昇を始めた2012年頃から、緩やかな上り基調になっており、この2つが連動していることは明らかです。

ビッグデータを分析して「データから新たな知見を見つけ出す」作業を行うとき、より素早く、数字だけでは気づきづらいポイントに素早く気づくためにデータを「ビジュアライズ」する。つまり、グラフやチャートに変換し、見やすく・読み取りやすくすることがデータビジュアライゼーションの本質です。同時に、データを見ることに慣れていない人であっても「直感的に理解する」ことを手助けします。

アクセス解析に用いられるGoogleアナリティクスも、大規模サイトになればかなり大量のデータを集計し、分析しています。

また、Googleアナリティクス自体も折れ線グラフや円グラフ、また最近では「ホーム」というダッシュボード機能も追加されたので、「ビジュアライゼーションツール」と言えなくもないですが、やはりGoogleデータポータルと比較すると「ビジュアライズ」の機能が十分であるとは言えません。それ以上に最大の難点としては、「Googleアナリティクスにログインしなければ見られない(権限付与が前提となる)」ことと、「Googleアナリティクスが操作できなければ見られない」ことが挙げられます。

Googleデータポータルについても、レポートを作成する時点では操作方法を理解している必要がありますが、作成されたレポートを見るだけであれば、「操作方法を知っている」必要も、「ログインする」必要もありません。

また、Google スプレッドシートやスライドなどと同じく、URLのみでレポートの共有が簡単にできます。

BIツールとの違い

「データビジュアライゼーション」は最近のトレンドとなっているため、各社から提供されているツールについても、紹介しておきます。

表2-1-1　さまざまなBIツール

ツール名	提供企業	費用
Tableau	Tableau Japan株式会社	有料
DOMO	ドーモ株式会社	有料
Power BI	日本マイクロソフト株式会社	無料〜

上記のツール、とくに有料のものはデータ処理が高速であること、ビジュアライズの表現の豊かさ、掛け合わせられる項目数の多さなどが強化されており、価格に見合ったものになっているようです。

また、多くはビジュアライズを売りにしているだけでなく、「BI(Business Intelligence)」ツールとして売り出しています。

さまざまなデータから「ビジネス上の意思決定」をサポートするツールという意味で、いわゆる「ダッシュボード」を作成し、経営状況を適切に判断するものです。

図2-1-3　自動車のダッシュボード

もちろん、上記したように有料のツールはより高機能・高性能にはなっていますので、本書を読んで、「もっと強力なツールでなければ要望を満たせない」という方は、ぜひ上位ツールにチャレンジしてみてください。

ただ、まずは「無料」で「Googleアナリティクスとも簡単に接続できる」Googleデータポータルを最初に使うツールとしてはおすすめしますので、この後のパートは、ぜひ本書を片手に、実際にPC操作を行いながら読み進めてみてください。

Googleデータポータルの仕組みと思想

Googleデータポータルは、「データソース」のデータを、「レポート」で、どんなグラフを使うか？　どこに配置するか？　という、「見た目」の部分を編集し、レポートとして完成させます。

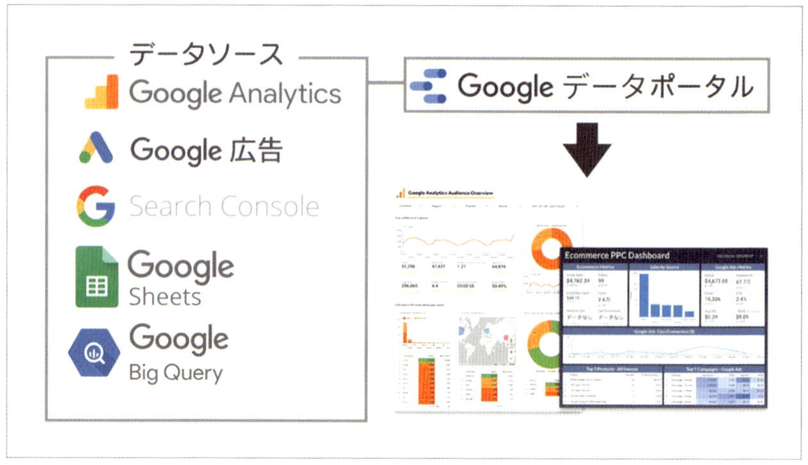

図2-1-4　Googleデータポータルと連携可能なデータソースイメージ

データソースには、さまざまなツールを連携でき、例えば上図に示した「Google アナリティクス」「Goole Search Console」「Google広告」「Google スプレッドシート」「Google Big Query」 などをデータソースとして追加できます。

その他、自ら作成したファイルをアップロードして、それをビジュアライズすることも可能です。

いずれにせよ、ビジュアライズをするための元となるデータを「データソース」として、Googleデータポータルに追加し、データソースにあるデータを元にして、「レポート」でグラフの種類や配置、色など見た目を設定する関係性はしっかりと理解しておいてください。

図2-1-5　Googleデータポータルレポート共有設定画面

便利な利用シーン

本書では、Googleデータポータルを利用したレポートの作成から、その後の改善提案をするときについても解説していきます。Chapter 3以降ではレポートを作るにあたっての考え方や気をつけるべき点なども解説しています。改善提案まで実施する場合にはPowerPointなどのプレゼンテーションソフトを利用することになるでしょうが、グラフとその元になっているデータを素早く提出できます。

これがまさに「ダッシュボード」的な使い方になりますが、いわゆる「定期モニタリング」として、Googleアナリティクスを見ている、クライアントや上司に報告をしている場合においては、強力なツールになり得るでしょう。

クライアントや上司がウェブに強い関心があり、自らGoogleアナリティクスを見てくれるなら楽ですが、そうでない場合、最も手間が掛からない場合でも、Googleアナリティクスにログインをして、レポートをPDF送付。場合によっては、Excelをダウンロードするなどして、報告用のフォーマットに書き換えることを、週次・月次で行っている方も多いのではないでしょうか。

Googleデータポータルが最も活躍しやすいのは、まさにそんなシーンです。

初めにGoogleデータポータルでレポートを作成するのは少し大変かも知れませんが、(それでも、かなり凝ったものでも1時間もあればできるのではないでしょうか)一度作成をしてしまえば、あとはURLをクライアントや上司に送付し、「好きなときに見てください」で、終了です。

Googleアナリティクスの用語には慣れてもらう必要があるかも知れませんが、クライアントも上司も「表」や「グラフ」なら見慣れているはずですので、Googleデータポータルのレポートであればすんなりと受け入れてくれることでしょう。

詳細は後述しますが、レポートの「期間」を変更したり、データの「フィルタ掛け(例えば「Organic Search」のみのデータに絞り込むなど)」をしたりすることは、Googleデータポータル上でも簡単にできるため、まさに「好きなときに見てください」が実現できます。

まずはChapter2をしっかりと理解し「ダッシュボード」的な使い方をマスターして、Chapter3以降ではデータから読み取ったことをしっかりと「事業の成果につなげる」ためのレポートのつくり方を学んでください。

2-2

Googleデータポータルの基本的な使い方

ログインから初期設定まで

それでは早速、Googleデータポータルの使い方を紹介していきます。

後のパートでは「Googleアナリティクス」「Google 広告」「Google Seach console」「YouTube アナリティクス」という、ウェブ解析では代表的なツールをデータソースとして接続した場合のレポート作成方法をお伝えします。ここでは、そもそものGoogleデータポータルの使い方について、まずは説明していきます。

まずは、「Googleデータポータル」と検索をしてみましょう。

検索結果から次のような画面にたどり着けるはずです。

図2-2-1　Googleデータポータルの概要

まずはログインしてみます。

すると、次のような画面になります。

図2-2-2　Googleデータポータル管理画面

これが、Googleデータポータルのホーム画面となります。
ここで、データソースとレポートの管理を行っていきます。

この後､実際にさまざまなレポートを作成していきます｡まずは利用規約を確認し､同意する必要があります。

左上の「テンプレートを使って開始」のすぐ下にある、白地にカラフルな＋を押してみましょう。
すると、次の画面が表示されます。

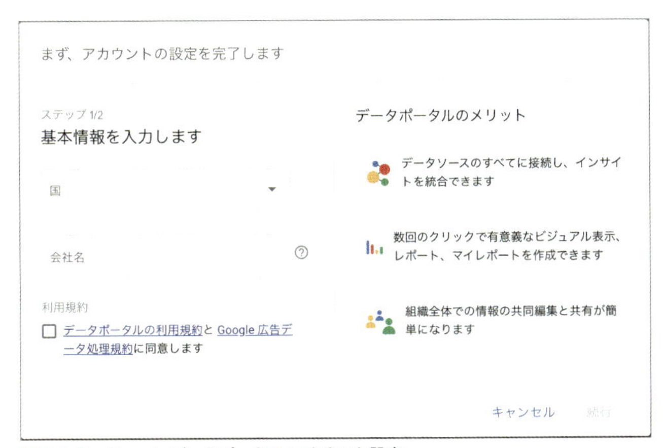

図2-2-3　Googleデータポータル アカウント設定

国を選択し、会社名を入力します（任意のため、会社名は記載なしでも可能です）。下部の利用規約を確認し、チェックをつけます。

ここまで入力が完了すると、右下の「続行」が押せるので、クリックします。

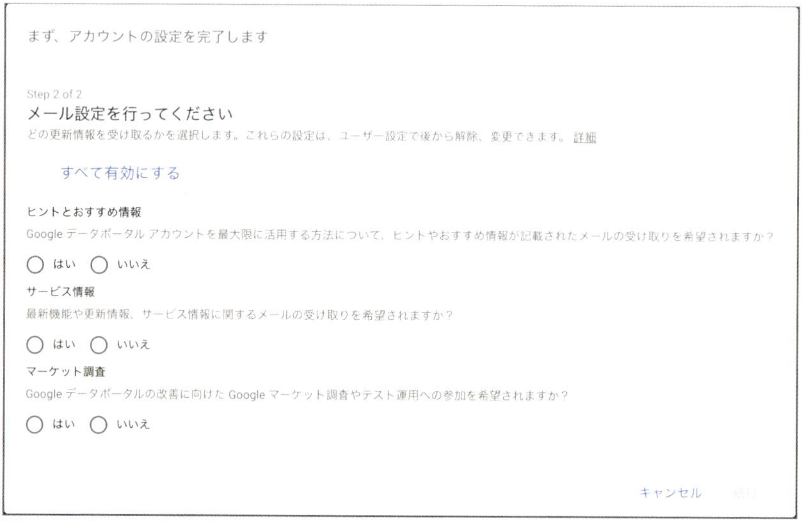

図2-2-4　Googleデータポータル アカウント設定画面

次に、ニュースレターなどの受取設定を実施し（全て選択すると、完了が押せるようになります）、初期設定は完了となります。

こちらの受取設定は、後ほど変更できるため、迷うようでしたら全て「はい」もしくは「いいえ」にして完了させてください。

すると先程の初期画面に戻るため、もう一度白地にカラフルな＋の「空のレポート」をクリックしてください。

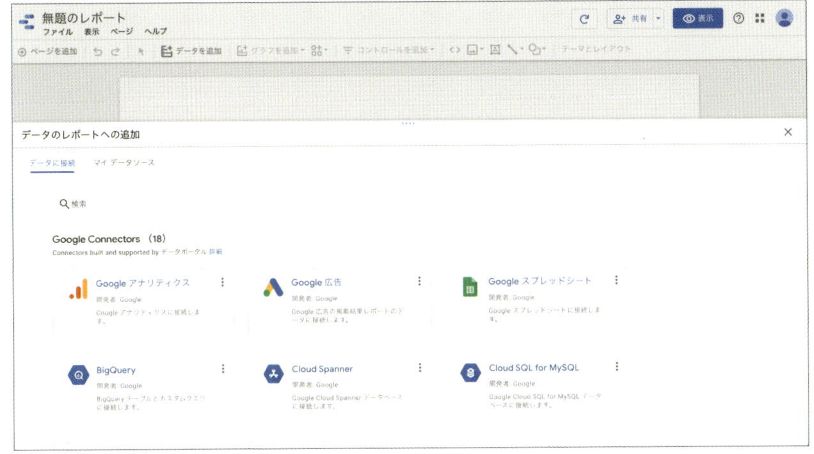

図2-2-5 Googleデータポータル データソース一覧

このような画面が表示されます。

手前の色が濃くなっている部分が「データソース」として利用可能なサービスと接続するための、「コネクタ」を選択する画面です。

後ろの、少し色が薄くなっている部分が、これから作成しようとしている「レポート」になります。

まずは、画面を説明しつつ、感覚を掴んでもらいたいので、サンプルデータを使います。

手前の、データソース画面で「マイデータソース」を選択し、Googleデータポータルの操作練習用に提供されている、「[Sample] World Population Data 2005 - 2014」を選択し、「追加」を押してみましょう（データソースを選択すると、「追加」が押せるようになります）。

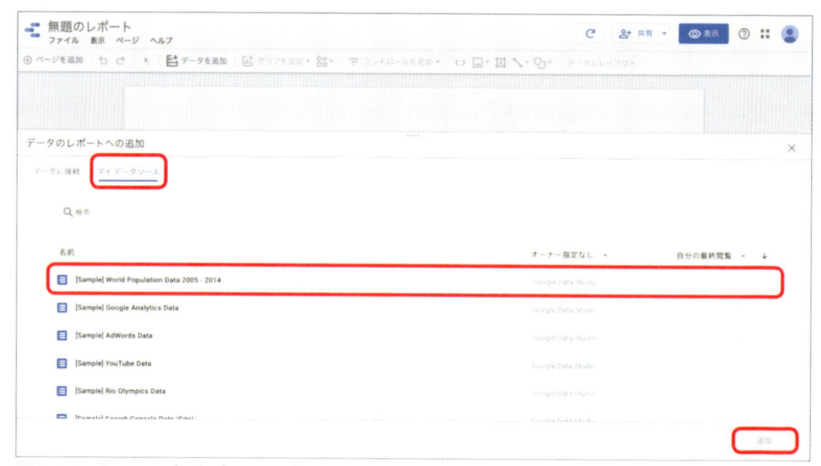

図2-2-6　Googleデータポータル データソース一覧

一度、ポップアップで確認が入ります。問題ありませんので、「追加」をクリックします(毎回確認が不要であれば、「次回から表示しない」チェックを入れてから追加してください)。

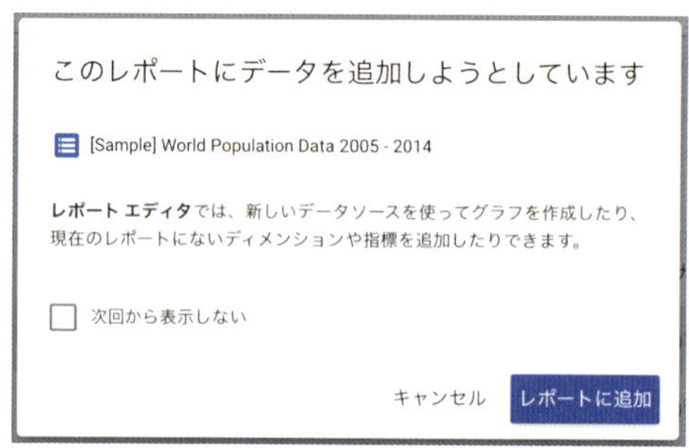

図2-2-7　Googleデータポータル データソース連携

すると、レポート作成画面に移動します。

勝手に1つ、表が作成されていますが、とくに不要であればBackspaceやDeleteで消してください。

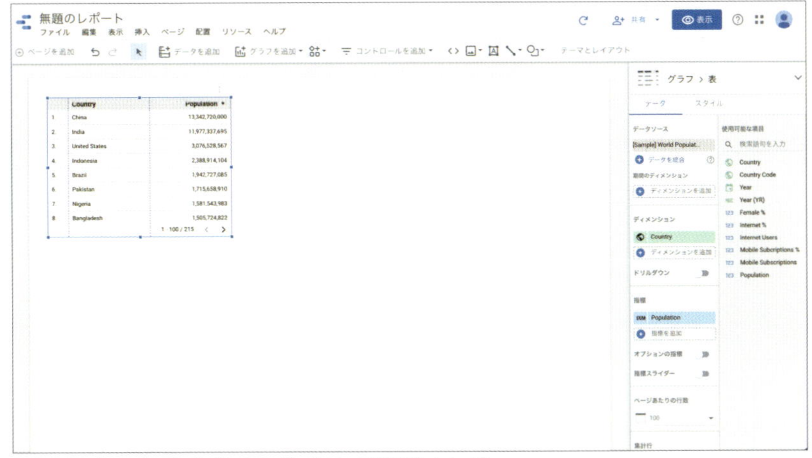

図2-2-8　Googleデータポータル データソース設定後イメージ

画面仕様と基礎用語の理解

いくつかレポートを作成していく前に、まずは画面仕様と基礎用語の理解をしましょう。

図2-2-9　ホーム画面

ホーム画面では、レポートとデータソースの管理をメインで行っていきます。

まずは、上部メニューにある「レポート」「データソース」「エクスプローラ」です。

ここで、
- **「レポートの一覧を表示し編集、レポートの新規作成」**
- **「データソースの一覧を表示し編集、データソースを新規作成」**
- **「エクスプローラの一覧を表示し編集、エクスプローラの新規作成」**

ができます。

左側のメニューでは、さらにデータポータルのレポート・データソース・エクスプローラを、次の条件で探すこともできます。
- **「最近使用したもの」**
- **「自分がオーナーのもの」**
- **「共有アイテムとして権限を持っているもの」**
- **「ゴミ箱に捨てたもの」**

上記のキャプチャでは、まだ1つもレポートがない状態ですが、
「名前」「オーナー指定なし」「自分の最終閲覧」と記載がある部分に、作成・共有されたレポート・データソース・エクスプローラが一覧として表示されます。

また、本書の付録でもレポートテンプレートを共有しますが、Googleが用意しているレポートテンプレートから作成することも可能です。
※空のレポートの右側がテンプレートです。

また、右上の歯車マークをクリックすると、「マーケティング設定」などのメニューがあり、先程初期設定で選択した、メールの設定などを変更できます。

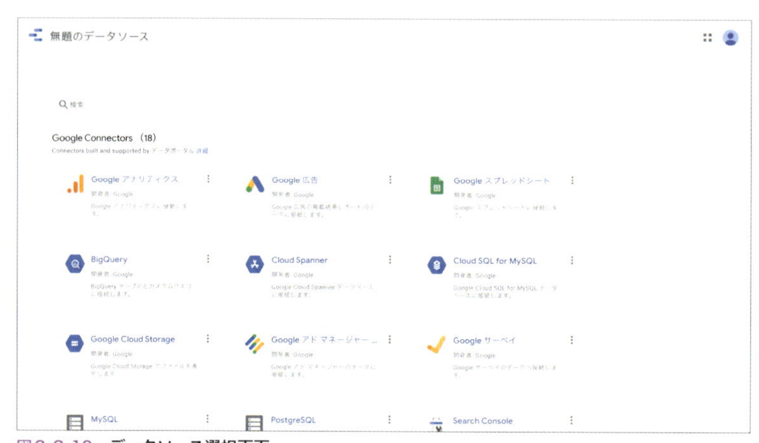

図2-2-10　データソース選択画面

データソース追加画面では、「何のサービスをデータソースとするか？」を選択します。随時新しいサービスが追加されていますが、現状はGoogle系のサービスが充実しています。それ以外にも各社がデータ追加用のツール「コネクタ」を作成しているので、オフィシャルのもの以外にも多くのサービスをデータソースとして利用することが可能となっています。

前述のように、データソースを選択し、そのデータソースのデータを利用してレポートを作っていくツールですので、レポート作成の前にデータソースを選択・追加する必要があります。

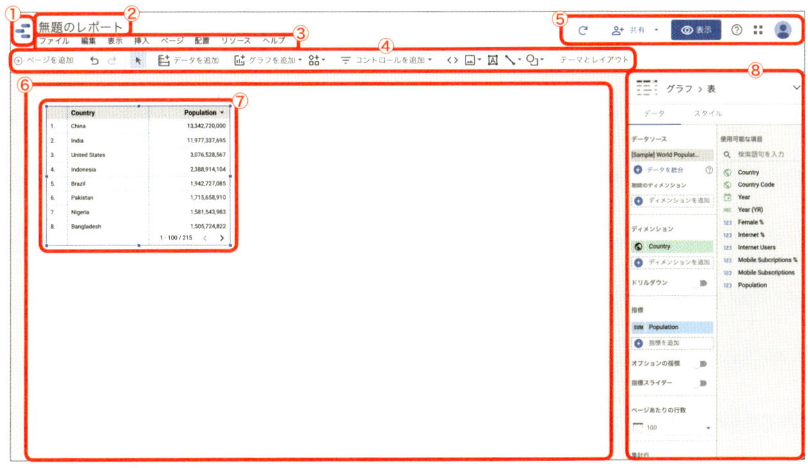

図2-2-11　**レポート画面**

レポート画面が、本書でも最もよく使う画面になりますので、少し詳細まで触れておきます。

①Googleデータポータルロゴ

一般的なウェブサービスと同様ですが、ロゴを押すと、ホーム画面に戻れます。

②レポートタイトル

作成を始めた段階では、「無題のレポート」となっていますが、クリックすると編集できるので、わかりやすい名前をつけましょう。

③メニューバー

ファイルメニューや編集メニューなど、さまざまな操作ができるメニューが集まっています。

④ツールバー

レポートにページを追加したり、ページの中に折れ線・棒・円グラフや画像・文字など、さまざまなコンポーネント(構成要素)を追加したりするときに使います。

⑤操作メニュー

レポートのコピーや、表示モード(完成後に、実際に表示される見え方)と編集モードの切り替えを行うなどのメニューとなります。

⑥ページ

実際に表示するレポートの内容・配置を決めるエリアです。

PowerPointなどのように、ツールバーから挿入したいコンポーネントを選択し、ページ内でサイズ指定をすることでコンポーネントが挿入されます。

コンポーネント挿入後に、プロパティパネルでコンポーネント自体を編集できます。

⑦コンポーネント

実際のコンポーネント(キャプチャに写っているのは、初期で自動作成された「表」コンポーネント)です。

表やグラフや、日付選択ができるコントロールなど、さまざまなコンポーネントを配置して、レポートを作成します。

現在、キャプチャ画面では表の周囲が青くなっています。この状態のときは、「コンポーネントを選択している状態」になり、そのコンポーネントに対する設定が⑧のプロパティ部分で変更可能になります。

⑧プロパティパネル

とくにコンポーネントを選択していないときには、レポート自体のレイアウトやテーマの設定が表示されますが、コンポーネントを選択しているときには、そのコンポーネント自体を設定するための画面に切り替わります。

例えば、折れ線グラフを選択しているときであれば線の色を設定したり、縦軸・横軸のデータを何にするか？　を設定したりできる画面になります。

データソースの種類

データソースとして、現状接続が可能なものを列挙します。

- Googleアナリティクス
- Google 広告
- Google スプレッドシート
- Big Query
- Cloud Spanner
- Cloud SQL for MySQL
- Google Cloud Storage
- Google アドマネージャー 360
- Google サーベイ
- MySQL
- PostgreSQL
- Search Console
- YouTube アナリティクス
- キャンペーンマネージャー 360
- ディスプレイ&ビデオ 360
- データの抽出
- 検索広告 360
- ファイルのアップロード

その中でも、次の４つはこの後のパートで紹介します。

- Googleアナリティクス
- Google 広告
- Search Console
- YouTube アナリティクス

そしてChapter6では「Googleアナリティクス」のデータを「Google スプレッドシート」に取り込み、オフラインデータとオンラインデータを合わせて「Google データポータル」で表示するという、ちょっと高度な技もお伝えします。

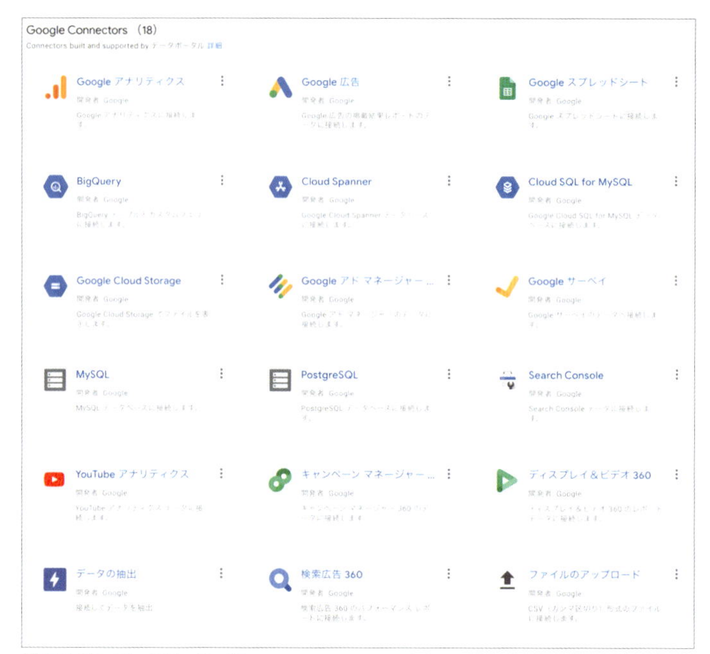

図2-2-12　データソース一覧

ここでは、データソース接続の方法を、「Googleアナリティクス」を例にお伝えします。

まずは、先程と同じように「空のレポート」から、新規レポートを作成します。

図2-2-13　空のレポートから新規レポート作成

次に、先程の初期設定ではサンプルのデータソースを接続しましたが、今度は、実際のGoogleアナリティクスを接続してみましょう。

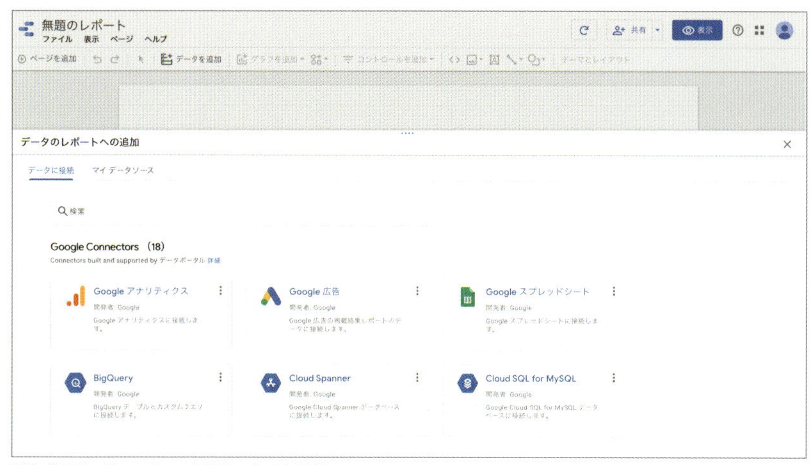

図2-2-14　**Googleアナリティクスを接続**

上記の画面で、「Googleアナリティクス」を選択します。

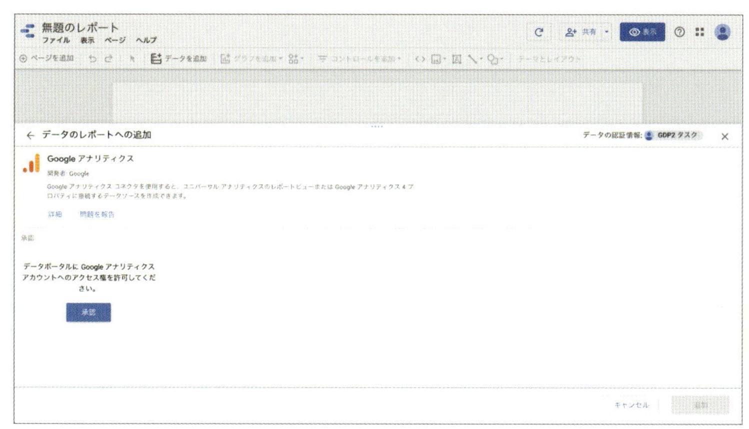

図2-2-15　**Googleアナリティクス連携を承認**

ほかのサービスも同様ですが、初回には各サービスのデータを紐付けるための承認作業が必要になります。

「承認」ボタンを押して、「Googleデータポータル」に、「Googleアナリティクス」のデータにアクセスする許可を出します。

「承認」をクリックすると、一瞬ポップアップが立ち上がり、消えますが、それが終わると、今ログインしているGoogleアカウントで閲覧権限のある、Googleアナリティクスのアカウント、プロパティ、表示の一覧が表示されます。

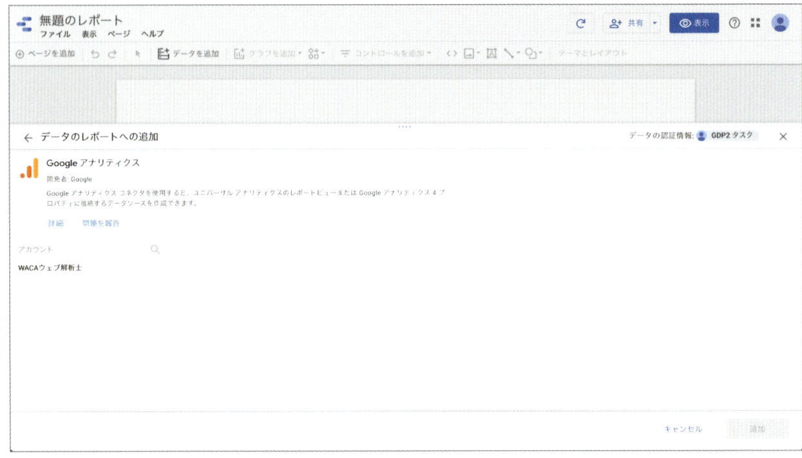

図2-2-16 Googleアナリティクスの承認が完了した画面

ビューの1つを選択して「接続」をクリックしてみてください。

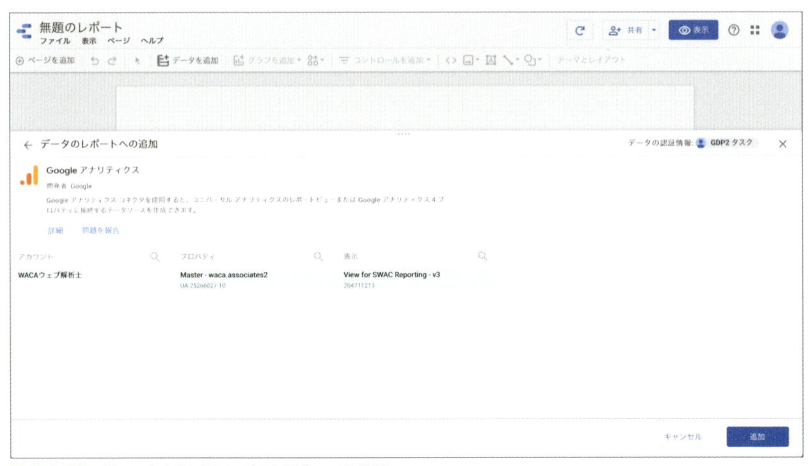

図2-2-17 Googleアナリティクスのビューを接続

ビューを選択したら、右下の「追加」をクリックします。

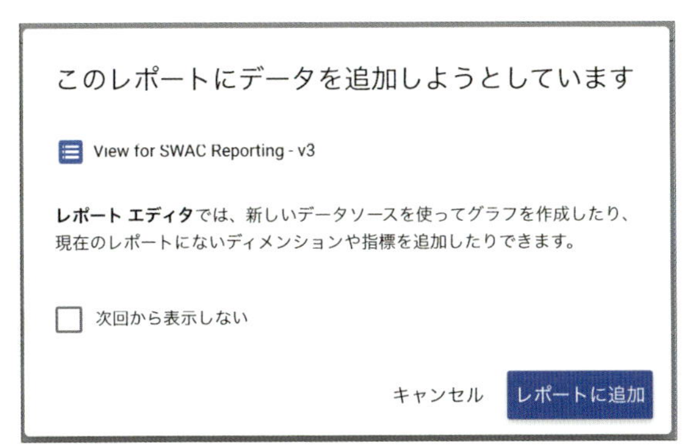

図2-2-18　レポート追加時のポップアップ

再度、ポップアップが出ますが、「レポートに追加」を押して、Googleアナリティクスをデータソースとして、レポートに追加してください。

2-3 Googleアナリティクスと接続して使う

Googleアナリティクスのレポートを作ってみよう

Googleデータポータルはさまざまなデータを連携して可視化するツールです、わかりやすく可視化することで、レポートを閲覧する側にとってより優れた意思決定をできるようにサポートする目的があります。

Googleデータポータルにログインすると、いくつかのGoogleアナリティクスを利用したサンプルレポートを閲覧できます、サンプルレポートを見ると、さまざまなデータをさまざまな表現方法で可視化していることがわかります。

しかし、本来Googleアナリティクスのデータは各事業の目的や見るべき人・職域によって閲覧する指標が異なります。つまり、レポート内では目的を明確にし、必要となる指標を効率よく閲覧し、意思決定できる環境を作ることが重要です。

ここではGoogleデータポータルを利用して、全体、ユーザー、集客、行動、コンバージョンを分析する目的で、複数ページに分かれたレポートを作成していきます。

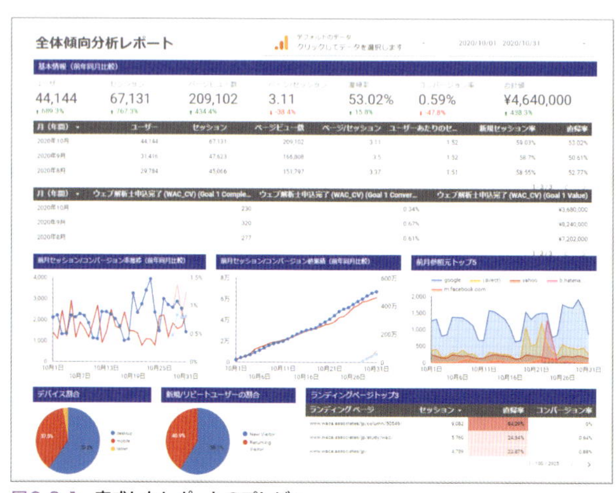

図2-3-1　完成したレポートのプレビュー

データソースとして、Googleアナリティクスを接続

前節で、データソースとしてGoogleアナリティクスと接続する方法を解説しました。接続後に、データソースのフィールド(コネクション)を編集するところから説明を続けましょう。

Googleデータポータルは Google広告、Googleスプレッドシート、Googleサーチコンソールなど多くのデータを取り込むことが可能です。

もちろん、Googleアナリティクスのデータも下記の手順で取り込むことが可能です。

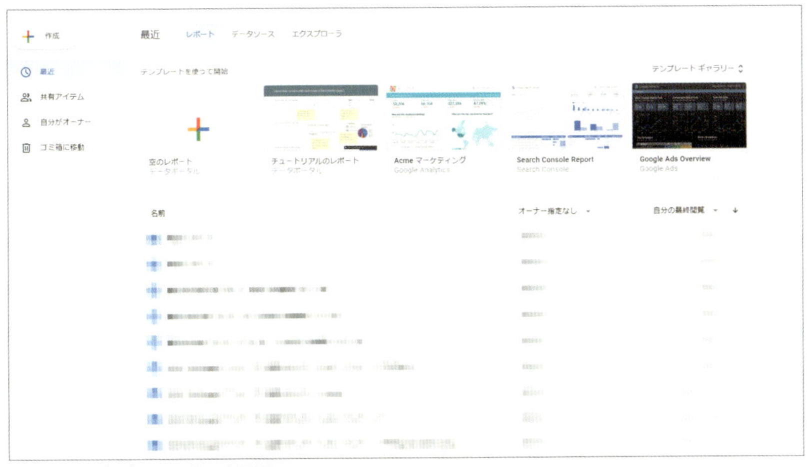

図2-3-2　データソースホーム画面

Googleデータポータルにログインしてホーム画面を開きます、左側のメニューの「＋作成」をクリックすると、レポート・データソース・エクスプローラー(ベータ版)が開くので、データソースを選択してください。

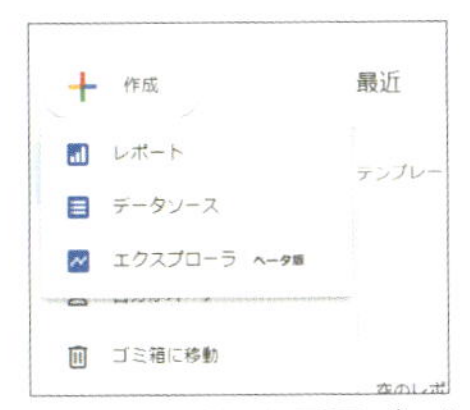

図2-3-3　ホーム画面 データソース追加

「データソース」を選択後に、右下の「+」のマークをクリックすると、左側のメニューに選択できるコネクター覧が表示されます。

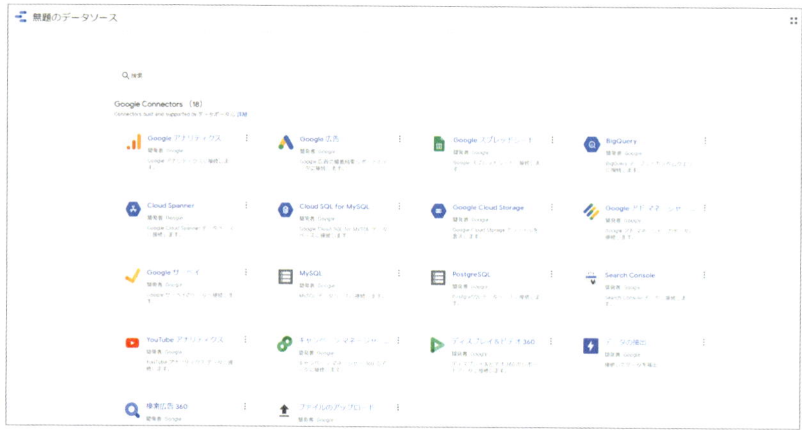

図2-3-4　**コネクタ選択画面**

ここで接続したいデータソースを選択します。ここではGoogleアナリティクスを選択します。

Googleデータポータルにログインしている Googleアカウントに連携されている各種データが表示されます。

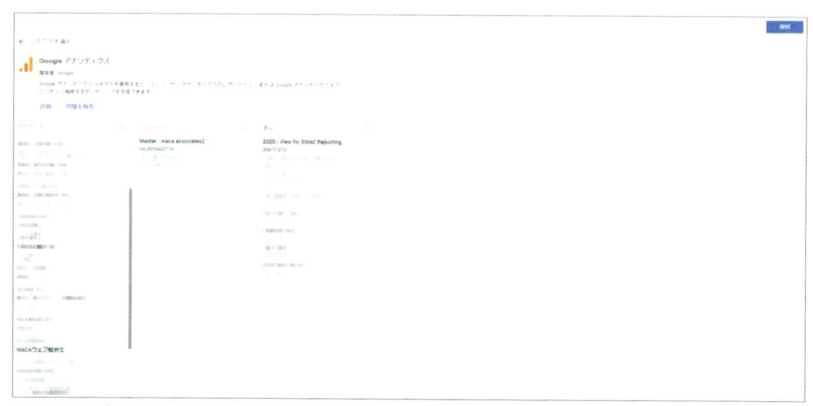

図2-3-5　**データソースでGoogleアナリティクス選択後の画面**

データを取り込みたいビューを選択できるため、取り込みたいビューを選択します。選択時はアカウント、プロパティ、表示の順番でクリックしてください。

表示を選択すると、右上の接続ボタンがアクティブになるため、クリックしてください。

これで接続は完了です。

図2-3-6　**コネクションの編集画面**

コネクションの編集画面では、データの認証情報の設定を行えます。

この設定でデータの認証情報を使用して情報へのアクセスを制御できます。

Googleデータポータルには、オーナーの認証情報によるアクセスと閲覧者の認証情報によるアクセスという、2種類のデータのアクセス制御方法が用意されています。

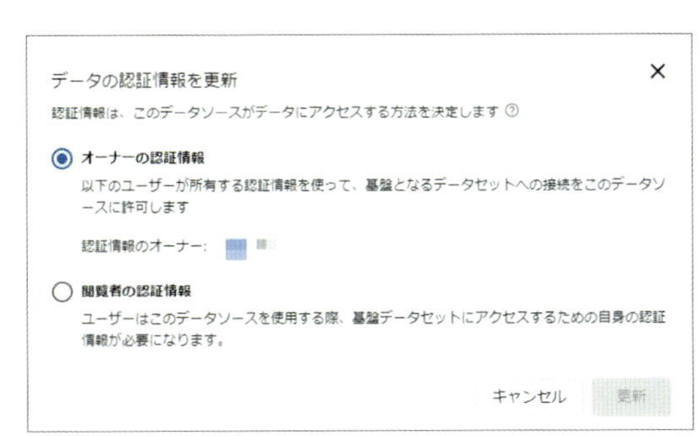

図2-3-7　**データの認証情報を更新**

オーナーの認証情報：認証情報の所有者のアクセス権が必要になります。ほかのユーザーの場合、基盤データにアクセスするときに自身の認証情報は不要です。

閲覧者の認証情報：このデータソースを使用する全てのユーザーは、基盤データにアクセスするために自身の認証情報が必要になります。

データソースの作成者は、初期状態でオーナーの認証情報となりますが、それ以外のユーザーはデータへのアクセス権をもっていなければ、レポートのデータを閲覧することもデータソースの項目を編集することもできません。

利用する環境に応じて適宜権限の付与を行ってください。

レポート作成方法

Googleデータポータルと Googleアナリティクスのデータソースが接続できたらレポートを編集していきます。

図2-3-8　**ホーム画面 レポート選択**

ホーム画面の上部メニューの「最近」の箇所にあるレポートを選択すると閲覧、編集可能なレポートが表示されます(ホームにアクセスしたときに初期で選択されています)。

ここでは先程データ連携したレポート(無題のレポート)を編集します。

図2-3-9　**レポート　編集ボタンとビューボタンの説明**

レポートの編集は、右上の「編集」ボタンをクリックします、編集画面に切り替わると同じ位置にあったボタンは「表示」というマークに変わります。「編集」ボタンはレポートを編集したりする画面へ、表示画面は罫線がなく編集ができない画面に切り替わります。

2-3

編集画面ではいくつかのメニューが表示されます。

図2-3-10　**レポート　編集画面**

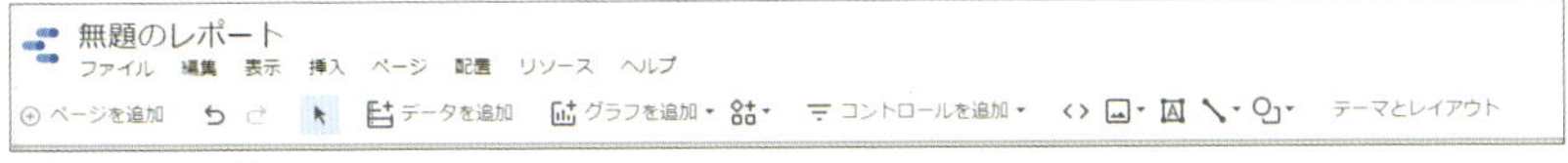

図2-3-11　**レポート　メニュー**

上部のメニューは主にグラフなどのコンポーネントを移動させたり、パーツ自体を選択したりする機能が集約されています。期間やグラフなど、それぞれのアイコンの上にカーソルを置くと名前がポップアップされます。またメニューの「挿入」からも各プロパティを挿入できます。

メニューの「データを追加」では、Googleデータポータルと接続できるデータソースを選択できます。

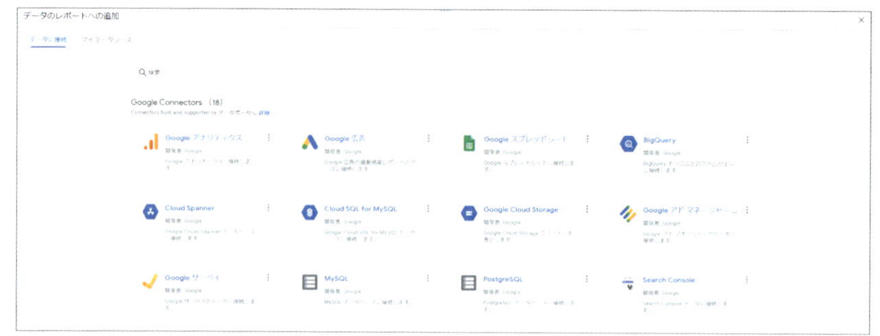

図2-3-12　データを追加　データのレポートへの追加

「グラフを追加」では、キャンバスに追加するさまざまなグラフを選択できます。

図2-3-13　グラフを追加

「コントロールを追加」では、さまざまなフィルタなどを設定できます。コントロールを使うと、閲覧者はデータポータルのレポートで表示されるデータを次の方法で操作できます。

- **特定のディメンション値でデータをフィルタできます**
- **レポートの期間を設定できます**
- **パラメータ値を設定して、それらを後で計算フィールドに使用したり、コネクタに戻したりすることができます**
- **データソースで使用される基になるデータセットを変更できます**

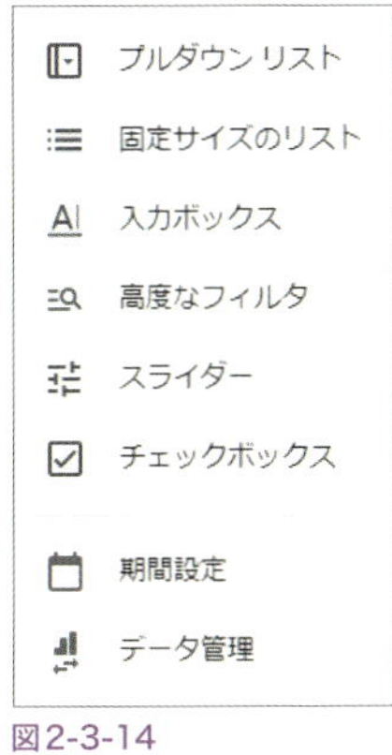

図2-3-14
コントロールの追加

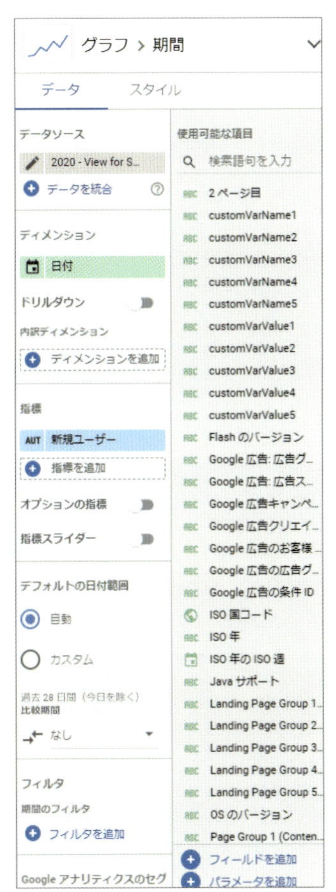

図2-3-15　レポートのプロパティ

上部メニューのパーツを挿入すると自動的に右側にパーツに応じたメニューが表示されます。これは各パーツの内容を変更するための「プロパティ パネル」と呼ばれるものです。それぞれのプロパティは「データ」と「スタイル」に分かれており、この箇所でグラフの種類の変更やデータソース、ディメンションや指標の追加や文字の大きさ、色、罫線などを変更できます。

ディメンションと指標

グラフや表を挿入すると、ディメンションと指標が自動で選択されますがこの項目は変更、追加できます。

ディメンション＝分析の項目（性別、デバイスカテゴリ、メディア、ランディングページなど）
指標＝分析の指標（セッションやページビュー数、直帰率やコンバージョン数など）

それでは、感覚を掴むために、実際に操作をしてみましょう。ここでは、次のような変更を行います。

変更前：グラフの種類＝表、ディメンション＝参照元、指標＝セッション
変更後：グラフの種類＝円グラフ、ディメンション＝性別、指標＝ページビュー数

図2-3-16　**変更前①**

	参照元	セッション ▾
1.	google	37,342
2.	(direct)	10,474
3.	yahoo	5,153
4.	ZohoCampaigns	1,015
5.	bing	857
6.	m.facebook.com	684
7.	t.co	540
8.	facebook.com	475

1 - 100 / 316 ＜ ＞

図2-3-17　**変更前②**

図2-3-18　**変更後①**

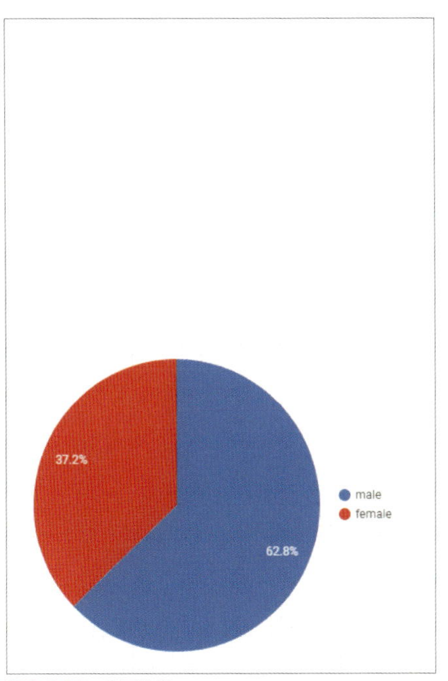

図2-3-19　**変更後②**

まず、上部メニューより表を選択してキャンバスに挿入します(メニューの挿入から選択しても構いません)。

挿入すると、右側に表のプロパティが表示されます。ここでは現在のグラフの種類やディメンション、指標が表示されます。

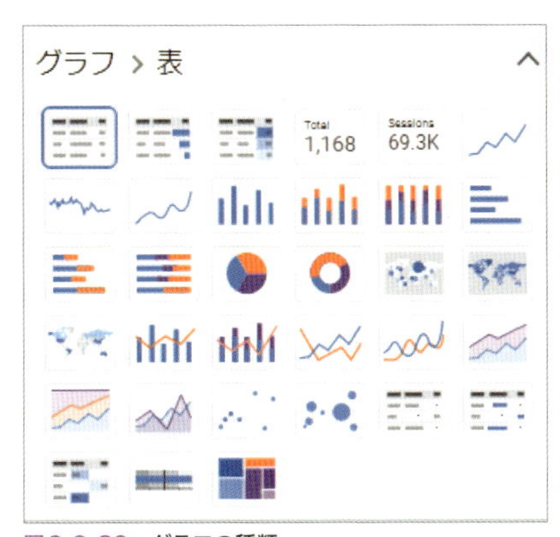

図2-3-20　**グラフの種類**

「グラフ＞表」をクリックして、表示された他のグラフの種類より円グラフを選択します。選択すると、すでに挿入している表が円グラフに変わります。

続いて、ディメンションと指標を変更追加します。ディメンションの参照元をクリックするとディメンション選択ツールが開きます。虫眼鏡のマークをクリックすると文字列で検索できます。検索結果の「性別」を選択すると自動的にそのディメンションで読み込まれます。

同様に指標も変更します、セッションをクリックすると指標選択ツールが開くため、虫眼鏡マークでページビュー数を検索して選択します。

ディメンションと指標は追加することもできます。ここでは、次のような項目を追加してみましょう。

変更前：ディメンション＝参照元、指標＝セッション
変更後：ディメンション＝参照元、ランディングページ、指標＝セッション、ページビュー、直帰率

まず、上部メニューより表を選択してキャンバスに挿入します。
右側に表のプロパティが表示されます。すでに選択されているディメンションの下部にある「ディメンションを追加」をクリックします。ディメンション選択ツールが開くのでランディングページを検索して追加します。
指標についても同様に追加します。

図2-3-21　**変更前**

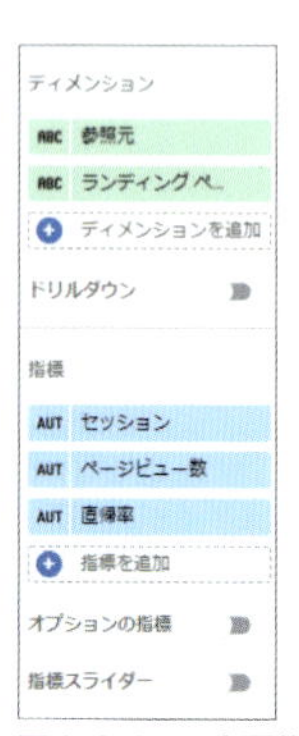

図2-3-22　**変更後**

ディメンションや指標を複数追加することで、「外部から着地したページごとのセッション数、ページビュー数」といった、より細分化した分析が可能になります。

レポートのレイアウトとテーマの変更

グラフや表を挿入するスペースを「キャンバス」と言います。キャンバスをクリックすると、右側にテーマとレイアウトのメニューが表示されます。

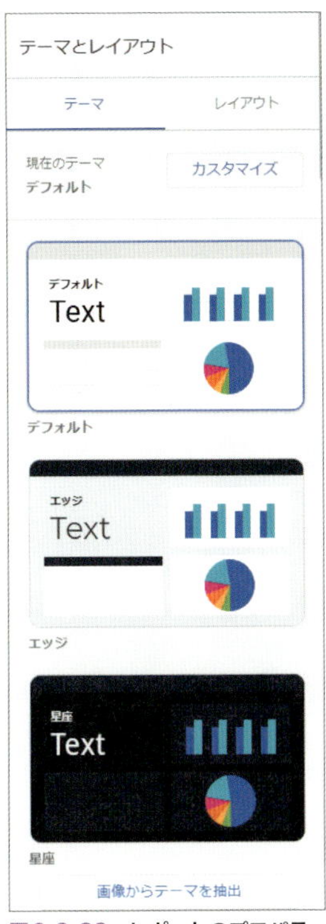

図2-3-23　**レポートのプロパティ画像**

図2-3-24　**レポートのプロパティパネル（レイアウト）**

このメニューではレポート自体のテーマやレイアウトを変更できます。

テーマでは、背景やメイン・サブのカラーやフォント、グラフの色などが選択できます。作業のしやすさや、レポートを閲覧する人を考慮して、適宜変更してください。

レイアウトでは、メニューやナビゲーションの表示位置、表示するモードやキャンバスサイズ、レポートレベルのコンポーネントの位置などが選択できます。

作業のしやすさや、レポートを閲覧する方を考慮して適宜変更してください。

Googleデータポータルホーム

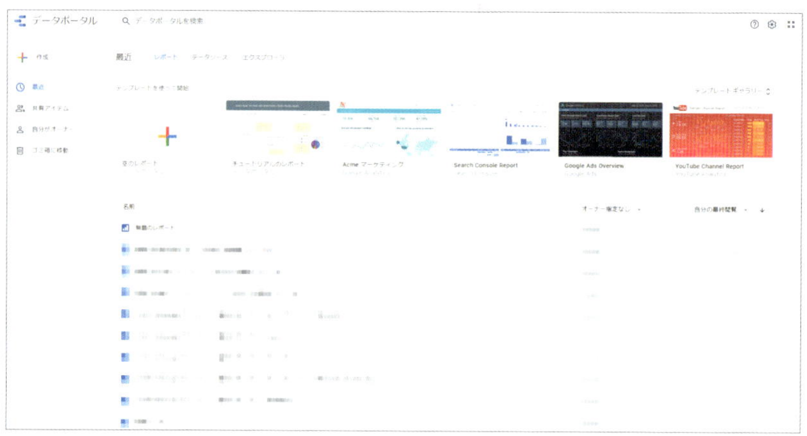

データポータル
最近
Search Console Report
Google Ads Overview
YouTube Channel Report
図2-3-25　**ホーム画面**

画面左上のGoogleデータポータルのロゴをクリックすると、Googleデータポータルのホーム画面へ戻ることができます。

レポート名を変更

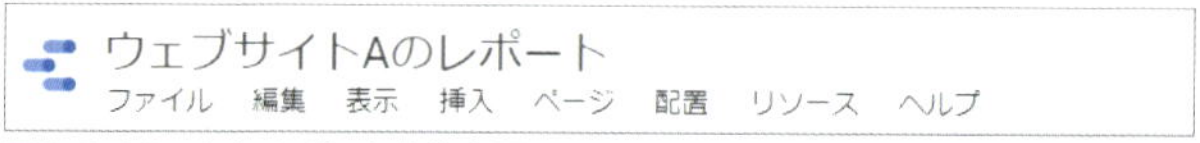

ウェブサイトAのレポート
ファイル　編集　表示　挿入　ページ　配置　リソース　ヘルプ
図2-3-26　**左上 レポート名称変更**

画面左上にレポートの名前が表示されています。デフォルトでは「無題のレポート」と表示されていますが名前の部分をクリックすると編集できるため、適切な名前に変更します(画像は「無題のレポート」を「ウェブサイトAのレポート」に変更したものです)。

棒グラフ、その他グラフ

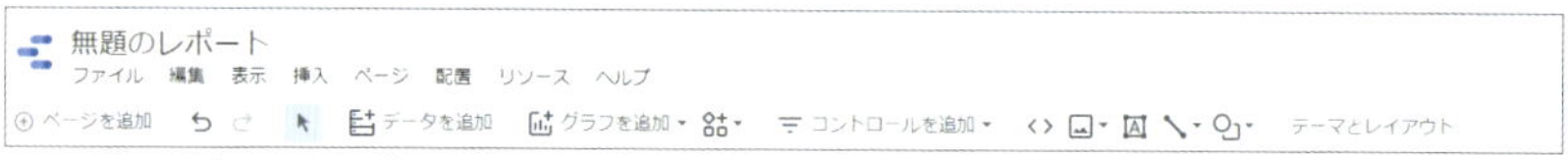

無題のレポート
ファイル　編集　表示　挿入　ページ　配置　リソース　ヘルプ
ページを追加
データを追加
グラフを追加
コントロールを追加
テーマとレイアウト
図2-3-27　**グラフを挿入①**

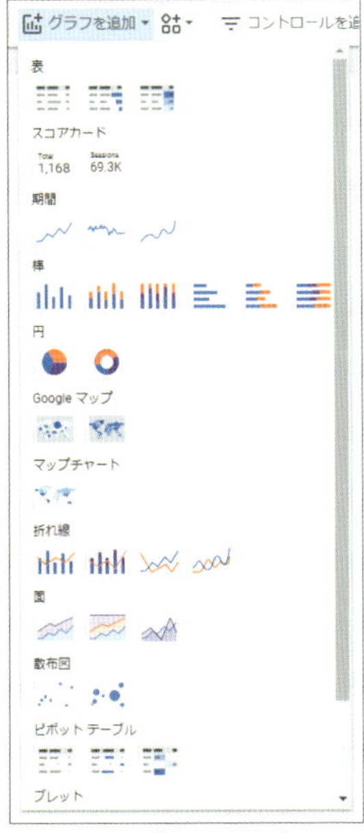

図2-3-28　**グラフを挿入②**

グラフを挿入するときは、表示したいグラフのアイコンをクリックするか、メニューの挿入からグラフを選択してからキャンバス上でクリックします。

挿入したいグラフのアイコンを選択（色が少しグレーになる）すると、マウスカーソルが「＋」になるので、ドラッグして枠を広げながらサイズを決めて挿入します。

挿入した後で、グラフの大きさを変更したい場合は、挿入したグラフをクリックした後にグラフ周辺に表示される丸をドラッグすると任意の大きさに変更できます。

コピー、順序、グルーピング、配置揃えなど

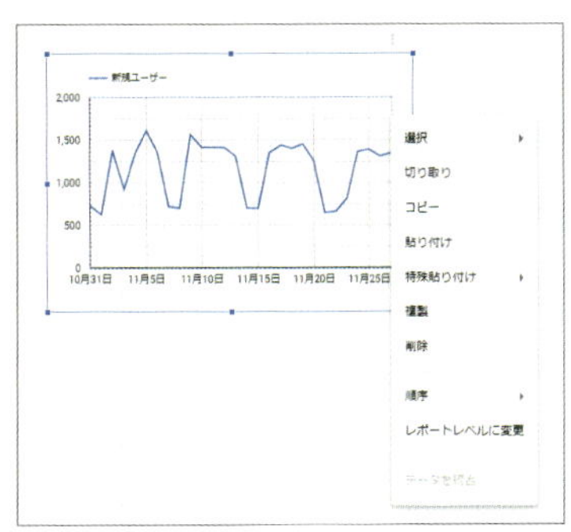

図2-3-29　**単一選択時の右クリックメニュー**

グラフや表を選択している状態で右クリックすると下記のメニューが利用できます。ここでは選択したグラフや表と同じものを複製したり、貼り付けたりできます。

- **選択**(ページ上の「期間」、ページ上でこのデータソースを使用する)
- **切り取り**
- **コピー**
- **貼り付け**
- **特殊貼り付け**(スタイルのみ貼り付け)
- **複製**
- **削除**
- **順序**(手前、奥、最も手前、最も奥に移動)
- **レポートレベル**(ページレベル)に変更

レポートレベル(ページレベル)は、選択したグラフや表を全てのページに同じ場所で表示するか、そのページだけに表示するかを設定する機能です。

複数のページに同一の要素を表示したい場合はレポートレベルを選択して、そのページだけに表示したい場合はページレベルに設定します。

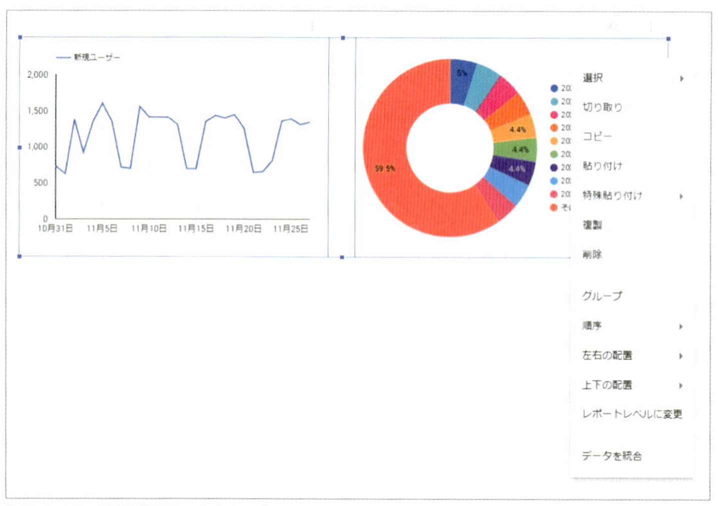

図2-3-30　**複数選択時の右クリックメニュー**

2つ以上のグラフや表を選択している状態で右クリックすると図2-3-30のメニューが利用できます。ここでは選択したグラフや表と同じものを複数同時に複製したり、貼り付けたりできます。

複数選択時は、左右の配置や上下の配置、均等配置などが新たに選択できるので、グラフや表をキレイに揃えたいときなど見やすいレポートにするための細かな配置を設定できます。

グラフスタイルの変更

グラフや表は挿入した後でも要素やスタイルを変更することが可能です。

データでは、グラフの種類、データソース、ディメンション、指標、並べ替え、デフォルトの期間、フィルタ、Googleアナリティクスのセグメントなど、主にグラフや表に表示する内容に関する項目の変更ができます。

図2-3-31　グラフの期間

スタイルでは、フォントや、背景、枠線、系列や軸、グリッド、背景と枠線、凡例など主にグラフや表の見た目に関する項目の変更ができます。

グラフや表に応じて表示される項目が若干異なりますので、要素ごとに適宜選択してください。

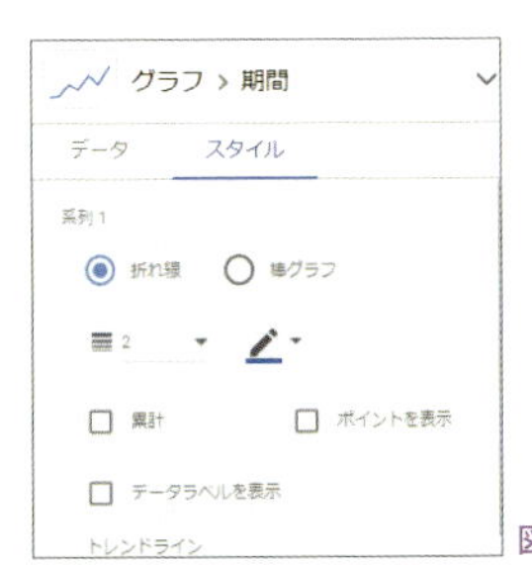

図2-3-32　グラフの期間

期間の変更

プロパティパネルのデータに「デフォルトの日付範囲」があります、これによってデータを取得する期間を設定できます。また、通常は自動が選択されていますがグラフや表ごとにデータを取得したい期間を選択できます。

図2-3-33　デフォルトの日付範囲

また、上部のメニューのコントロールを追加から「期間設定」をキャンパスに挿入している場合、そこでレポートに表示される全てのグラフや表の期間をまとめて変更できます。

期間は任意の開始日と終了日を入力できるほか、過去7・14・28・30日間など、さまざまな選択が可能です。ただし、この機能で変更されるのはグラフや表の「デフォルトの期間」が「自動」になっているもののみで、「カスタム」になっている場合は「カスタム」が優先されます。

フィルタ

プロパティ パネルのデータに「フィルタ」があります、このフィルタは各グラフや表に表示するデータを指定の条件で抽出できます。

例えば、地域で日本のデータのみや新規は除外するなど、グラフや表に表示する内容を絞り込みたい場合などに利用します。

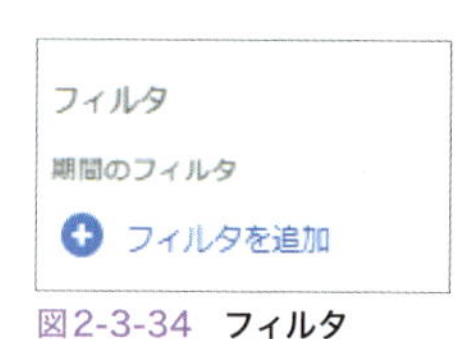

図2-3-34　フィルタ

上部メニューにある「コントロールを追加」のいずれかのフィルタを挿入してい

る場合、そこでレポートに表示される全てのグラフや表のデータをまとめて抽出できます。

セグメント

プロパティ パネルのデータに「セグメント」があります、セグメントを設定することで、全てのユーザーのうち特定の国や都市のユーザーだけのデータを表示できます。

図2-3-35
Googleアナリティクスのセグメント

図2-3-36
セグメント選択ツール

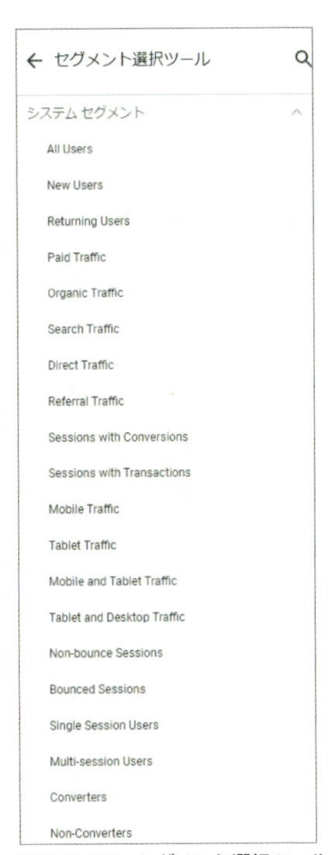

図2-3-37　セグメント選択ツール

あらかじめ、参照元やデバイスカテゴリ、ユーザータイプなどを設定しておけば、参照元がオーガニックのアクセスだけのデータや、デバイスカテゴリがモバイルだけのデータを表示できます。

表示状態で確認

図2-3-38　表示と編集

画面右上の「表示」をクリックすると、閲覧用の画面を表示できます。

表示画面では、一部の要素以外変更できなくなっています。

変更可能な例としては、「コントロールを追加」で追加した、プルダウンリストや期間設定、データ管理が挙げられます。

また、表示画面では「共有」を選択できます。ここではGoogleデータポータルで作成したレポートをほかのユーザーと共有できます。

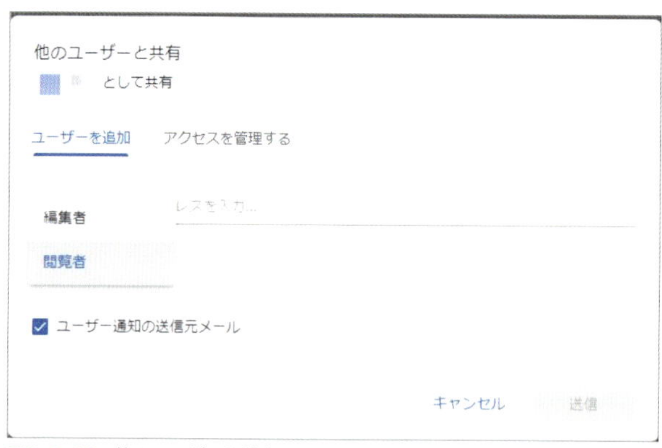

図2-3-39　他のユーザーと共有

共有するときの権限も、閲覧権限、編集権限などユーザーレベルで設定できます。

全体概要の把握

ここからはGoogleデータポータルを活用してGoogleアナリティクスのレポートを作成していきます。

分析やレポートとなるとトラフィック、コンテンツ、広告などが気になるため、そこから始めてしまいがちですが、大切なことはまず全体像を見ることです。

サイトの特徴を理解して、どんな傾向があるのかなど全体像から見ていくための「全体レポート」をつくります。

図2-3-40　完成したレポートのプレビュー

❶ヘッダー部分

メニューからテキスト、データ管理、期間を挿入します。

テキストは「直近3ヵ月ユーザーレポート」「全体傾向分析レポート」「集客分析レポート」といったように、そのレポートが何を表すのかをわかりやすい名称にします。データ管理と期間はビューで自由に選択できるので、どのGoogleアナリティクスのアカウントでどの期間を表示しているデータなのかが解るように、全体が表示できるくらいの大きさで設置します。

このレポートでは、前月度の傾向を、前年同月と比較して分析をすることを目的としているため、閲覧時には期間を「先月」と指定します。なお、一部で3ヵ月の傾向を見るため、個別に期間を設定します。

❷基本情報(前年同月比)

この箇所では、主要な数値をひと目で把握する目的と過去3ヵ月間の各数値を把握するために、スコアカードと表を活用します。

それではスコアカードを設置します。上部メニューのグラフを追加よりスコアカードを選択して挿入します。次に3ヵ月間の表を設置します。上部メニューより表を選択して挿入します。

※本レポートでは同様の表をコピーで作成します。表を選択した状態で右クリックを押して複製をクリックすると、同様の表を複製できます。制作したい表によっては複製を選択したほうが作業時間を短縮できる場合があるため適宜利用してください。

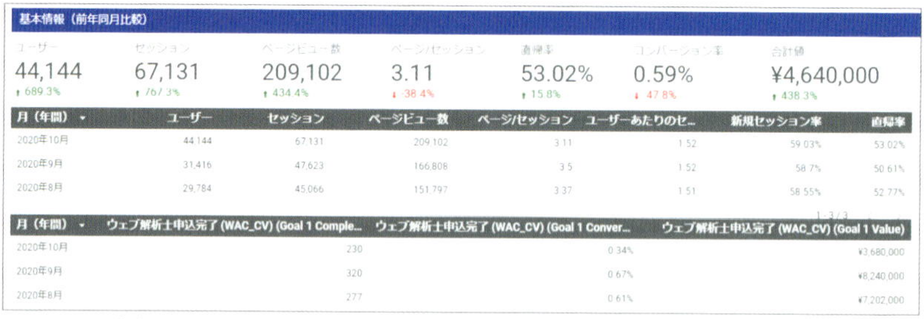

基本情報（前年同月比較）

ユーザー	セッション	ページビュー数	ページ/セッション	直帰率	コンバージョン率	合計値
44,144	67,131	209,102	3.11	53.02%	0.59%	¥4,640,000
↑689.3%	↑767.3%	↑434.4%	↓-38.4%	↑15.8%	↓47.8%	↑438.3%

月（年間）	ユーザー	セッション	ページビュー数	ページ/セッション	ユーザーあたりのセ...	新規セッション率	直帰率
2020年10月	44,144	67,131	209,102	3.11	1.52	59.03%	53.02%
2020年9月	31,416	47,623	166,808	3.5	1.52	58.7%	50.61%
2020年8月	29,784	45,066	151,797	3.37	1.51	58.55%	52.77%

1-3/3

月（年間）	ウェブ解析士申込完了 (WAC_CV) (Goal 1 Comple...	ウェブ解析士申込完了 (WAC_CV) (Goal 1 Conver...	ウェブ解析士申込完了 (WAC_CV) (Goal 1 Value)
2020年10月	230	0.34%	¥3,680,000
2020年9月	320	0.67%	¥8,240,000
2020年8月	277	0.61%	¥7,202,000

図2-3-41　完成したスコアカードと表

❸前月セッション/コンバージョン率推移(前年同月比較)

前月度の推移を把握するため、上部メニューのグラフを追加より期間の時系列グラフを選択して挿入します。

❹前月セッション/コンバージョン値累積(前年同月比較)

前月度の推移を把握するため、上部メニューのグラフを追加より期間の時系列グラフを選択して挿入します。

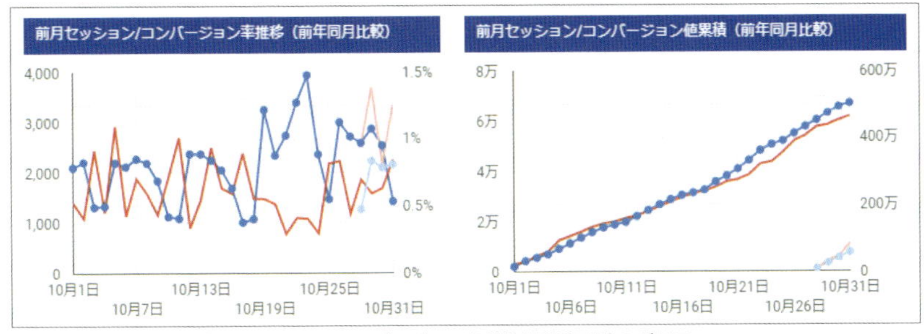

図2-3-42　**完成した前月セッション / コンバージョン率（値）推移（累計）のグラフ**

❺前月参照元トップ5（前年同月比較）

前月度の推移を把握するため、上部メニューのグラフを追加より面グラフを選択して挿入します。

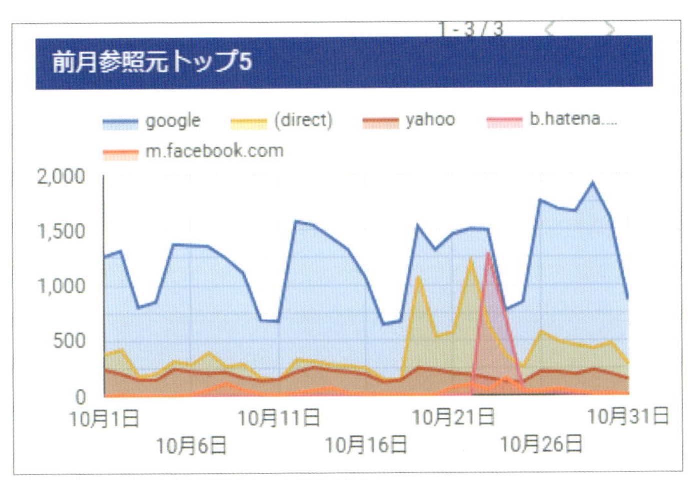

図2-3-43　**完成した前月参照元トップ5のグラフ**

❻デバイスの割合

訪れたユーザーのデバイスごとの割合を把握するために、上部メニューより円グラフを選択して挿入します。

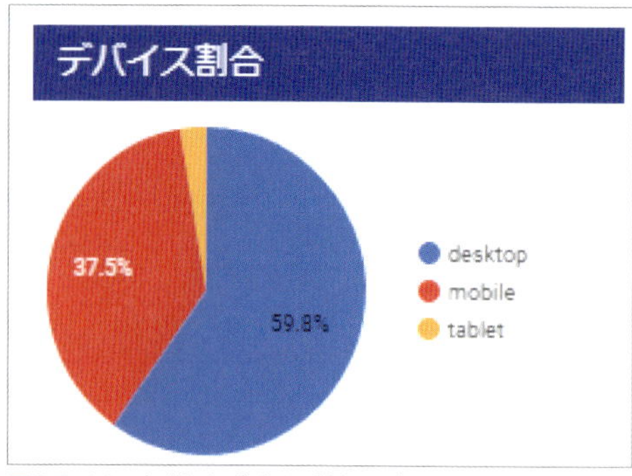

図2-3-44　**完成したデバイス割合のグラフ**

❼新規/リピートユーザーの割合

新規ユーザー、リピートユーザーの割合を把握するために、上部メニューより円グラフを選択して挿入します。

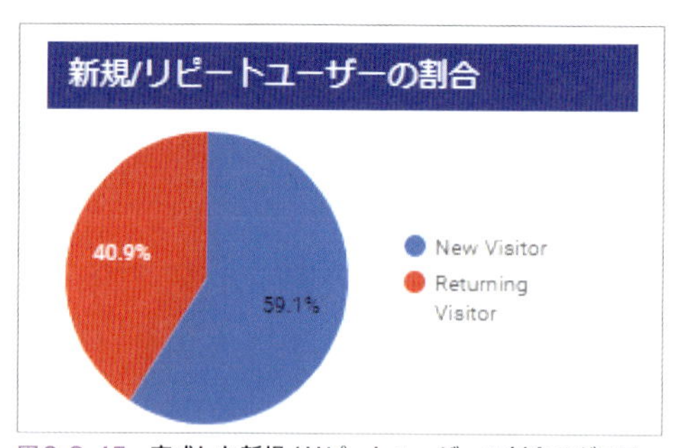

図2-3-45　**完成した新規/リピートユーザーの割合のグラフ**

❽ランディングページ、トップ3

ランディングページの数値を把握するために、上部メニューのグラフを追加より表を選択して挿入します。

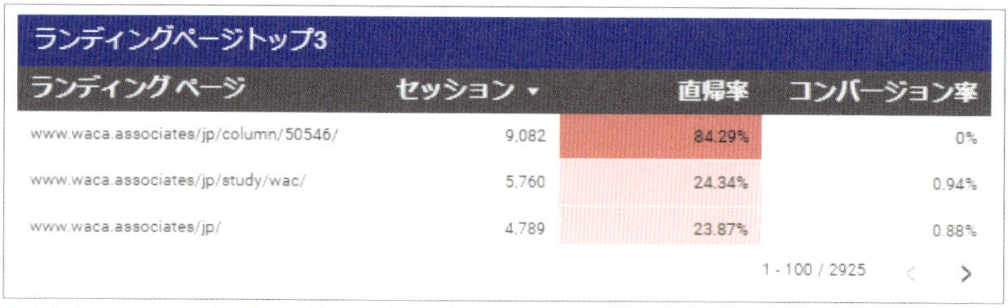

ランディングページトップ3

ランディングページ	セッション ▾	直帰率	コンバージョン率
www.waca.associates/jp/column/50546/	9,082	84.29%	0%
www.waca.associates/jp/study/wac/	5,760	24.34%	0.94%
www.waca.associates/jp/	4,789	23.87%	0.88%

1 - 100 / 2925 〈 〉

図2-3-46　**完成したランディングページトップ3の表**

ユーザー分析

ここでは、サイトに訪問するユーザーに関する情報をまとめるレポートをつくります。

ユーザーが利用している時間帯や曜日、地域情報、ユーザーの性別や年齢、興味関心、訪問の回数やリピートするまでの間隔などを見ることで、狙っているターゲットが訪問しているか？　新たなターゲットとなるユーザーがいるのか？　を見つけるヒントにしましょう。

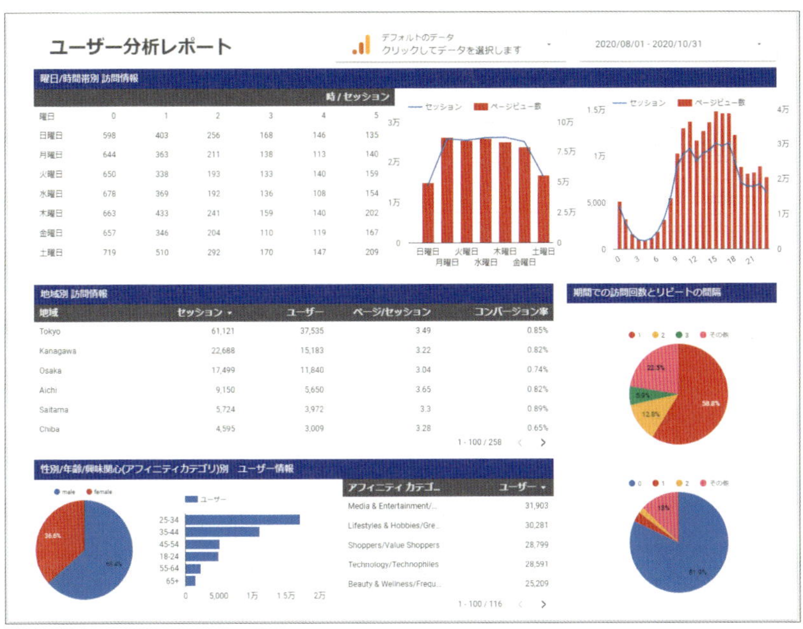

図2-3-47　完成したレポートのプレビュー

❶曜日 / 時間帯別 訪問情報

ユーザーの訪問した曜日や時間体などの推移位を把握するために、上部メニューよりピポッドテーブル、複合グラフ(曜日別と時間帯別)を選択して挿入します。

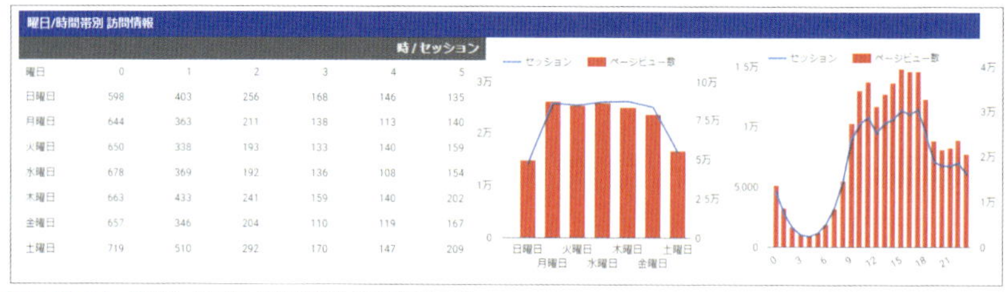

曜日/時間帯別 訪問情報

時 / セッション						
曜日	0	1	2	3	4	5
日曜日	598	403	256	168	146	135
月曜日	644	363	211	138	113	140
火曜日	650	338	193	133	140	159
水曜日	678	369	192	136	108	154
木曜日	663	433	241	159	140	202
金曜日	657	346	204	110	119	167
土曜日	719	510	292	170	147	209

図2-3-48　完成した曜日 / 時間帯別 訪問情報の表

❷地域別 訪問情報

訪れたユーザーの地域情報を把握するために、上部メニューより表を選択して挿入します。

地域別 訪問情報

地域	セッション ▾	ユーザー	ページ/セッション	コンバージョン率
Tokyo	61,121	37,535	3.49	0.85%
Kanagawa	22,688	15,183	3.22	0.82%
Osaka	17,499	11,840	3.04	0.74%
Aichi	9,150	5,650	3.65	0.82%
Saitama	5,724	3,972	3.3	0.89%
Chiba	4,595	3,009	3.28	0.65%

図2-3-49　完成した地域別 訪問情報の表

❸性別 / 年齢 / 興味関心 (アフィニティカテゴリ) 別　訪問情報

訪れたユーザーの性別や年齢、興味関心などを把握するために、上部メニューより円グラフ、棒グラフ、表を選択して挿入します。

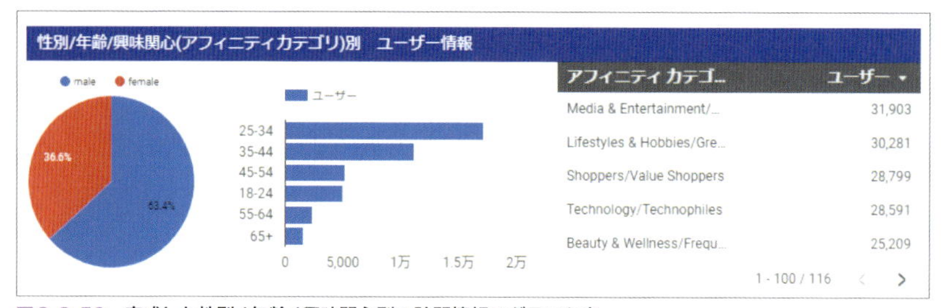

性別/年齢/興味関心(アフィニティカテゴリ)別　ユーザー情報

アフィニティ カテゴ...	ユーザー ▾
Media & Entertainment/...	31,903
Lifestyles & Hobbies/Gre...	30,281
Shoppers/Value Shoppers	28,799
Technology/Technophiles	28,591
Beauty & Wellness/Frequ...	25,209

図2-3-50　完成した性別 / 年齢 / 興味関心別の訪問情報のグラフと表

❹期間での訪問回数とリピートの間隔

訪れたユーザーの訪問の回数やリピートするまでの間隔などを把握するために、上部メニューより円グラフを選択して挿入します。

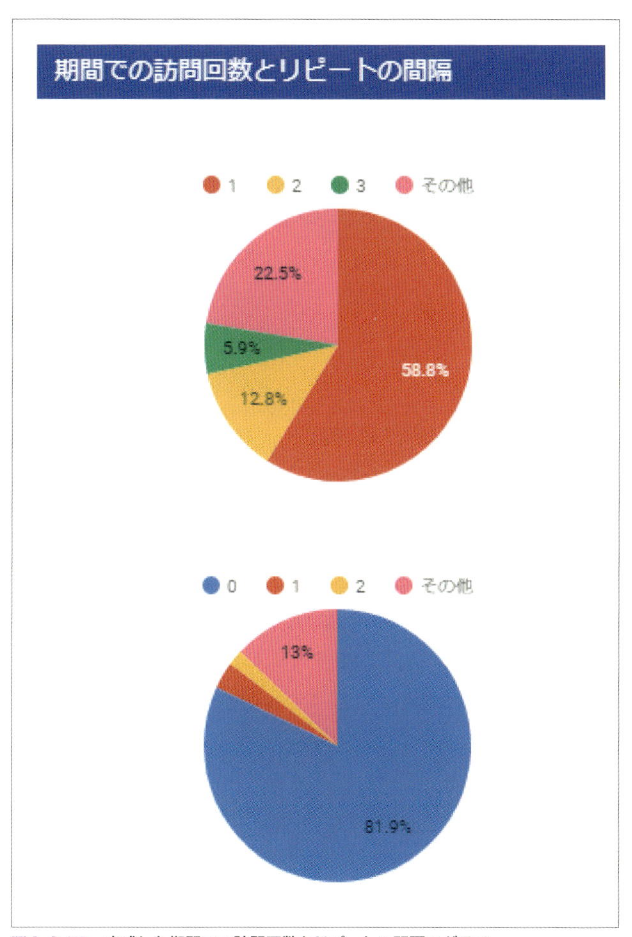

図2-3-51　完成した期間での訪問回数とリピートの間隔のグラフ

集客分析

参照元の全体解析ができるレポートをつくりましょう。

まずはチャネルごとの傾向を見て、必要となるトラフィックとどのチャネルで補っていくのかということを検討できるようにしましょう。

合わせてチャネルごとの詳細を確認していきましょう。自然検索からのキーワードやソーシャルメディア、リファラーやダイレクトなどそれぞれの数値を一覧化します。課題発見のためにデフォルトチャネルグループを切り替えてランディングページや閲覧ページを観察し、それぞれの関連からユーザーの意図を読み解くヒントにしましょう。

図2-3-52　完成したレポートのプレビュー

デフォルトチャネルグループごとに把握できるように、このレポートで「コントロール」を活用します。

上部メニューのコントロールを追加よりプルダウンリストを選択して挿入します。

プロパティパネルで、ディメンションにデフォルトチャネルグループを選択してください。なお、このコントロールはこのレポートにのみ反映されます。

ビュー画面でチャネルごとに切り替えて情報を確認してください。

❶集客チャネル デフォルトチャネルグループ トップ5（前年同月比）

ユーザーが訪れたチャネルごとの概況を把握するために、上部メニューより表を選択して挿入します。

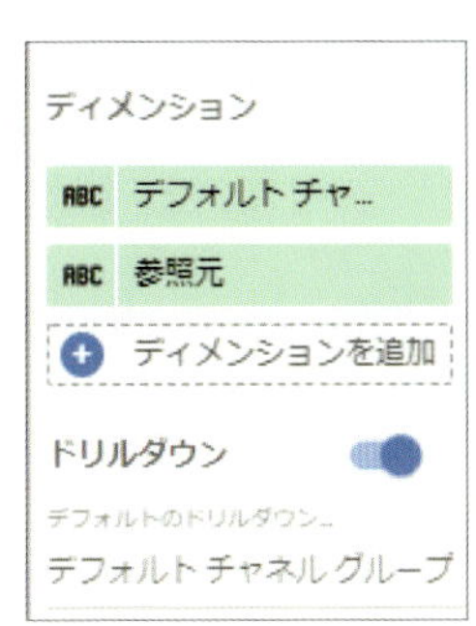

図2-3-53　ディメンション

ディメンションの箇所を上記のように設定すると、ドリルダウン機能をレポートに追加できます。

ドリルダウン（ドリルアップ）とは、データをより詳しく把握するための機能で詳細レベルを上位から下位または下位から上位へ、より詳細なレベルでデータ表示できるようになります（本事例では、デフォルトチャネルグループから参照元へドリルダウンできる設定です）。

この機能をレポートに追加することで、全体のグラフの数を減らせるなど、さまざまな詳細レベルでより簡単にデータのインサイトを得られます。

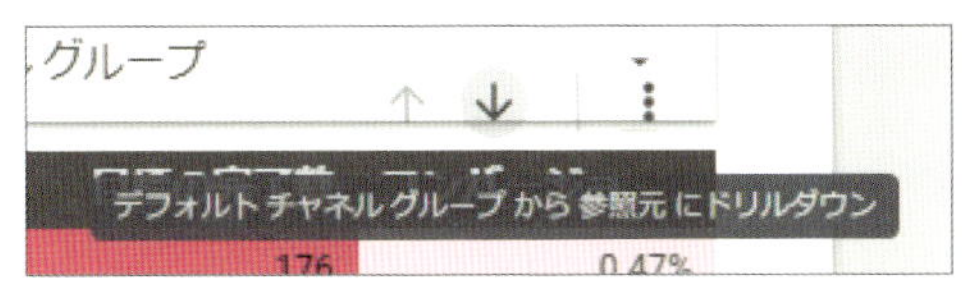

図2-3-54　ドリルダウン

デフォルト チ...	セッション ▾	新規セッショ...	新規ユーザー	直帰率	ページ/セッシ...	平均セッショ...	目標の完了数	コンバージョ...
Organic Search	37,773	66.16%	24,990	66.53%	2.62	00:02:22	176	0.47%
Display	11,171	87.83%	9,811	90.86%	1.17	00:00:19	1	0.01%
Direct	5,814	69.37%	4,033	57.1%	2.78	00:02:29	41	0.71%
Paid Search	3,671	44.48%	1,633	17.79%	4.67	00:03:38	58	1.58%
Referral	1,880	38.46%	723	36.22%	3.82	00:03:54	11	0.59%

図2-3-55　ドリルダウン前（ディメンション＝デフォルトチャネルグループ）

参照元	セッション ▾	新規セッショ...	新規ユーザー	直帰率	ページ/セッシ...	平均セッショ...	目標の完了数	コンバージョ...
google	43,482	68.22%	29,664	67.98%	2.48	00:02:03	207	0.48%
yahoo	7,704	74.03%	5,703	69.48%	2.4	00:01:52	25	0.32%
(direct)	5,814	69.37%	4,033	57.1%	2.78	00:02:29	41	0.71%
bing	1,122	72.46%	813	73.98%	2.2	00:02:04	3	0.27%
facebook.com	480	56.04%	269	83.54%	1.34	00:01:10	1	0.21%

図2-3-56　ドリルダウン後（ディメンション＝参照元）

❷デバイスの割合

訪れたユーザーのデバイスごとの割合を把握するために、上部メニューのグラフを追加より円グラフを選択して挿入します。

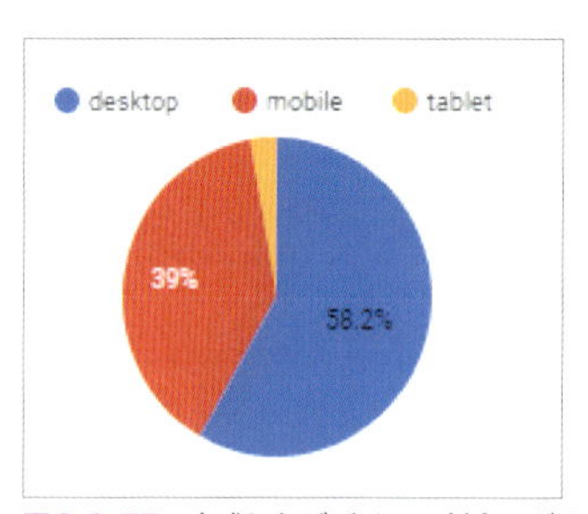

図2-3-57　完成したデバイスの割合のグラフ

❸新規／リピートユーザーの割合

新規ユーザー、リピートユーザーの割合を把握するために、上部メニューのグラフを追加より円グラフを選択して挿入します。

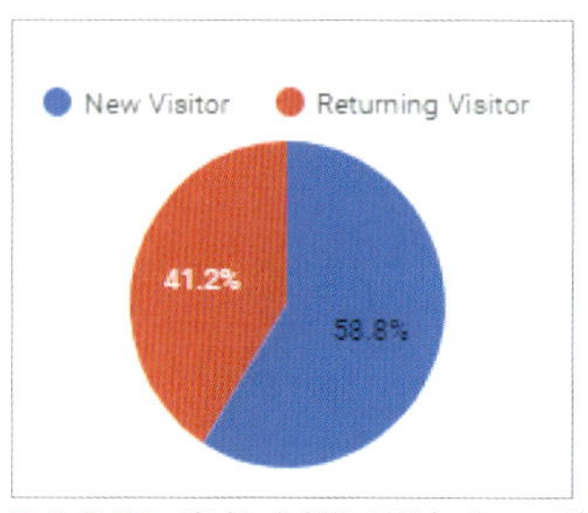

図2-3-58　完成した新規／リピートユーザーの割合のグラフ

❹前月セッション / コンバージョン率推移（前年同月比較）

前月度の推移を把握するため、上部メニューのグラフを追加より期間の時系列グラフを選択して挿入します。

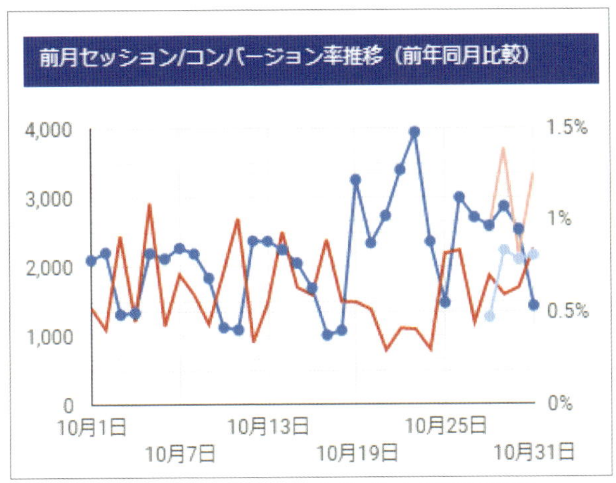

図2-3-59　完成した前月セッション / コンバージョン率累積のグラフ

❺前月セッション / コンバージョン値累積（前年同月比較）

前月度の推移を把握するため、上部メニューのグラフを追加より期間の時系列グラフを選択して挿入します。

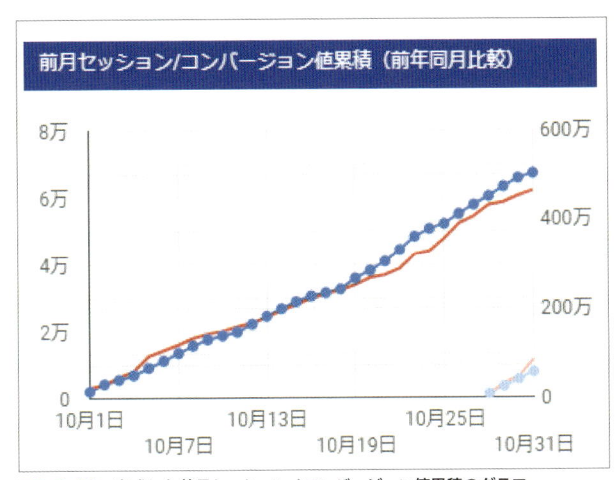

図2-3-60　完成した前月セッション / コンバージョン値累積のグラフ

❻ランディングページ情報

チャネルごとにランディングページの訪問状況を把握するため、上部メニューのグラフを追加より表を選択して挿入します。

ランディングページ情報			
ランディング ページ	セッション ▾	直帰率	コンバージョ...
www.waca.associates/jp/study/wac/	14,802	24.26%	1.13%
www.waca.associates/jp/	12,591	25.03%	1.05%
www.waca.associates/jp/column/5...	9,082	84.29%	0%
www.waca.associates/jp/column/4...	7,572	88.79%	0%
www.waca.associates/jp/study/cou...	5,554	28.83%	3.26%
www.waca.associates/jp/study/qua...	5,496	51.78%	1.13%

図2-3-61　完成したランディングページ情報の表

❼閲覧ページ情報

チャネルごとに閲覧ページの状況を把握するため、上部メニューより表を選択して挿入します。

閲覧ページ情報			
ページ	ページビュ...	離脱率	ページの...
www.waca.associates/jp/	30,044	22.14%	¥208.74
www.waca.associates/jp/mypage/accou...	26,172	23.85%	¥349.03
www.waca.associates/jp/study/wac/	24,193	26.82%	¥214.92
www.waca.associates/jp/study/qualificat...	24,146	32.12%	¥277.99
www.waca.associates/jp/mypage/login/	21,475	11.73%	¥392.18
www.waca.associates/jp/member/	16,924	7.54%	¥153.11

図2-3-62　完成した閲覧ページ情報の表

行動分析

行動分析はコンテンツの解析が中心になります。つまり、実際のページの問題やサイトの問題を改善する目的で使います。

このレポートは、ユーザーの環境とセットで考えないといけません。そのため、必ずデバイスも合わせて判断基準に使ってください。

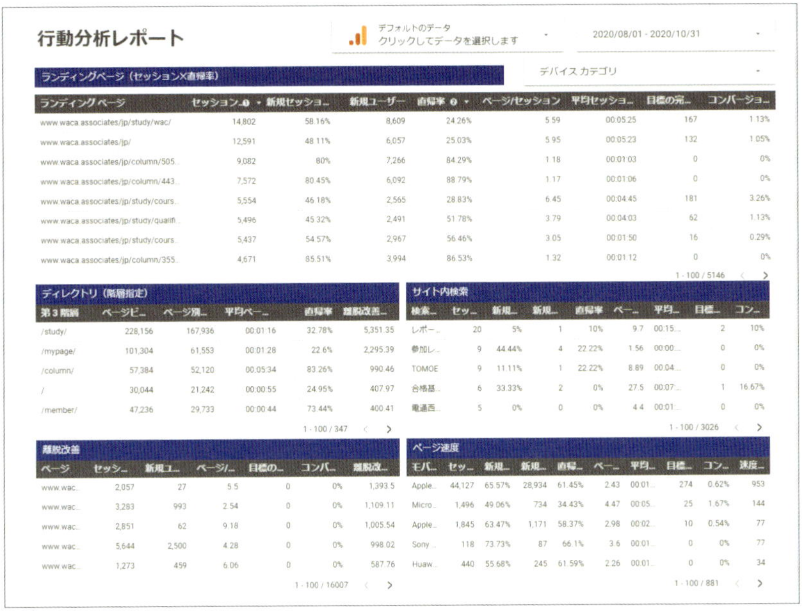

行動分析レポート

デフォルトのデータ
クリックしてデータを選択します

2020/08/01 - 2020/10/31

デバイス カテゴリ

ランディングページ（セッション×直帰率）

ランディングページ	セッション	新規セッショ…	新規ユーザー	直帰率	ページ/セッション	平均セッショ…	目標の完…	コンバージョ…
www.waca.associates/jp/study/wac/	14,802	58.16%	8,609	24.26%	5.59	00:05:25	167	1.13%
www.waca.associates/jp/	12,591	48.11%	6,057	25.03%	5.95	00:05:23	132	1.05%
www.waca.associates/jp/column/505…	9,082	80%	7,266	84.29%	1.18	00:01:03	0	0%
www.waca.associates/jp/column/443…	7,572	80.45%	6,092	88.79%	1.17	00:01:06	0	0%
www.waca.associates/jp/study/cours…	5,554	46.18%	2,565	28.83%	6.45	00:04:45	181	3.26%
www.waca.associates/jp/study/qualifi…	5,496	45.32%	2,491	51.78%	3.79	00:04:03	62	1.13%
www.waca.associates/jp/study/cours…	5,437	54.57%	2,967	56.46%	3.05	00:01:50	16	0.29%
www.waca.associates/jp/column/355…	4,671	85.51%	3,994	86.53%	1.32	00:01:12	0	0%

1 - 100 / 5146

ディレクトリ（階層指定）

第3階層	ページビ…	ページ別…	平均ペー…	直帰率	離脱改善…
/study/	228,156	167,936	00:01:16	32.78%	5,351.35
/mypage/	101,304	61,553	00:01:28	22.6%	2,295.39
/column/	57,384	52,120	00:05:34	83.26%	990.46
/	30,044	21,242	00:00:55	24.95%	407.97
/member/	47,236	29,733	00:00:44	73.44%	400.41

1 - 100 / 347

サイト内検索

検索…	セッ…	新規…	新規…	直帰率	ペー…	平均…	目標…	コン…
レポー…	20	5%	1	10%	9.7	00:15:…	2	10%
参加レ…	9	44.44%	4	22.22%	1.56	00:00:…	0	0%
TOMOE	9	11.11%	1	22.22%	8.89	00:04:…	0	0%
合格基…	6	33.33%	2	0%	27.5	00:07:…	1	16.67%
電通西…	5	0%	0	0%	4.4	00:01:…	0	0%

1 - 100 / 3026

離脱改善

ページ	セッシ…	新規ユ…	ページ/…	目標の…	コンバ…	離脱改…
www.wac…	2,057	27	5.5	0	0%	1,393.5
www.wac…	3,283	993	2.54	0	0%	1,109.11
www.wac…	2,851	62	9.18	0	0%	1,005.54
www.wac…	5,644	2,500	4.28	0	0%	998.02
www.wac…	1,273	459	6.06	0	0%	587.76

1 - 100 / 16007

ページ速度

モバ…	セッ…	新規…	新規…	直帰…	ペー…	平均…	目標…	コン…	速度…
Apple…	44,127	65.57%	28,934	61.45%	2.43	00:01…	274	0.62%	953
Micro…	1,496	49.06%	734	34.43%	4.47	00:05…	25	1.67%	144
Apple…	1,845	63.47%	1,171	58.37%	2.98	00:02…	10	0.54%	77
Sony…	118	73.73%	87	66.1%	3.6	00:01…	0	0%	77
Huaw…	440	55.68%	245	61.59%	2.26	00:01…	0	0%	34

1 - 100 / 881

図2-3-63　完成したレポートのプレビュー

❶ランディングページ（セッション×直帰率）

ランディングページの状況を把握するために、上部メニューのグラフを追加より表を選択して挿入します。

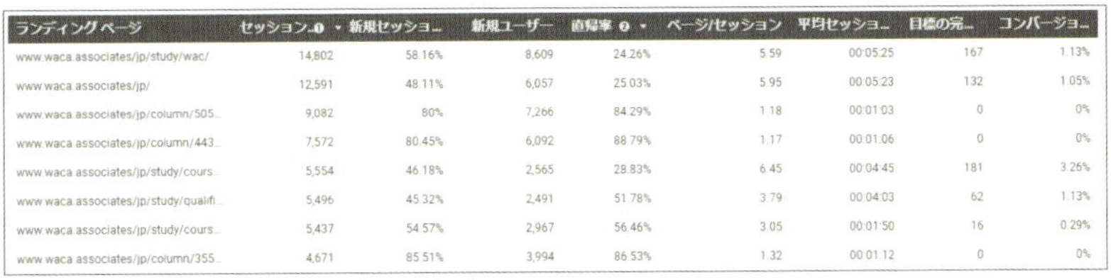

ランディングページ	セッション	新規セッショ…	新規ユーザー	直帰率	ページ/セッション	平均セッショ…	目標の完…	コンバージョ…
www.waca.associates/jp/study/wac/	14,802	58.16%	8,609	24.26%	5.59	00:05:25	167	1.13%
www.waca.associates/jp/	12,591	48.11%	6,057	25.03%	5.95	00:05:23	132	1.05%
www.waca.associates/jp/column/505…	9,082	80%	7,266	84.29%	1.18	00:01:03	0	0%
www.waca.associates/jp/column/443…	7,572	80.45%	6,092	88.79%	1.17	00:01:06	0	0%
www.waca.associates/jp/study/cours…	5,554	46.18%	2,565	28.83%	6.45	00:04:45	181	3.26%
www.waca.associates/jp/study/qualifi…	5,496	45.32%	2,491	51.78%	3.79	00:04:03	62	1.13%
www.waca.associates/jp/study/cours…	5,437	54.57%	2,967	56.46%	3.05	00:01:50	16	0.29%
www.waca.associates/jp/column/355…	4,671	85.51%	3,994	86.53%	1.32	00:01:12	0	0%

図2-3-64　完成したランディングページの表

❷ディレクトリ

ディレクトリごとの状況を把握するために、上部メニューのグラフを追加より表を選択して挿入します。

データを見るとき、ページ単位では小さすぎて分析しづらい場合があります。そういった場合には、ディレクトリごとにページを1つの塊として分析するのがおすすめです。また、この事例ではディメンションを第3階層としていますが、分析するサイトのURL構造に基づいて階層を変更してください。

ディレクトリ（階層指定）

第3階層	ページビ...	ページ別...	平均ペー...	直帰率	離脱改善...
/study/	228,156	167,936	00:01:16	32.78%	5,351.35
/mypage/	101,304	61,553	00:01:28	22.6%	2,295.39
/column/	57,384	52,120	00:05:34	83.26%	990.46
/	30,044	21,242	00:00:55	24.95%	407.97
/member/	47,236	29,733	00:00:44	73.44%	400.41

図2-3-65　**完成したディレクトリの表**

離脱改善指標はデフォルトの指標では存在しませんので自作します。離脱の改善においてトラフィックが多く、離脱率も高い部分から手を付けていくことで効率的に改善を行えます。その改善の指標となるものは、次の式で算出されます。

離脱改善指標＝(離脱数－直帰数)^2÷PV数

新しい指標の作成方法は以下の手順で作成可能です。

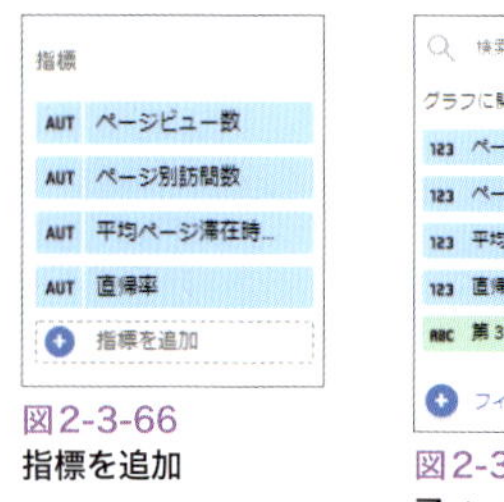

図2-3-66
指標を追加

グラフに関するフィールド
123 ページビュー数
123 ページ別訪問数
123 平均ページ滞在時間
123 直帰率
ABC 第3階層
フィールドを作成

図2-3-67
フィールドを作成

プロパティ パネルのデータ箇所、指標の最下部にある「指標を追加」をクリックすると、新たなウィンドウが現れます。その最下部にある「フィールドを作成」をクリックすると新規フィールドの画面が現れます。

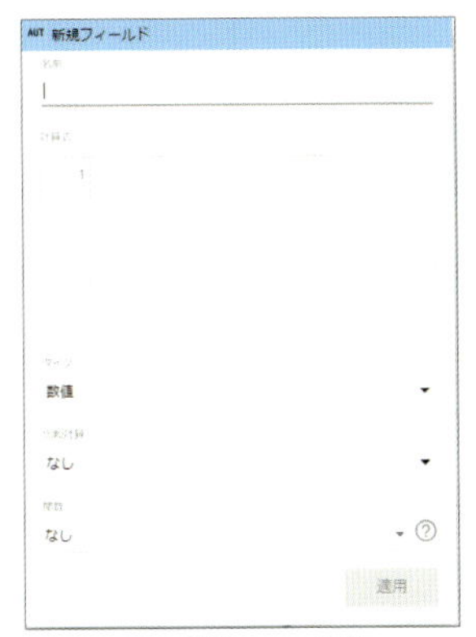

図2-3-68　**新規フィールド**

新しい指標の作成は計算フィールドという機能を使います。

計算フィールドを使用すると、データをもとに新しい指標やディメンションを作成できます。データソースから流入するデータを拡張および変換して、結果をレポートに表示することが可能です。

参考：Googleデータポータルのヘルプ 計算フィールド

https://support.google.com/datastudio/topic/7570421?hl=ja&ref_topic=6370331

新規フィールドで下記を設定します。

名前：離脱改善指標
計算式：POWER((exit-直帰数),2)/ページビュー数
タイプ：数値
比較計算：なし
関数：なし

図2-3-69　新規フィールドに離脱改善指標を設定

２乗を数式で表現するためにPOWER関数を利用します、他にも利用可能な関数があるため、参考にしてみてください。

参考：Googleデータポータルのヘルプ 関数リスト
https://support.google.com/datastudio/table/6379764?hl=ja

追加後は、指標のデフォルトのグループに追加されるため、通常の指標と同様に利用してください。

❸サイト内検索

サイト内検索のキーワードごとの状況を把握するために、上部メニューより表を選択して挿入します。

サイト内検索

検索...	セッ...	新規...	新規...	直帰率	ペー...	平均...	目標...	コン...
レポー...	20	5%	1	10%	9.7	00:15:...	2	10%
参加レ...	9	44.44%	4	22.22%	1.56	00:00:...	0	0%
TOMOE	9	11.11%	1	22.22%	8.89	00:04:...	0	0%
合格基...	6	33.33%	2	0%	27.5	00:07:...	1	16.67%
電通西...	5	0%	0	0%	4.4	00:01:...	0	0%

図2-3-70　完成したサイト内検索の表

❹離脱改善

ページごとの離脱の状況を把握するために、上部メニューのグラフを追加より表を選択して挿入します。

離脱改善						
ページ	セッシ...	新規ユ...	ページ/...	目標の...	コンバ...	離脱改...
www.wac...	2,057	27	5.5	0	0%	1,393.5
www.wac...	3,283	993	2.54	0	0%	1,109.11
www.wac...	2,851	62	9.18	0	0%	1,005.54
www.wac...	5,644	2,500	4.28	0	0%	998.02
www.wac...	1,273	459	6.06	0	0%	587.76

図2-3-71　完成した離脱改善の表

❺ページ速度

モバイル端末ごとのページ表示速度の状況を把握するために、上部メニューのグラフを追加より表を選択して挿入します。

ページ速度									
モバ...	セッ...	新規...	新規...	直帰...	ペ―...	平均...	目標...	コン...	速度...
Apple...	44,127	65.57%	28,934	61.45%	2.43	00:01...	274	0.62%	953
Micro...	1,496	49.06%	734	34.43%	4.47	00:05...	25	1.67%	144
Apple...	1,845	63.47%	1,171	58.37%	2.98	00:02...	10	0.54%	77
Sony ...	118	73.73%	87	66.1%	3.6	00:01...	0	0%	77
Huaw...	440	55.68%	245	61.59%	2.26	00:01...	0	0%	34

図2-3-72　完成したページ速度の表

コンバージョン分析

最後はコンバージョンの分析のレポートです。

Googleアナリティクスで目標の設定ができていれば、コンバージョンに関するレポートを作ることができます。

ここでは、目標を達成した件数、割合などの状況からの目標達成度合いを確認しましょう。目標に至ったユーザーだけではなく、至らなかったユーザー像を確認しながら課題を発見するヒントにします。

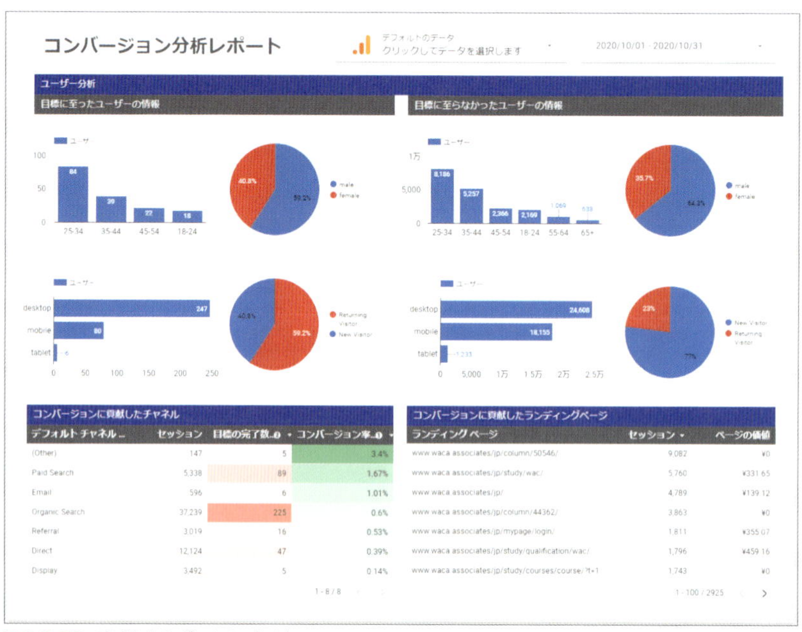

図2-3-73　**完成したレポートのプレビュー**

❶ユーザー分析

コンバージョンに至ったユーザーと至らなかったユーザーの状況を把握するために、上部メニューのグラフより棒グラフ、円グラフをそれぞれ2つずつ選択して挿入します。

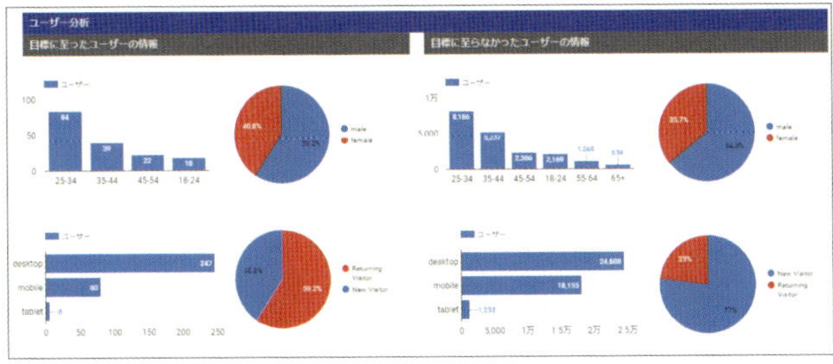

図2-3-74　完成したユーザー分析のグラフ

❷コンバージョンに貢献したチャネル

チャネルごとのコンバージョンの貢献度を把握するために、上部メニューのグラフを追加より表を選択して挿入します。

コンバージョンに貢献したチャネル			
デフォルト チャネル ...	セッション	目標の完了数...❷ ▾	コンバージョン率...❶ ▾
(Other)	147	5	3.4%
Paid Search	5,338	89	1.67%
Email	596	6	1.01%
Organic Search	37,239	225	0.6%
Referral	3,019	16	0.53%
Direct	12,124	47	0.39%
Display	3,492	5	0.14%

図2-3-75　完成したコンバージョンに貢献したチャネルの表

❸コンバージョンに貢献したページ

ページごとのコンバージョンの貢献度を把握するために、上部メニューのグラフを追加より表を選択して挿入します。

コンバージョンに貢献したランディングページ		
ランディング ページ	セッション ▾	ページの価値
www.waca.associates/jp/column/50546/	9,082	¥0
www.waca.associates/jp/study/wac/	5,760	¥331.65
www.waca.associates/jp/	4,789	¥139.12
www.waca.associates/jp/column/44362/	3,863	¥0
www.waca.associates/jp/mypage/login/	1,811	¥355.07
www.waca.associates/jp/study/qualification/wac/	1,796	¥459.16
www.waca.associates/jp/study/courses/course/?t=1	1,743	¥0

図2-3-76　完成したコンバージョンに貢献したページの表

2-4

Google広告と接続して使う

結果分析レポート(キャンペーン・広告・キーワード)

Googleデータポータルは Google広告のデータを連携してレポートを作ることもできます。Google広告についてもわかりやすく可視化することで、キャンペーンや広告、キーワードごとの評価を素早くできるようにしましょう。

図2-4-1 完成したレポートのプレビュー

この章では、Google広告のキャンペーン別、広告グループ別、キーワード別のレポートを作ります。

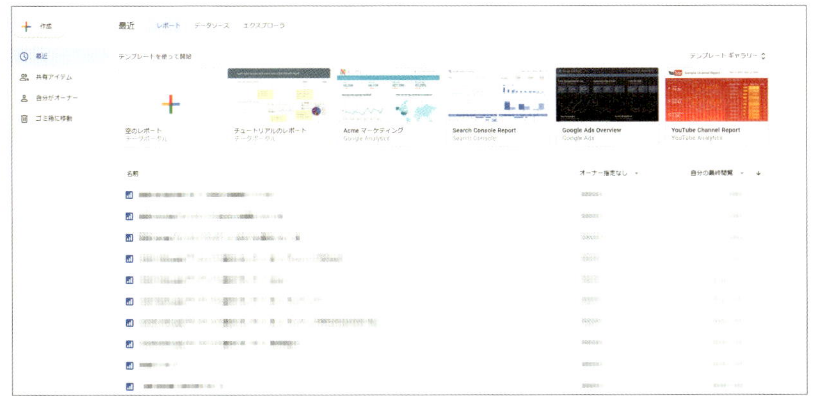

図2-4-2　Googleデータポータルホーム画面

図2-4-3　ホーム画面 データソース追加

Googleデータポータルにログインしてホーム画面を開きます、左側メニューの作成から「データソース」を選択してください。

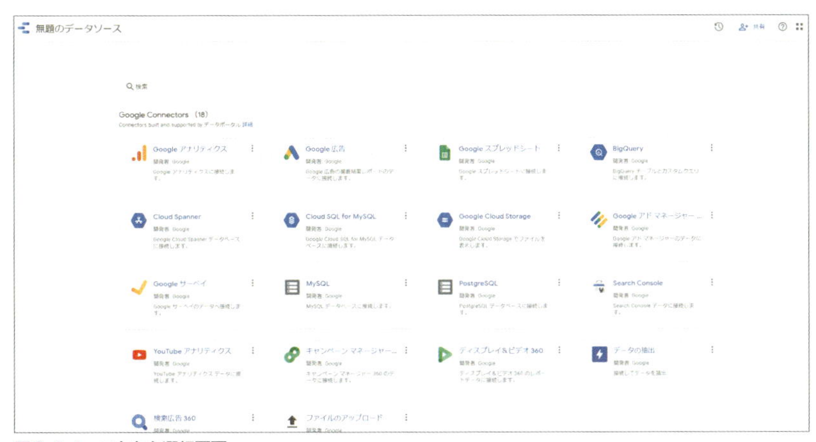

図2-4-4　コネクタ選択画面

ここで接続したいデータソースを選択します、ここではGoogle広告を選択します。

Googleデータポータルにログインしている Googleアカウントに連携されている各種データが表示されます。

図2-4-5　データ接続

ここで任意のアカウントに紐づくデータを選択すると、画面右上の「接続」ボタンがアクティブになるため「接続」ボタンをクリックしてください。

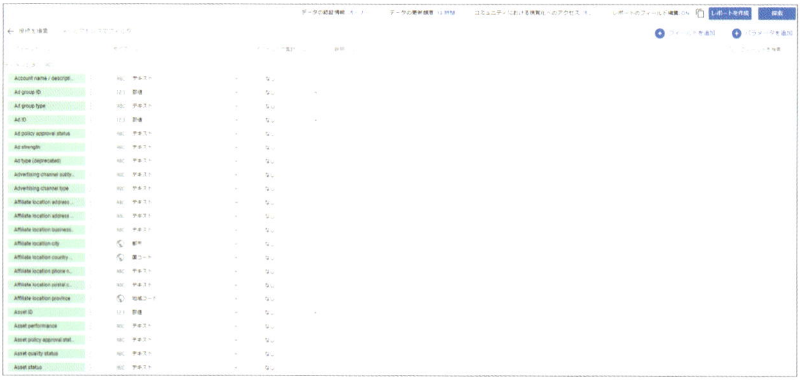

図2-4-6　コネクションを編集

接続後に、コネクションを編集する画面が表示されます。

ここでは、すでにGoogle広告で準備されているデータが表示されています。

通常はとくに変更せず、画面右上にある「レポートを作成」をクリックして次の画面に進みます。

これで、Googleデータポータルと Google広告の接続が完了しました。

ここからは実際にGoogleデータポータルでレポートをつくっていきます。

キャンペーン情報（表）

データ
ディメンション：キャンペーン、広告グループ
指標：クリック数、表示回数、相対クリック率、平均クリック単価、費用、コンバージョン、コンバージョン率
ページあたりの行数：5

キャンペーン情報

キャンペーン	広告グループ	クリック数 ▾	表示回数	相対クリック率	平均クリック単...	費用	コンバージョン	コンバージョン...
wac_for_company	【求人・案件/コン...	2,460	389,312	0.34	¥20	¥49,003	0	0%
【CV】DSA awac ...	11 Pagefeed	2,375	12,357	0	¥125	¥297,807	62	2.61%
【CV】DSA awac ...	10 Pagefeed	881	6,118	0	¥161	¥141,424	11	1.25%
【CV】DSA awac ...	All Pagefeed	488	3,060	0	¥160	¥77,970	14	2.87%
Placement awac c...	Marketing topics	468	364,793	0.25	¥54	¥25,430	0	0%

図2-4-7　完成したキャンペーン情報の表

クリック / 表示回数推移（複合グラフ）

データ
ディメンション：日
指標：クリック数、表示回数
並べ替え：日で昇順

軸：左側
系列番号2
軸：右側

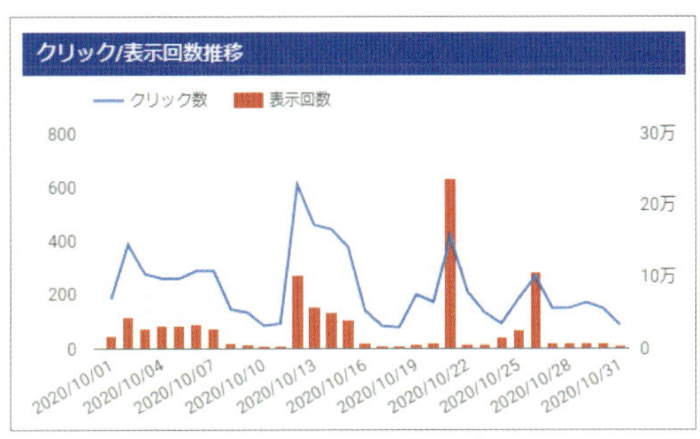

図2-4-8　完成したクリック表示回数推移のグラフ

デバイス別情報（円グラフ）

データ

ディメンション：デバイス

指標：クリック数

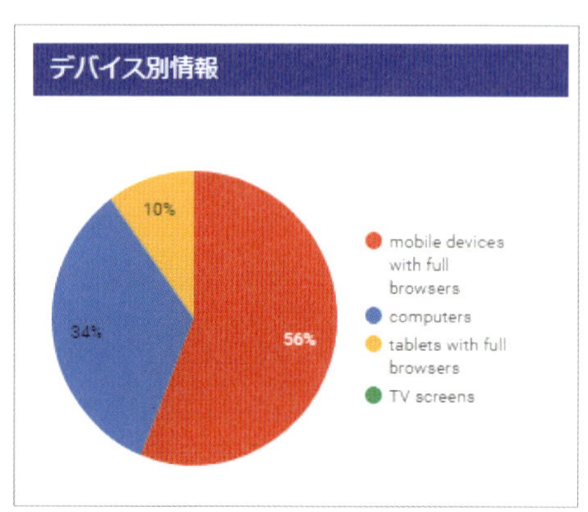

図2-4-9　完成したデバイス別情報のグラフ

曜日別情報（棒グラフ）

データ

ディメンション：曜日

指標：クリック数

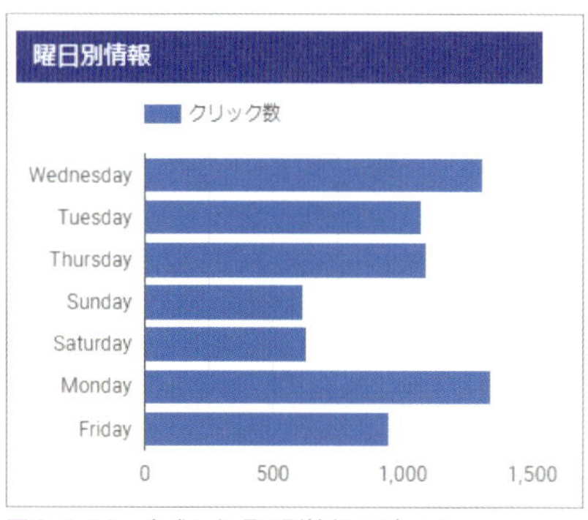

図2-4-10　完成した曜日別情報のグラフ

時間帯別情報（時間）

データ

ディメンション：時間

指標：クリック数、表示回数、平均クリック単価、費用、コンバージョン、コンバージョン率

並べ替え：時間で昇順

時間別情報

時間 ▲	クリック数	表示回数	平均クリック単価	費用	コンバージョン	コンバージョン率
0	153	17,010	¥66.73	¥10,209.41	0	0%
1	120	13,983	¥57.6	¥6,911.92	3	2.48%
2	77	10,706	¥55.84	¥4,299.42	0	0%
3	52	8,533	¥64.51	¥3,354.31	0	0%
4	59	8,185	¥65.46	¥3,861.94	0	0%

図2-4-11　完成した時間帯別情報の表

Googleデータポータルで作成されたGoogle広告のレポートの活用例として下記のようなものが挙げられます。

- **広告キャンペーンや広告グループの評価**
- **表示回数とクリック数の評価**
- **デバイス、曜日、時間別の評価**

運用レポート(検索クエリ)

Google広告を効果的に運用する手段の1つとして、検索クエリの最適化があります。

検索クエリを活用することでユーザーが求めている細かなニーズを把握したり、キーワードを追加、除外してより無駄なクリックを削減したりすることに役立ちます。

よく混同されがちな検索クエリとキーワードですが、次の違いがあります。

- **検索クエリ(検索語句)=ユーザーが実際に検索した語句**
- **キーワード=広告主側が広告を表示するために設定した語句**

ここでは、Googleデータポータルを活用して検索クエリ評価に役立つレポートを作ります。

Google広告レポート

デフォルトのデータ
クリックしてデータを選択します

2020/10/01 - 2020/10/31

検索語句(検索クエリ)情報

検索語句	Match type	キャンペ…	広告グル…	クリック…	表示回数	平均クリ…	費用	コンバー…	コンバー…	費用/コン…	コンバー…
ウェブ 解析 士	Exact	DSA awac co	11 Pagefeed	1,023	4,446	¥117.3	¥119,993	21	2.05%	¥5,713.95	2.05%
ウェブ 解析 士	Exact	DSA awac co…	10 Pagefeed	308	1,922	¥141.88	¥43,700	4	1.3%	¥10,925	1.3%
web 解析 士	Exact	DSA awac co	11 Pagefeed	222	914	¥137.26	¥30,471	8	3.6%	¥3,808.88	3.6%
ウェブ 解析	Exact	DSA awac co	11 Pagefeed	140	405	¥38.31	¥5,364	10	7.14%	¥536.4	7.14%
ウェブ 解析 士	Exact	DSA awac co	All Pagefeed	102	585	¥153.83	¥15,691	3	2.94%	¥5,230.33	2.94%
web 解析 し	Exact	DSA awac co	11 Pagefeed	85	359	¥133.82	¥11,375	2	2.35%	¥5,687.5	2.35%
web 解析 士	Exact	DSA awac co	10 Pagefeed	72	393	¥155.79	¥11,217	1	1.39%	¥11,217	1.39%
ウェブ 解析	Exact	DSA awac co	10 Pagefeed	69	412	¥131.93	¥9,103	1	1.45%	¥9,103	1.45%
ウェブ 解析 し	Exact	DSA awac co	11 Pagefeed	61	266	¥149.11	¥9,096	2	3.28%	¥4,548	3.28%
ウェブ 解析	Exact	DSA awac co	All Pagefeed	59	341	¥121.49	¥7,168	1	1.69%	¥7,168	1.69%

1 - 10 / 315

検索キーワード情報

検索キー…	検索キー…	キャンペ…	広告グル…	クリック…	表示回数	平均クリ…	費用	コンバー…	コンバー…	費用/コン…	コンバー…
+IMA検定	Broad	Marketing K…	Conflict KW	13	315	¥362.54	¥4,713	0	0%	¥0	0%
+マーケティ…	Broad	Marketing K…	Marketing KW	8	217	¥263.88	¥2,111	0	0%	¥0	0%
+デジプロ	Broad	Marketing K…	Conflict KW	6	113	¥303	¥1,818	0	0%	¥0	0%
+インターネ	Broad	Marketing K…	Conflict KW	4	164	¥292	¥1,168	0	0%	¥0	0%
+マーケティ…	Broad	Marketing K…	Marketing KW	3	79	¥383.67	¥1,151	0	0%	¥0	0%
+マーケッタ	Broad	Marketing K…	Marketing KW	3	31	¥187.67	¥563	0	0%	¥0	0%
+ウェブマー	Broad	Marketing K	Marketing KW	3	169	¥390	¥1,170	0	0%	¥0	0%
+DMM Marke	Broad	Marketing K…	Conflict KW	2	75	¥639.5	¥1,279	0	0%	¥0	0%
+ウェブマー	Broad	Marketing K…	Web Marketi	2	28	¥735	¥1,470	0	0%	¥0	0%
+ウェブキャ…	Broad	Marketing K…	Conflict KW	2	62	¥378	¥756	0	0%	¥0	0%

1 - 10 / 56

図2-4-12　完成したレポートのプレビュー

検索語句(検索クエリ)情報

データ

ディメンション:検索語句、検索語句のマッチタイプ、キャンペーン、広告グループ
指標:クリック数、表示回数、平均クリック単価、費用、平均掲載順位、コンバージョン、コンバージョン率、費用/コンバージョンに至ったクリック、コンバージョンに至ったクリック/クリック数

検索語句(検索クエリ)情報

検索語句	Match type	キャンペ...	広告グル...	クリック... ▾	表示回数	平均クリ...	費用	コンバー...	コンバー...	費用/コン...	コンバー...
ウェブ 解析 士	Exact	【CV】DSA a...	11 Pagefeed	1,023	4,446	¥117.3	¥119,993	21	2.05%	¥5,713.95	2.05%
ウェブ 解析 士	Exact	【CV】DSA a...	10 Pagefeed	308	1,922	¥141.88	¥43,700	4	1.3%	¥10,925	1.3%
web 解析 士	Exact	【CV】DSA a...	11 Pagefeed	222	914	¥137.26	¥30,471	8	3.6%	¥3,808.88	3.6%
ウェブ 解析...	Exact	【CV】DSA a...	11 Pagefeed	140	405	¥38.31	¥5,364	10	7.14%	¥536.4	7.14%
ウェブ 解析 士	Exact	【CV】DSA a...	All Pagefeed	102	585	¥153.83	¥15,691	3	2.94%	¥5,230.33	2.94%
web 解析 し	Exact	【CV】DSA a...	11 Pagefeed	85	359	¥133.82	¥11,375	2	2.35%	¥5,687.5	2.35%
web 解析 士	Exact	【CV】DSA a...	10 Pagefeed	72	393	¥155.79	¥11,217	1	1.39%	¥11,217	1.39%
ウェブ 解析...	Exact	【CV】DSA a...	10 Pagefeed	69	412	¥131.93	¥9,103	1	1.45%	¥9,103	1.45%
ウェブ 解析 し	Exact	【CV】DSA a...	11 Pagefeed	61	266	¥149.11	¥9,096	2	3.28%	¥4,548	3.28%
ウェブ 解析...	Exact	【CV】DSA a...	All Pagefeed	59	341	¥121.49	¥7,168	1	1.69%	¥7,168	1.69%

図2-4-13　完成した検索語句(検索クエリ)情報の表

検索キーワード情報

データ

ディメンション:検索キーワード、検索キーワードのマッチタイプ、キャンペーン、広告グループ
指標:クリック数、表示回数、平均クリック単価、費用、平均掲載順位、コンバージョン、コンバージョン率、費用/コンバージョンに至ったクリック、コンバージョンに至ったクリック/クリック数

検索キーワード情報

検索キー...	検索キー...	キャンペ...	広告グル...	クリック... ▾	表示回数	平均クリ...	費用	コンバー...	コンバー...	費用/コン...	コンバー...
+IMA検定	Broad	Marketing K...	Conflict KW	13	315	¥362.54	¥4,713	0	0%	¥0	0%
+マーケティ...	Broad	Marketing K...	Marketing KW	8	217	¥263.88	¥2,111	0	0%	¥0	0%
+デジプロ	Broad	Marketing K...	Conflict KW	6	113	¥303	¥1,818	0	0%	¥0	0%
+インターネ...	Broad	Marketing K...	Conflict KW	4	164	¥292	¥1,168	0	0%	¥0	0%
+マーケティ...	Broad	Marketing K...	Marketing KW	3	79	¥383.67	¥1,151	0	0%	¥0	0%
+マーケッタ...	Broad	Marketing K...	Marketing KW	3	31	¥187.67	¥563	0	0%	¥0	0%
+ウェブマー...	Broad	Marketing K...	Marketing KW	3	169	¥390	¥1,170	0	0%	¥0	0%
+DMM Marke...	Broad	Marketing K...	Conflict KW	2	75	¥639.5	¥1,279	0	0%	¥0	0%
+ウェブマー...	Broad	Marketing K...	Web Marketi...	2	28	¥735	¥1,470	0	0%	¥0	0%
+ウェブキャ...	Broad	Marketing K...	Conflict KW	2	62	¥378	¥756	0	0%	¥0	0%

図2-4-14　完成した検索キーワード情報の表

まとめ

　Googleデータポータルで Google広告のレポートを一度作成してしまえば、都度集計する必要もなく定期報告などのレポート作成作業を効率化し、広告の分析や評価に時間を避けるようになります。また、上記の例に上げげたディメンションや指標以外にも、広告の目的や評価方法に応じて、定点観測のためのレポートも自由に作成できるため、積極的に活用してください。

Google Search Consoleと接続して使う

Google Search Consoleとは

ここでは「Google Search Console」(以降 Search Console)と接続して、レポートを作成する方法を説明します。

Search Consoleは、「Googleの検索エンジンから、自社サイトがどのように見られているか」を確認できるツールです。一般的には、ウェブサイト運営者が登録・確認を行うツールですが、ウェブ解析の文脈では、検索キーワードの重要性を確認するために利用されています。なぜなら、GoogleやYahoo!などの検索エンジンがSSL化したことに伴い、Googleアナリティクスなどではユーザーが実際に検索したキーワード(検索クエリ)が、「(not provided)」になってしまっていますが、Search Consoleを使うと実際の検索キーワードが確認できるためです。ただし、「Googleの検索エンジンのみの情報であること」「数値が概算値であること」には注意が必要です。

ここでは、検索クエリごとの平均掲載順位と、検索クエリとランディングページの関係性が確認できるレポートを作成していきます。

まずは、ホーム画面のデータソースで、「Search Console」を選択します。

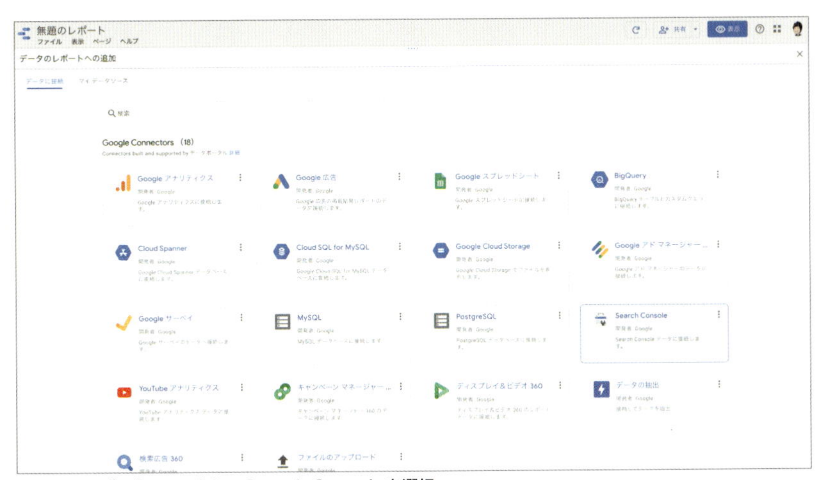

図2-5-1　データソースとしてSearch Consoleを選択

初回は、「承認」が必要となるので、Googleアナリティクスのときと同じように許可を行い、Search Consoleのプロパティを選択できるようにします。

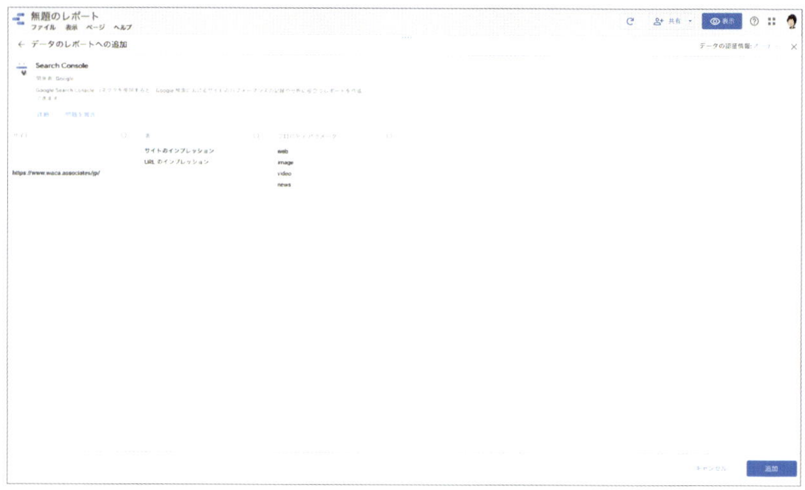

図2-5-2　Search Consoleと接続

接続が完了したら、データを読み込むサイトを選択します。

次に「表」という項目を選択します。ここでは「サイトのインプレッション」と「URLのインプレッション」という選択肢があります。それぞれの違いとしては、サイトのインプレッションでは「サイトCTR（Site CTR）」「平均掲載順位（Average Position）」が特徴的な項目として存在し、URLのインプレッションでは「URLのクリック数（Url Click）」「URLのCTR（Url CTR）」「ランディングページ（Landing Page）」が特徴的な項目として存在することが挙げられます。つまり、この後のパートで説明する「平均掲載順位レポート」を表示するためには「サイトのインプレッション」をデータソースに、「ランディングページレポート」を表示するためには「URLのインプレッション」をデータソースに追加する必要があるということです。

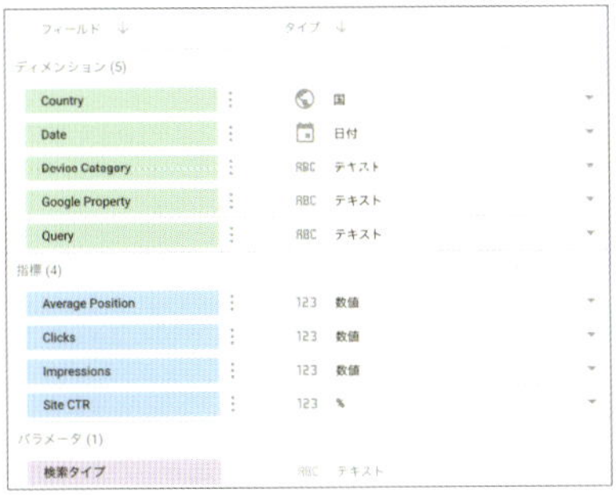

フィールド	タイプ
ディメンション (5)	
Country	国
Date	日付
Device Category	RBC テキスト
Google Property	RBC テキスト
Query	RBC テキスト
指標 (4)	
Average Position	123 数値
Clicks	123 数値
Impressions	123 数値
Site CTR	123 %
パラメータ (1)	
検索タイプ	RBC テキスト

図2-5-3
「サイトのインプレッション」のフィールド一覧

フィールド	タイプ
ディメンション (6)	
Country	国
Date	日付
Device Category	RBC テキスト
Google Property	RBC テキスト
Landing Page	RBC テキスト
Query	RBC テキスト
指標 (3)	
Impressions	123 数値
Url Clicks	123 数値
URL CTR	123 %
パラメータ (1)	
Search type	RBC テキスト

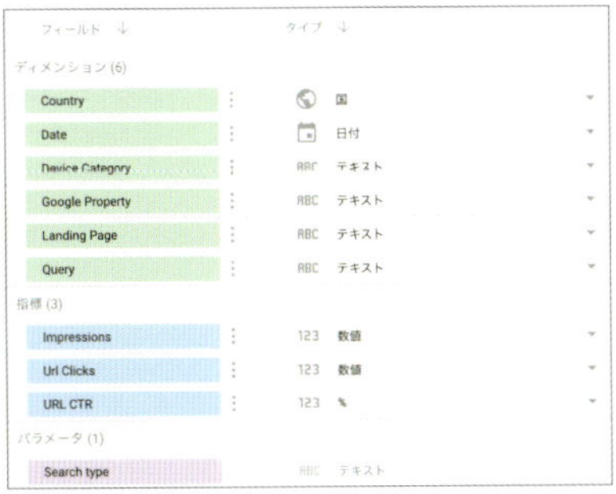

図2-5-4
「URLのインプレッション」のフィールド一覧

今回は、「1つのレポートに、2つのデータソースを接続する」という方法で、「サイトのインプレッション」と「URLのインプレッション」を一度に表示するレポートを作成していきます。

まずは、GoogleアナリティクスやGoogle広告と同様に、「サイトのインプレッション」をデータソースとしてレポートに追加します。そのとき、あとでデータソースがわかるように、図2-5-5のように名前を編集しておくことをおすすめします。

【サイト】Search Console https://www....
接続を編集 | メールアドレスでフィルタ
データソース エディタで、フィールドの更新、接続の編集、カスタム SQL の編集ができるよう

フィールド	タイプ
ディメンション (5)	
Country	国
Date	日付
Device Category	RBC テキスト
Google Property	RBC テキスト
Query	RBC テキスト
指標 (4)	
Average Position	123 数値
Clicks	123 数値
Impressions	123 数値
Site CTR	123 %
パラメータ (1)	

図2-5-5 データソースを編集

レポートに追加をすると、また新規で「無題のレポート」ができますが、ここでメニューバーの「リソース」>「追加済みのデータソースの管理」をクリックします。

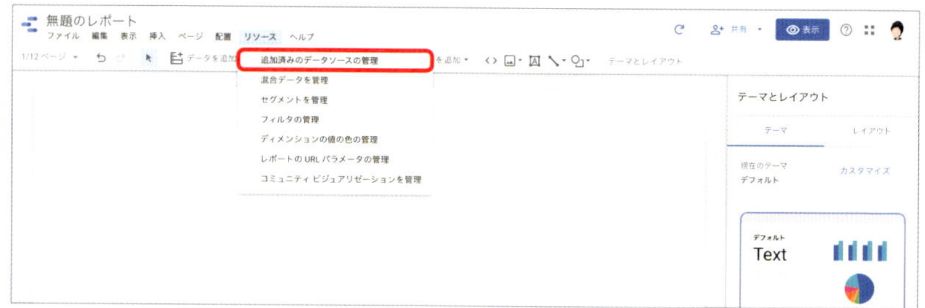

図2-5-6　追加済みのデータソースの管理

これにより、「1つのレポートに複数のデータソースを追加」できます。現状は、「サイトのインプレッション」しかありませんが、「データソースの追加」で「URLのインプレッション」を追加していきます。

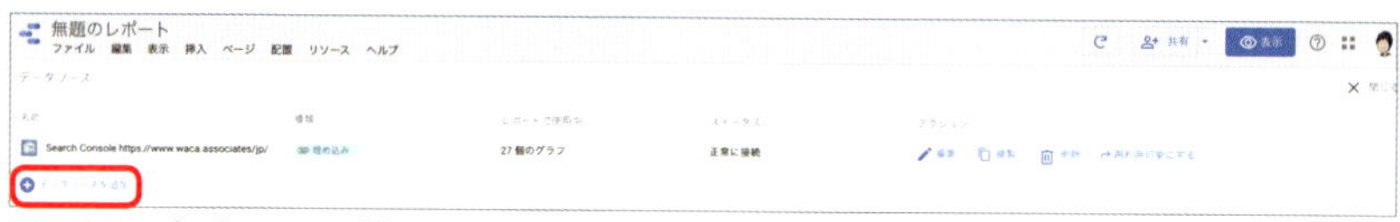

図2-5-7　データソースの追加

今度は「URLのインプレッション」を選択しますが、やはり同様に、名前を編集しておきます。

図2-5-8　データソース名を編集

これで、「サイトのインプレッション」「URLのインプレッション」という2つのデータソースを使って、レポート作成ができるようになります。

図2-5-9　2つのデータソース

Google Search Consoleを活用したレポートは事例にて掲載していため、参考にしてください。

YouTubeアナリティクスと接続して使う

この節では「YouTubeアナリティクス」と接続した場合のレポート作成について説明します。

まずは、新しいデータソースを追加することになるため、ホーム画面からデータソースを選択し、「YouTubeアナリティクス」を選択します。

図2-6-1　データソースとしてYou Tubeアナリティクスを選択

初回は「承認」が必要となるため、Googleアナリティクスのときと同じように許可をして、YouTubeのアカウント・チャンネルを選択できる状態にしましょう。

無事接続ができたら、どのサイトのデータを利用するか？　を選択します。

図2-6-2　You Tubeアナリティクスと接続

選択をすると、次のようなフィールドの編集画面になりますが、

図2-6-3 「You Tubeアナリティクス」データソースのフィールド一覧

現状のコネクタでは、YouTubeアナリティクス本来のディメンション・指標の全てを網羅している訳ではない点に注意してください。

総再生時間レポート

まずは、総再生時間レポートです。
完成イメージを次に示します。

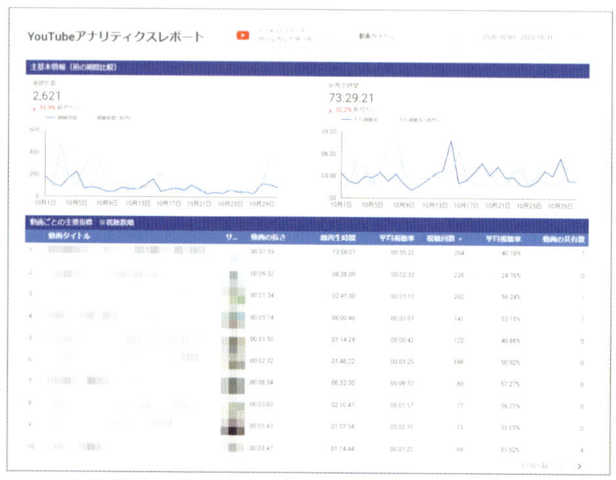

図2-6-4 完成したレポートのプレビュー

ほかのデータソース同様ですが、レポートを作成し、データソースを接続していきます。

ここで一点重要な注意があります。「総再生時間」という指標は、YouTubeを分析するにあたり、最も重要だと考えられていますが、デフォルトでは指標として存在しません。

そこで、「データソースのフィールド編集画面」で、指標を作り出していきます。まずは、デフォルトで存在する「Watch Time」を探し、指標を「複製」します。

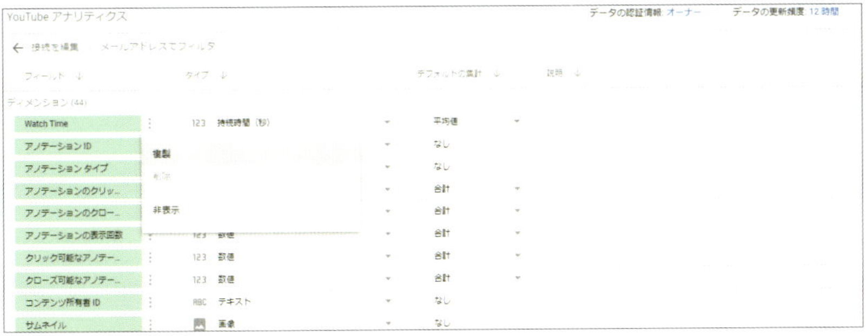

図2-6-5　**指標を複製する**

そして、指標名を「総再生時間」、タイプを「持続時間(秒)」に、集計方法を「合計」にします。

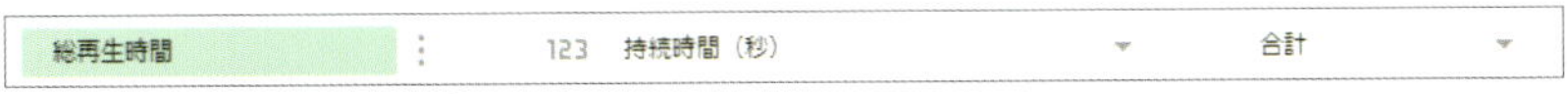

図2-6-6　**「総再生時間」の設定**

これにより、本来の「Watch Time(平均視聴時間)」の指標と、「総再生時間」の2つの指標をレポートで利用できます。

また、「Watch Time」もわかりづらいので「平均視聴時間」などと、変更しておくことをおすすめします[※1]。

では、早速作成して行きましょう。

まずは、左上にテキストを配置し、レポートタイトルを入れます。

右上には、「データ管理」と「動画タイトル」でのフィルタと、期間フィルタを挿入

※1　Google Chromeでは編集ができますが、Safariなどでは編集できない場合があります。

します。

まずは、メニューのコントロールを追加から、「データ管理」を配置し、チャンネルデータが切り替えられるようにします。

次に、コントロールを追加から「プルダウンリスト」を配置し、以下の図のようにプロパティパネル設定をします。

データ
ディメンション：動画タイトル
指標：視聴回数
デフォルトの日付範囲：自動

期間については、コントロールを追加の「期間設定」を配置します。

次に、「視聴回数」と「総再生時間」ですが、ツールメニューのグラフを追加の「スコアカード」を利用していきます。

データ
指標：視聴回数
デフォルトの日付範囲：自動
期間比較：前の期間

スタイル
デフォルトのまま※2

スコアカードは、こちらを参考に作成してみてください。

今回は、次のインタラクションレポートも含めて、全て過去の期間との比較を行います。

このように、同じフォーマットで複数のコンポーネントを作成する場合には、コピー&ペーストも利用できます。

※2 「比較ラベルを隠す」にチェックが入っている場合は外します。

その場合、指標もそのままになりますので、プロパティパネルで指標部分のみ変更しましょう。

次に、視聴回数と平均視聴時間の時系列推移を作成していきます。
まずは、グラフを追加から「期間」の「時系列グラフ」を選択し、プロパティ パネルを次のように設定していきます。

データ
ディメンション：日付指標：視聴回数
デフォルトの日付範囲：自動
比較期間：前の期間

スタイル
デフォルトから変更なし

設定が完了したら、コンポーネントをコピー＆ペーストして、「視聴回数」の部分を「平均視聴率」に変更しましょう。

レポート下部では、チャンネル内の動画ごとに、主要指標を確認できる表を作成していきます。
まずは、ツールメニューのグラフの追加から「表」を選択して、配置します。

プロパティは、次の図を参考にしてください。

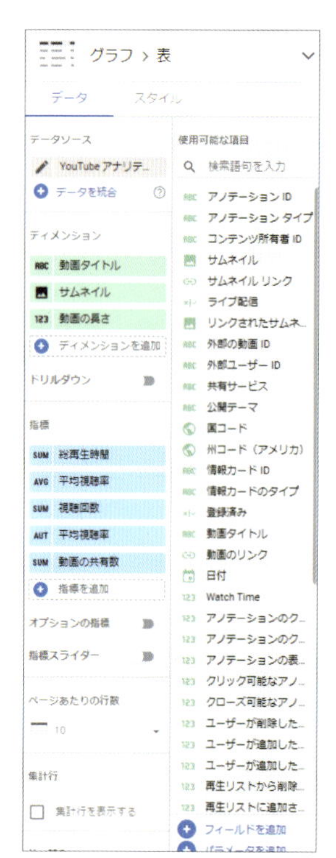

図2-6-7　**動画ごとの主要指標 プロパティパネル**

データ

ディメンション：動画タイトル、サムネイル、動画の長さ

指標：総再生時間、平均視聴時間、視聴回数、平均視聴率、動画の共有数

並べ替え：視聴回数で降順

デフォルトの日付範囲：自動

スタイル

デフォルトからとくに変更なし

ディメンションには次の項目を設定しましょう。

- **動画タイトル**
- **サムネイル**
- **動画の長さ**

指標には次の項目を設定しましょう。

- **総再生時間**
- **平均視聴時間**
- **視聴回数**
- **平均視聴率**
- **動画の共有数**

これで、各動画がどのくらい再生されているのか？　共有されているのか？　を一覧できる表が完成します。

次は、共有・コメント・評価や再生リストなどの「インタラクション(相互作用、つまり、ユーザーのアクション)」に関するレポートを作成していきます。

インタラクションレポート

こちらも、まずは完成図をお見せします。

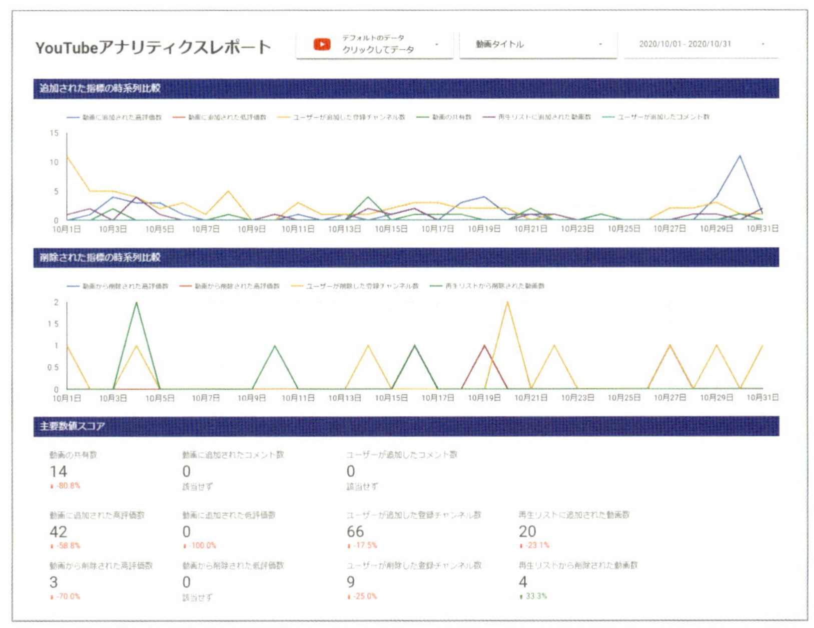

図2-6-8　完成したレポートのプレビュー

タイトルやフィルタなど、総再生時間レポートからコピー&ペーストしましょう。

次に「高評価」や「低評価」、「チャンネル登録」など、「追加されたもの」の推移を追うグラフと、「削除されたもの」の推移を追うグラフを作成します。

ツールメニューから「期間」を選択し、配置します。

プロパティは次の図を参考にしてください。

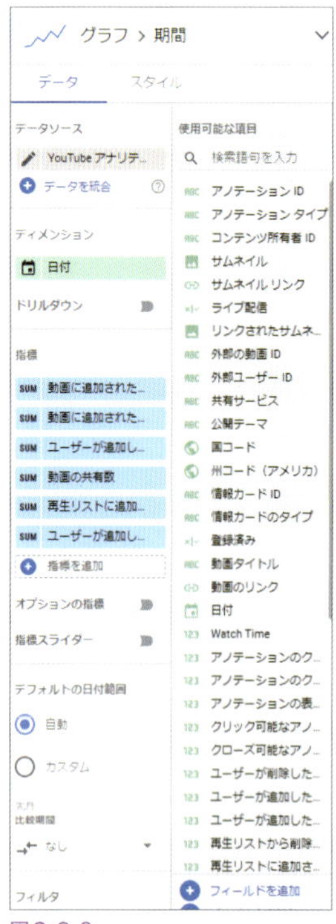

図2-6-9

データ

ディメンション：日付

指標：動画に追加された高評価数、動画に追加された低評価数、ユーザーが追加した登録チャンネル数、動画の共有数、再生リストに追加された動画数、ユーザーが追加したコメント数

デフォルトの日付範囲：自動

比較期間：なし

スタイル
デフォルトから特に変更なし※3

また、次に削除されたものの推移を作成するため、いま作成した「期間」のグラフをコピー&ペーストします。
プロパティパネルは次の図のように変更してください。

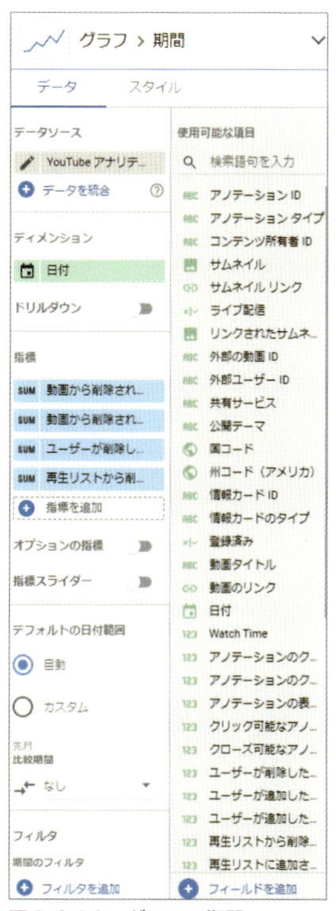

図2-6-10　**グラフの期間**

データ
ディメンション：日付指標：動画から削除された高評価数、動画から削除された低評価数、ユーザーがから削除した登録チャンネル数、再生リストから削除された動画数

※3　あまりにも桁が違いすぎる指標が出てきた場合は、右側の軸（第二軸）を利用しましょう。

デフォルトの日付範囲：自動
比較期間：なし

最後に、表示期間全体での各スコアを表示するスコアカードを作成します。

まずは、「動画の共有数」のスコアカードを作成していきます。

ツールメニューから「スコアカード」を選択し、次の図を参考にプロパティ設定をしてください。

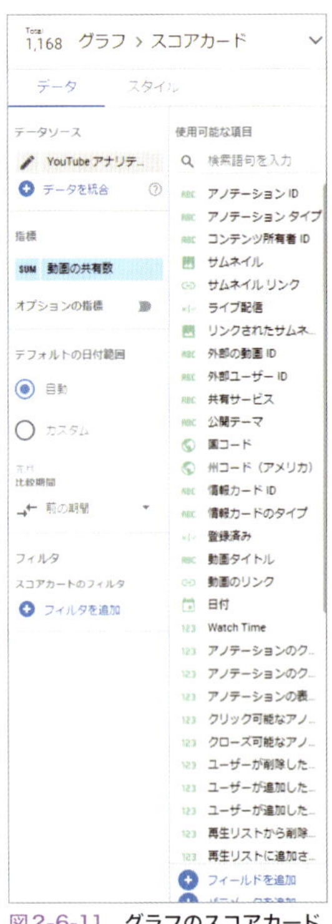

図2-6-11　**グラフのスコアカード**

データ
指標：動画の共有数※コピーした後にこの部分を、1つずつ変更していきます。
デフォルトの日付範囲：自動
比較期間：前の期間

あとは、配置に気をつけながらコピー＆ペーストを行い、それぞれの指標を以下のとおり変更します。

- **動画に追加されたコメント数**
- **ユーザーが追加したコメント数**
- **動画に追加された高評価数**
- **動画に追加された低評価数**
- **ユーザーが追加した登録チャンネル数**
- **再生リストに追加された動画数**
- **動画から削除された高評価数**
- **動画から削除された低評価数**
- **ユーザーが削除した登録チャンネル数**
- **再生リストから削除された動画数**

これでYouTubeアナリティクスと接続した場合のレポートは終了ですが、データソースとして接続できるフィールドが少ない状態です。

どのようなユーザーが、どのような端末で見ているのか？　などの分析はYouTubeアナリティクス本体を見る必要があるため、今回紹介したような、「主要指標のモニタリング」として利用してみてください。

2-7

その他のデータソースと接続して使う

コネクタ・コミュニティコネクタ

コネクタについて

　これまで「コネクタ」という言葉について説明していませんでした。

　Chapter2で実際にデータソースとして追加してきた、「Googleアナリティクス」「Google 広告」「Search Console」「YouTube アナリティクス」ですが、これらは、Googleデータポータルが用意してくれている「コネクタ」を利用してデータソースに追加していました。

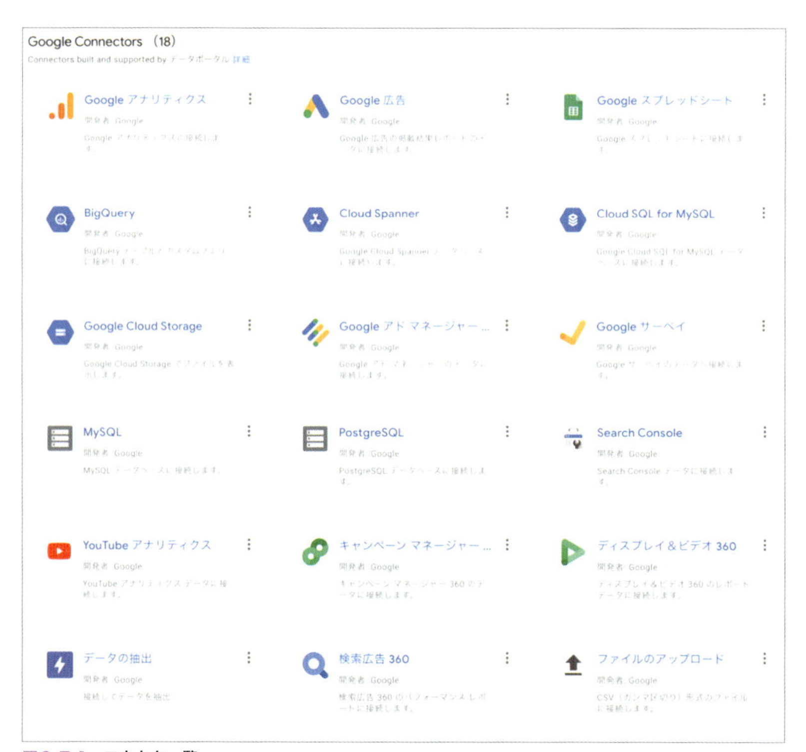

図2-7-1　コネクター覧

Googleデータポータルの用語集での説明では、「コネクタとは、データポータルが特定のデータのプラットフォームや、システム、サービスにアクセスするためのメカニズムです。」となっています。

少し噛み砕いてお伝えをすると、「データソースとしてさまざまなサービス(GoogleアナリティクスやGoogle 広告)が持っているデータを追加するときに、アカウントを入力するだけで簡単に接続ができるもの」となるでしょう。

執筆時点ではGoogle 公式のコネクタが18個(キャプチャ参照)ですが、今後も増えていくことが予想されます。

また、コネクタがないとデータソースとして接続ができないという訳ではなく、次に説明する「コミュニティコネクタ」を検索してみて、コネクタが存在した場合には、通常のコネクタ同様に簡単に接続することが可能となります。

コミュニティコネクタについて

コミュニティコネクタは、簡単に言うと「Googleのサービスやオープンソースで良く使われているデータベース以外について」「各ツールベンダーなどのGoogleではない第三者が作成している」コネクタということになります。

執筆時点の状況で見てみましょう。

まず、コネクタ選択のスクロールを下まで下ろすと、「Partner Connectors」というパートがあります。

図2-7-2 Partner Connectors一覧

こちらの、「Partner Connectors」というのは、Googleが作成したコネクタではなく、外部パートナー(Google以外の企業)が作成したもの、という意味です。改訂版執筆時点では、336個のパートナーコネクタが作成されています。例えば、「Supermetrics」という作成元が例えばAdobe Analyticsのデータを、データソースとしてGoogleデータポータルでも使えるようにするコミュニティコネクタを提供しています。

実際に、「コネクタを追加」を押してみると、

図2-7-3　データソースの接続

Googleアナリティクスのデータソース接続と同じような画面になりました。

オフィシャルのコネクタと同様、初回はコネクタ自体を利用する承認と、Adobe Analyticsへのログインが求められます。ログインできるとAdobe Analyticsのレポートを作成できるようになります。

このように、オフィシャルの「Google Connectors」として用意されているデータソース以外にもさまざまなサービスをデータソースとして接続できるようになります。

ちなみに、エンジニアの方であれば、こちらの「コミュニティコネクタの作成」のヘルプなどを参考にしながら、自らコネクタを作成することも可能です。
https://developers.google.com/datastudio/connector/build?hl=ja

Google BigQueryと接続する方法

続いて、その他のデータソースとしてGoogle BigQueryと接続する方法を紹介します。

Googleデータポータルと Google BigQueryを連携するには主に2つの方法があります。

ここではGoogleアナリティクスのデータをGoogle BigQueryに流通し、そのデータをGoogleデータポータルに連携する手順を説明します。

Google BigQueryとは

Googleが提供している「Google Cloud Platform」サービスの1つで、高度な分析を行うためのビッグデータが扱えるクラウド型データウェアハウスです。標準SQLを使った操作を行うことで、格納されている大量のデータの抽出や集計、結合や複製などを驚くほど高速に処理できます。

サーバー構築の高度な知識や細かなチューニングを必要とせずにブラウザ上の管理画面の操作で始められるため、ほかのデータウェアハウスに比べて利用の敷居が低いサービスです。

また、料金が比較的安価で、想定を超える金額が発生しないようにデータ量の上限設定が行えるため安心して利用できます。

Google BigQueryはGoogleアナリティクスをはじめ、Google広告、YouTubeチャンネルレポートなどのGoogleの各種サービスのデータ読み込みを行えるだけでなく、取り込んだデータの保存ができるため、サービス側でデータの保存期間の制限があるものについて、その保存期間を気にすることなく長期的なデータの分析が行えます。

また、Googleサービス以外のデータもコネクタによる連携やCSVファイルなどのインポートにより取り込めます。

外部データと組み合わせることにより、例えばGoogleアナリティクスのコンバージョン数の時系列データと、外部データとして取り込んだ日別の天候(気温・湿度・降雨量など)の量的データを掛け合わせて折れ線グラフで表示させることにより、コンバージョン数と天候との相関を見出しやすくなるでしょう。

このように複数のデータソースを用いた多角的な分析がしやすくなることがGoogle BigQueryを利用するメリットになります。

なお、Google BigQueryのデータ操作を標準SQLによって行うことが難しいと感じる場合は、そのデータをGoogle スプレッドシートで加工することもできますし、データ表示はGoogleデータポータルを使うことで簡単に実現します。
Google BigQueryはこのようにGoogleの各種サービスとの相性が良いため、Googleデータポータルによる分析を行う場合にもおすすめできます。

Google Cloud Platformの設定手順

Googleデータポータルでは Google BigQueryと接続するためのコネクタがGoogleより標準で提供されているため、簡単に連携を実現できます。
なお、Googleアナリティクスのデータを接続する場合はBigQueryへのデータエクスポートを行うため、対象のGoogleアナリティクスのプロパティおよびビューは有償版である「Googleアナリティクス360」または、無償版を含む「Googleアナリティクス 4プロパティ(旧称「アプリ+ウェブ プロパティ」)」を導入していることが必要となります。

ここでは、Googleアナリティクス360のデータをGoogle BigQueryにエクスポートするために、Google Cloud Platformの利用を開始する必要があるため、そちらの手順から説明します。

もし、すでにGoogle Cloud Platformの利用を開始していてGoogleアナリティクス360のデータをGoogle BigQueryにエクスポートしている場合は、これらの手順を行う必要はありません。

❶Google Cloud Platformでプロジェクトを作成する

まず、Google Cloud Platformの利用を開始します。
連携するGoogleアナリティクス360のプロパティ編集権限を持つGoogleアカウントからプロジェクト作成のために次のURLにアクセスします。
このとき、利用するウェブブラウザはGoogle Chromeを推奨します。

Google Cloud Platform コンソール
https://console.cloud.google.com/

初めてアクセスする場合は利用規約の確認が表示されるため、内容を確認します。同意して設定を行う場合は国の選択と利用規約の同意をチェック済みにして「同意して続行」を選択してください。

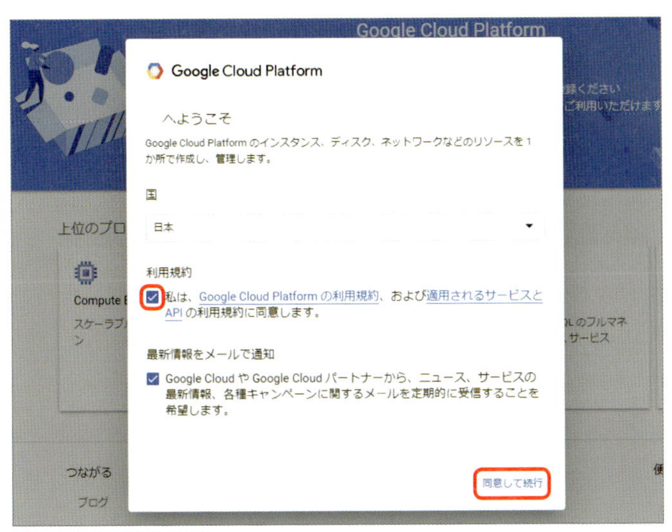

図2-7-4　利用規約の同意

同意すると「Google Cloud Platformの開始」画面が表示されます。その画面の上部左側に次のような「プロジェクトの選択」メニューが表示されるため、クリックしてください。

図2-7-5　プロジェクトの選択メニュー

次に、新しい画面が表示されますので「新しいプロジェクト」を選択します。

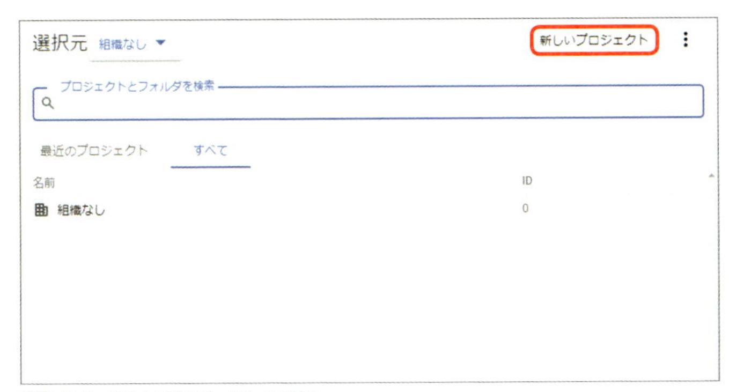

図2-7-6　新しいプロジェクトの選択

「新しいプロジェクト」画面が表示されたら任意の「プロジェクト名」を入力してください。

なお、プロジェクト名に利用できる文字には制限があります。利用できない文字を入力すると画面内にエラーが表示されるため、表示されたエラー・ルールに従って利用者が識別しやすいプロジェクト名を入力し「組織」、「場所」などを選択して「作成」をクリックしてください。

プロジェクト名などの入力内容に問題がなければ、これでプロジェクトの作成は完了です。

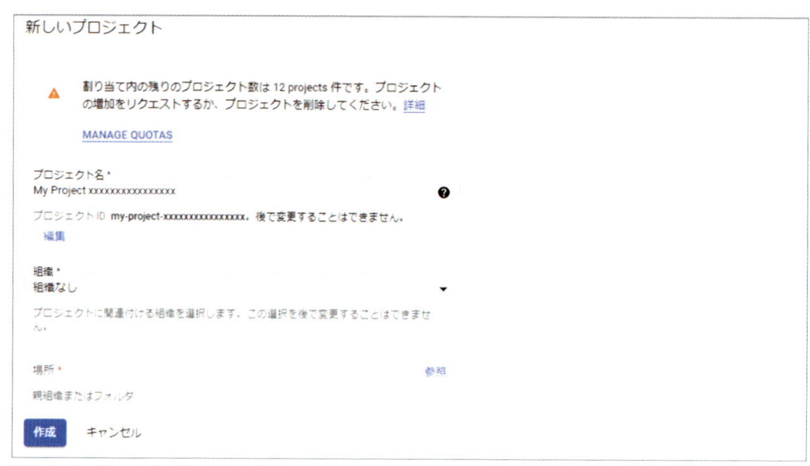

図2-7-7 新しいプロジェクトの作成

❷BigQuery APIの有効化を確認する

次に、Google Cloud Platformのページ左上の三本線のハンバーガー型メニューアイコンを開き「APIとサービス」を選択し、さらに右に表示されるメニューから「ライブラリ」を選択します。

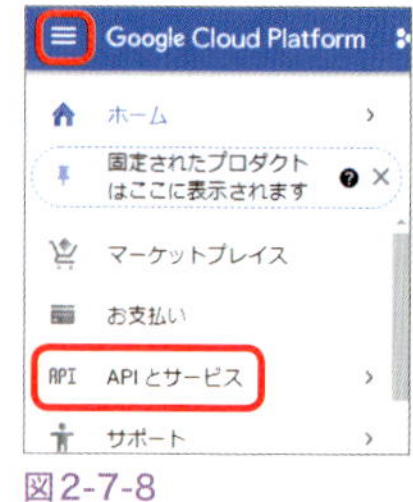

図2-7-8
APIとサービスの選択

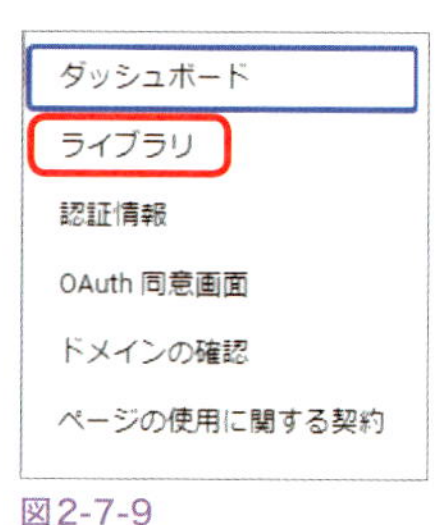

図2-7-9
ライブラリの選択

「APIライブラリへようこそ」の画面が表示されたら、ページのヘッダ部分「プロジェクトの選択」メニューには先ほど作成したプロジェクト名が表示されていることを確認し、検索を行います。

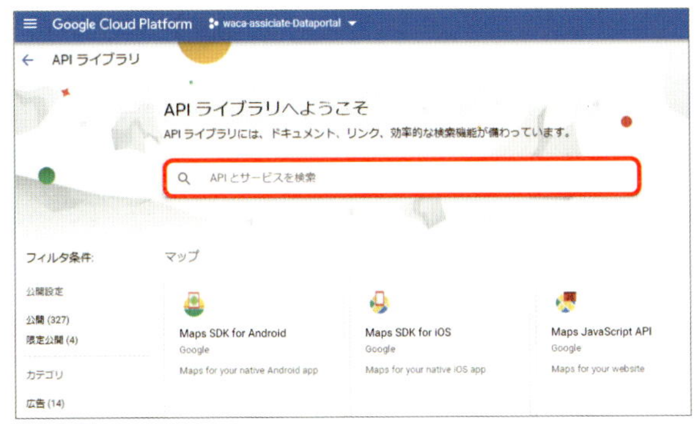

図2-7-10　APIライブラリの検索

プロジェクト名の表示が正しいことを確認したら「BigQuery API」と入力し検索します。

検索結果から、Googleから提供されている「BigQuery API」を選択してください。

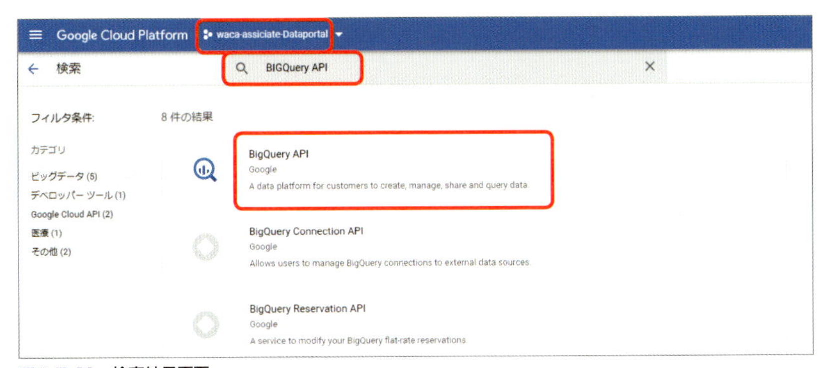

図2-7-11　検索結果画面

次の画面で「APIが有効です」が表示されていれば完了です。

図2-7-12　※画面のプロジェクト名（waca）は例となります。

❸支払情報を登録する

続いて、Google Cloud Platformの支払情報を登録します。もし、すでに登録がある場合は、この手順を行う必要はありません。

ここでは新規利用の無料トライアルを利用する場合の手順を案内します。支払情報を登録しない場合、トライアル期間終了後、Googleアナリティクスのデータを引き続き BigQuery にエクスポートするには、支払情報の入力が求められます。

Google Cloud Platformの無料トライアル利用条件はGoogle Cloudのホームページなどからご確認ください。

Google Cloud Platformの左メニューから「お支払い」を選択してください。

図2-7-13　**お支払いの選択**

お支払い情報の登録がない場合、「このプロジェクトには請求先アカウントがありません」の表示がされます。「請求先アカウントを管理」をクリックしてください。

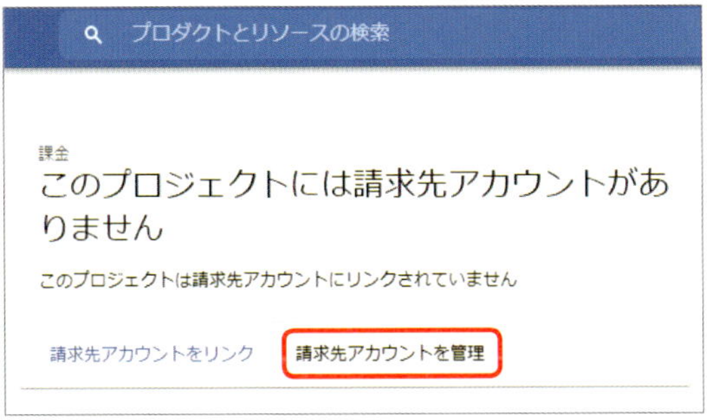

図2-7-14　**請求先アカウントがない場合**

課金-Accounts画面に遷移したら「請求先アカウントを追加」を選択してください。

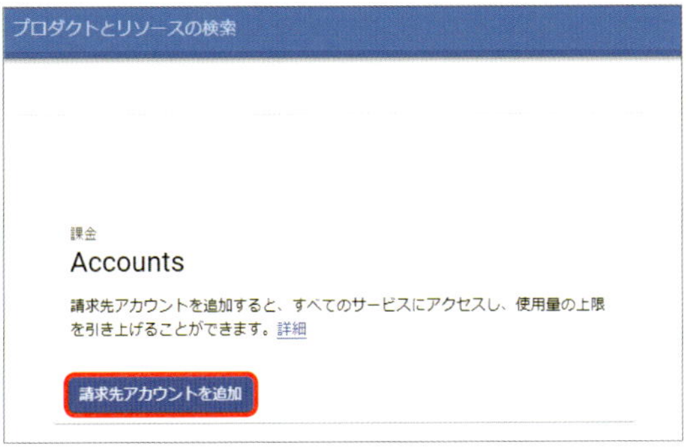

図2-7-15　**請求先アカウントを追加を選択**

次に「Google Cloud Platform　無料トライアル」の画面に遷移したら、国の選択を行います。そして、利用規約のリンクから無料トライアルの利用規約内容を確認のうえ、同意して続ける場合は利用規約の同意をチェック済みにして「続行」をクリックしてください。

図2-7-16　**利用規約の同意**

「お支払いプロファイル」の画面に遷移したら、個別に「お客様情報」が表示されるため、表示内容を確認し、画面に沿って住所などのお客様情報を正しく入力します。

「お支払いタイプ」ではクレジットカード情報を登録し、入力が完了したら画面内の無料トライアルの条件を確認して、問題がなければ「無料トライアルを開始」をクリックしてください。

もし、法人契約などでクレジットカード以外の支払いである場合は契約先の代理店へ確認してください。

図2-7-17　無料トライアルを開始

「ようこそ」の画面が表示されたら支払情報の登録は完了です。

❹プロジェクトのサービスアカウント設定を行う

続いては、プロジェクトのサービスアカウント設定を行います。

Google Cloud Platformの左メニューから「アクセス」を選択し、さらに右に表示されるメニューから「IAM」を選択します。

図2-7-18　IAMの選択

「IAM」の選択後、画面が遷移したら、プロジェクトの表示が正しいことを確認して「追加」を選択してください。

waca
IAM
追加
削除
権限
推奨事項の履歴
プロジェクト「waca-assiciate-Dataportal」の権限
これらの権限は、このプロジェクトとそのすべてのリソースに影響します。詳細
表示: メンバー ロール

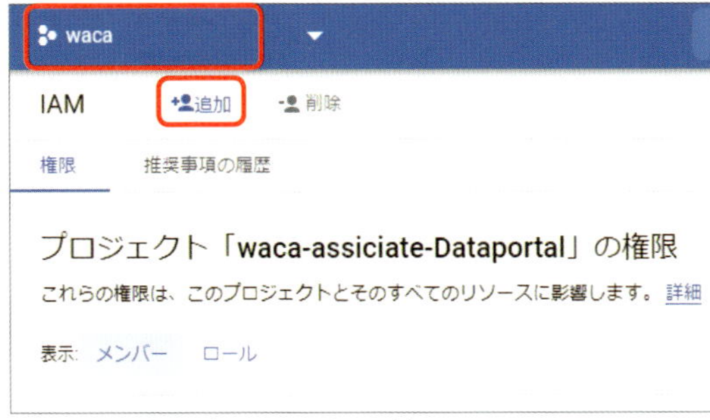

図2-7-19　**連携に必要なメンバーの追加**

プロジェクトへのメンバー、ロールの追加の画面に遷移したら、新しいメンバー欄に「analytics-processing-dev@system.gserviceaccount.com」と入力し、「ロール」はプルダウンメニューから「Project」および、「編集者」を選択してください。

この編集者権限はGoogleアナリティクス360から BigQuery にデータをエクスポートするために必要となります。

入力と選択ができたら「保存」を押下して、メンバー一覧に内容が反映されたことを確認してください。

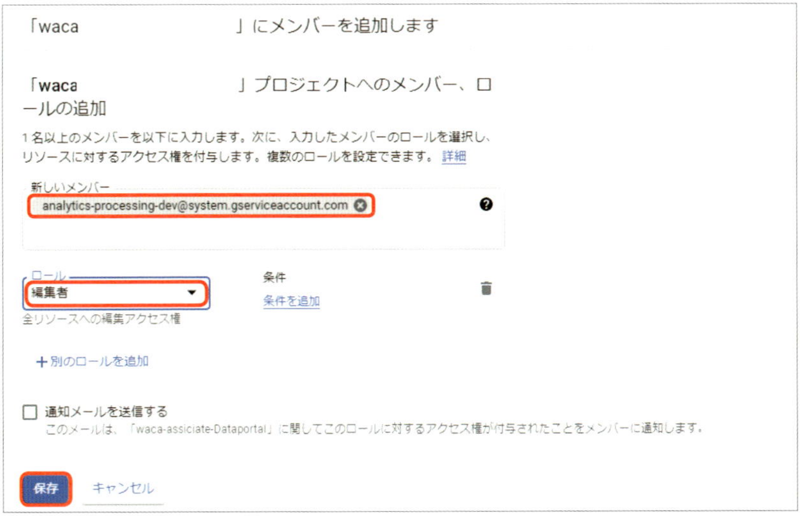

「waca 」にメンバーを追加します
「waca 」プロジェクトへのメンバー、ロールの追加
1名以上のメンバーを以下に入力します。次に、入力したメンバーのロールを選択し、リソースに対するアクセス権を付与します。複数のロールを設定できます。詳細
新しいメンバー
analytics-processing-dev@system.gserviceaccount.com
ロール
編集者
全リソースへの編集アクセス権
条件
条件を追加
＋別のロールを追加
通知メールを送信する
このメールは、「waca-assiciate-Dataportal」に関してこのロールに対するアクセス権が付与されたことをメンバーに通知します。
保存
キャンセル

図2-7-20　**メンバーの追加の確認**

BigQueryとGoogleアナリティクス 360の連携手順

Googleアナリティクス360のデータをBigQueryにエクスポートする方法を紹介します。

❶ Googleアナリティクス360とBigQueryの連携

BigQuery のプロジェクトと Googleアナリティクスの連携はGoogleアナリティクス360から設定できます。

設定を行うために、Googleアナリティクス 360にログインします。

ログインしたら、「管理」画面に移動し、画面中央の「プロパティ設定」のメニューから「全ての商品」を見つけてクリックしてください。

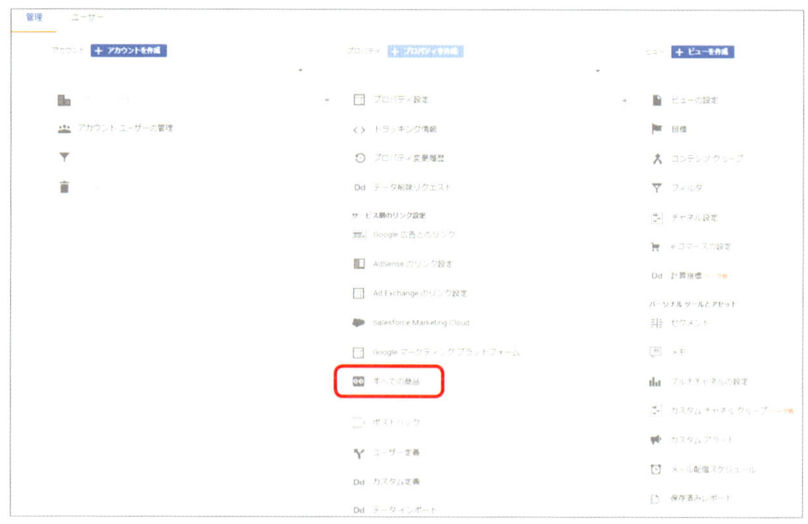

図2-7-21 Googleアナリティクス管理画面

画面が遷移すると「Googleアナリティクスと他のサービスとのリンク状況」が表示され、リンクしていないサービスの一覧を確認できます。

もし、すでにリンクしている場合は画面が遷移せずに「全てのサービス」表示の下に「BigQueryをリンク」ボタンが表示されます。

状況に応じた、どちらかの画面にて表示される「BigQueryをリンク」ボタンをクリックします。

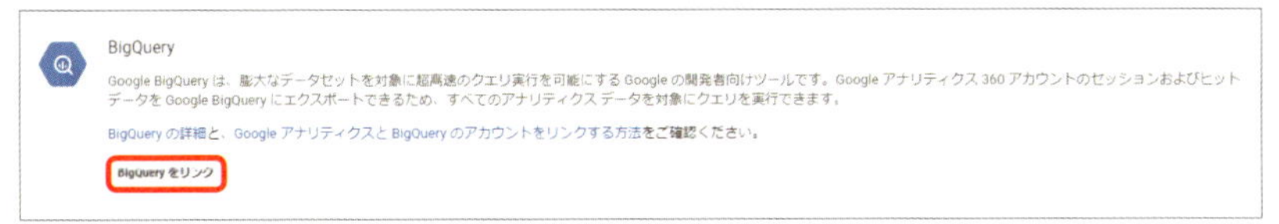

図2-7-22　**リンク実行ボタン**

次に、すでに作成したBigQueryのID・番号の入力を求められるため、Google Cloud Platform コンソールの「プロジェクトの選択」メニューよりBigQueryのIDか番号を確認して「BigQueryのリンク設定画面」画面に入力し、「続行」をクリックしてください。

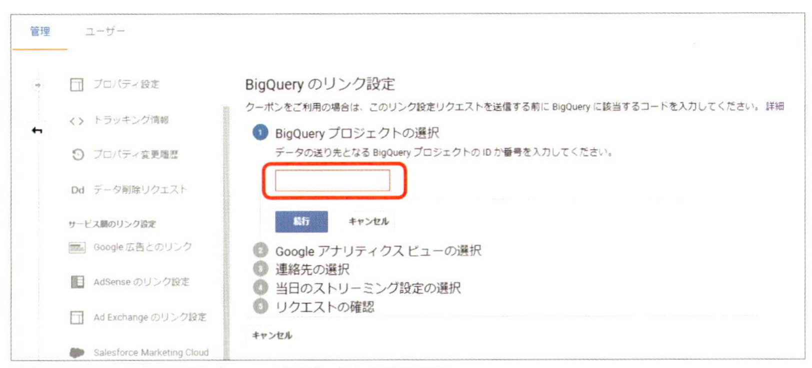

図2-7-23　**リンクするBigQueryプロジェクトの設定画面**

次のステップとして、同じ画面の下に「Googleアナリティクス ビューの選択」が求められるため、プルダウンメニューからリンクするGoogleアナリティクス360のビューを指定し「続行」を押下すると、「連絡先の選択」を求められます。

画面の案内に沿って、エクスポート完了通知やエラー通知の連絡先を選択して続行してください。

次に、「当日のストリーミング設定の選択」からデータの更新頻度レベルを選択して続行をクリックします。

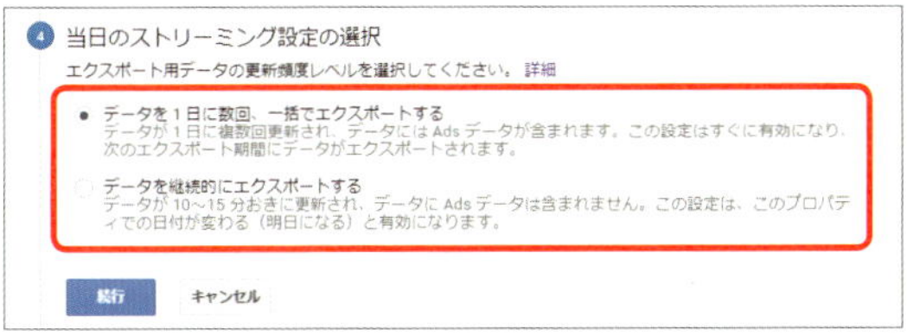

図2-7-24　**データ更新頻度レベルの選択**

最後に「リクエストの確認」が表示されます。このステップまでに選択した内容を確認してください。

選択した内容は無料トライアル期間終了後のBigQueryの料金に影響します。不明な点はBigQueryのヘルプを参照したり、アカウント担当者がいる場合は問い合わせたりすることを推奨します。

選択内容に間違いがなければ、チェックボックスをオンにして「送信」すれば完了です。

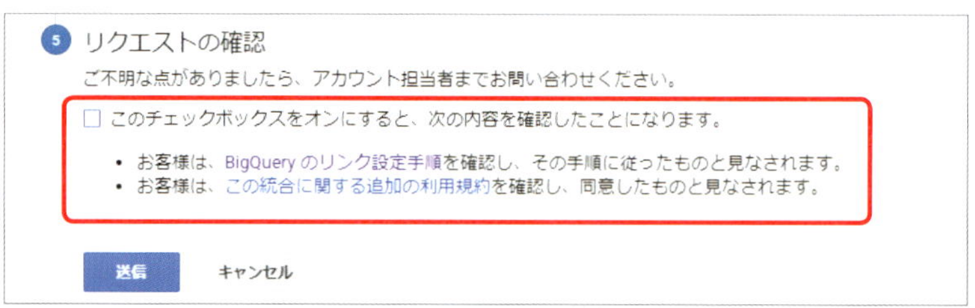

図2-7-25 **リクエストの確認画面**

❷BigQuery からGoogleアナリティクス360との連携を確認する

設定を行ったGoogleアナリティクス360との連携が行えているか確認します。

Google Cloud Platformのホーム画面を開きます。

Google Cloud Platform コンソール

https://console.cloud.google.com/

左メニューの一覧から「BigQuery」を探して選択します。

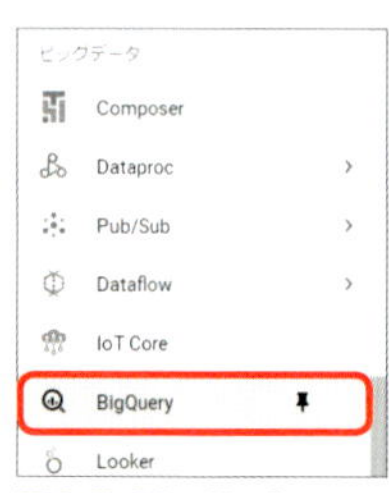

図2-7-26 **BigQueryへの連携を確認**

画面が遷移したら「リソース」から連携したプロジェクト配下のメニューを選択すると、連携したGoogleアナリティクスのビューIDが表示されるため、情報が確認できたら連携が実施されています。

データポータルのレポートへBigQueryのデータを追加する

Googleデータポータルに対して、BigQueryのデータを追加する方法を紹介します。

❶Googleアナリティクス360とBigQueryの連携

Googleデータポータルのレポートの編集画面のメニューから「データを追加」を選択します。

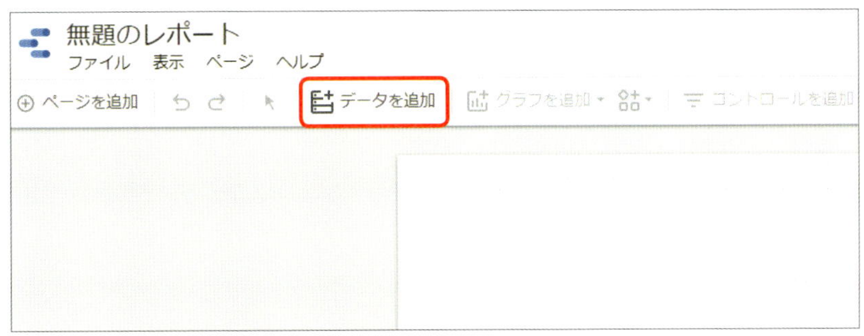

図2-7-27　**Googleデータポータルへデータを追加**

「データのレポートへの追加」画面が表示されたら、「データに接続」の一覧より開発者がGoogleの「BigQuery」を探して選択します。

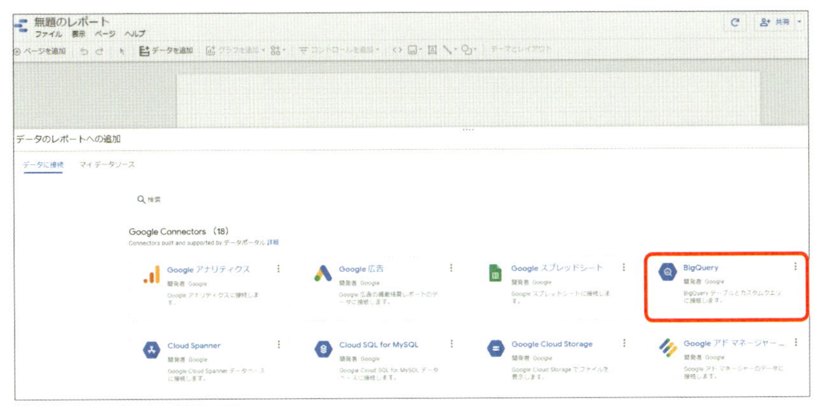

図2-7-28　**データに接続一覧**

次に、データポータルに BigQuery プロジェクトへのアクセス権の許可を求める画面が表示されたら「承認」します。

図2-7-29　BigQueryへのアクセス承認ボタン

画面の表示が切り替わり、連携されたBigQueryのプロジェクト一覧が表示されます。

その一覧からレポートに追加したい「プロジェクト」、「データセット」、「表」を選択し「追加」ボタンをクリックします。

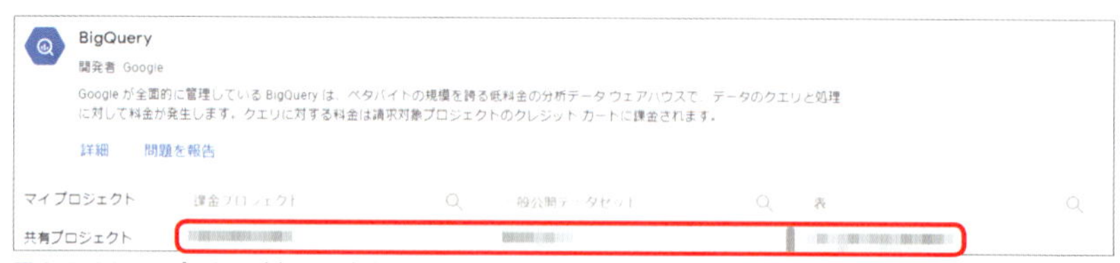

図2-7-30　レポートに追加する内容の選択

レポート画面に移動し、BigQueryの表データが表示されます。これでBigQueryのデータ追加は完了です。

Salesforceと接続する方法

続いて、その他のデータソースとしてSalesforceを接続する方法を紹介します。Salesforceに接続する方法の一例を次に示します。

①Xappex社のコミュニティコネクタ「Data Connector for Salesforce」で接続する
②Supermetrics社のコミュニティコネクタ「Salesforce」で接続する
③Salesforceのデータを「CData Sync」などのデータ連携ツールでGoogle BigQueryへ蓄積し、Googleのコネクタ「BigQuery」で接続する

ここでは、操作が簡単で、無料で利用できる①のData Connector for Salesforceを説明します。

コミュニティコネクタ「Data Connector for Salesforce」とは

Data Connector for Salesforceは、アメリカ ミシガン州のXappexが開発・提供しているコネクタです。

Data Connector for Salesforceを使用して接続できるデータソースの種類には、表2-7-1に記載した3つがあります。

表2-7-1 Data Connector for Salesforceのデータソース種類

データソース	データ取得方法
Salesforce Reports	Salesforceで作成したレポートと接続してデータを取得
All Records From One Object	Object（オブジェクト）と接続してデータを取得
SOQL Query	SOQL（Salesforce Object Query Language）を使ってデータを取得

●Salesforce Reports

Salesforceであらかじめ作成しておいたレポートと接続して、データを取得する方法です。Salesforceのレポートをそのまま流用してくる、と考えていただければイメージが沸きやすいでしょう。

●All Records From One Object

Salesforceのオブジェクト、つまり、取引先や商談、リードなどと接続して、そのオブジェクトに紐づくレコードを取得する方法です。Salesforceのレポート機能でレポートを作成することと似たことをGoogleデータポータルで実施する、と考えていただければイメージが沸きやすいでしょう。

●SOQL Query

SOQL[※1]とは、Salesforce Object Query Languageの略で、データベース(オブジェクト)から任意のデータを取得するためのプログラミング言語です。設定画面にSOQL Queryを記述することで、データを取得できます。

Data Connector for Salesforceの設定手順

それでは、実際にData Connector for Salesforceを使用して、Salesforceと接続する手順を見ていきましょう。

❶Data Connector for Salesforceを検索

データソースの追加画面の検索窓に「salesforce」と入力します(大文字・小文字どちらでも検索可)。

検索にヒットしたコネクタの中に、Data Connector for Salesforceがあるので、選択します。

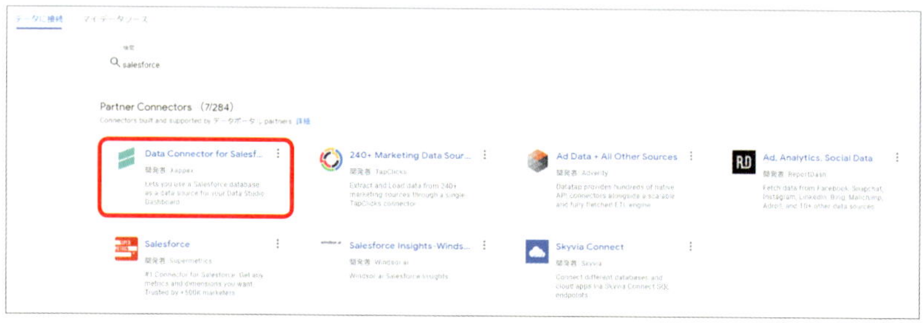

図2-7-31 Data Connector for Salesforceを検索

※1 SOQL リファレンス：https://developer.salesforce.com/docs/atlas.ja-jp.soql_sosl.meta/soql_sosl/sforce_api_calls_soql.htm

❷承認作業

続いて、GoogleデータポータルでData Connector for Salesforceを使用するための承認作業を行います。

「承認」を選択します。

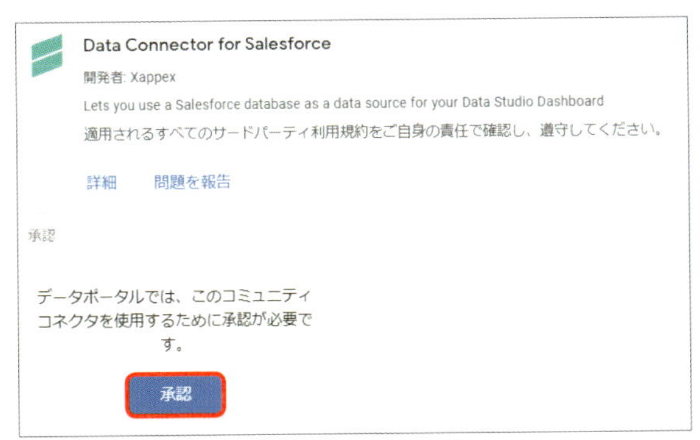

図2-7-32　**コミュニティコネクタを使用する承認**

Googleアカウントの選択を求められるので、現在ログインしているGoogleアカウントを選択します。

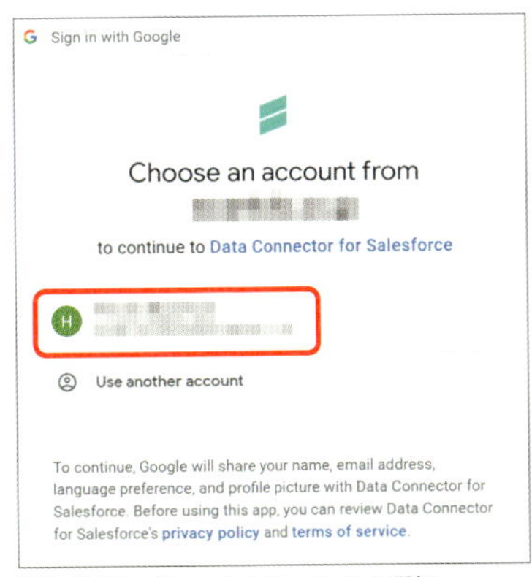

図2-7-33　**Googleアカウントの選択**

Data Connector for Salesforceが、Googleアカウントへのアクセスをリクエストしてくるため、「Allow」を選択します。

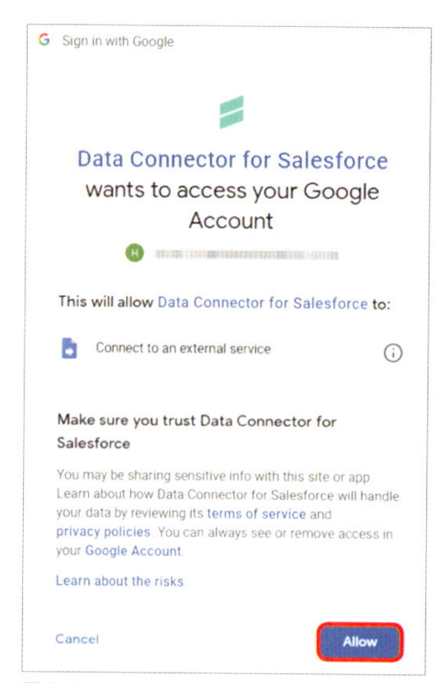

図2-7-34　Googleアカウントへのアクセス

次に、Data Connector for Salesforceが、Salesforceへアクセスするための承認作業を行います。

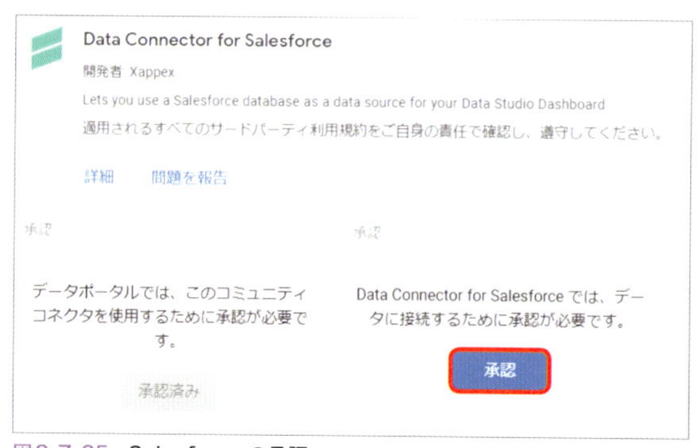

図2-7-35　Salesforceの承認

Salesforceへのログインを求められるので、接続するSalesforceのユーザー名・パスワードでログイン。

図2-7-36　Salesforceへのログイン

アクセスの許可を求められるので、「許可」を選択します。

図2-7-37　Salesforceへのアクセス許可

「Success! You can close this tab.」と表示されたら承認作業は完了です。

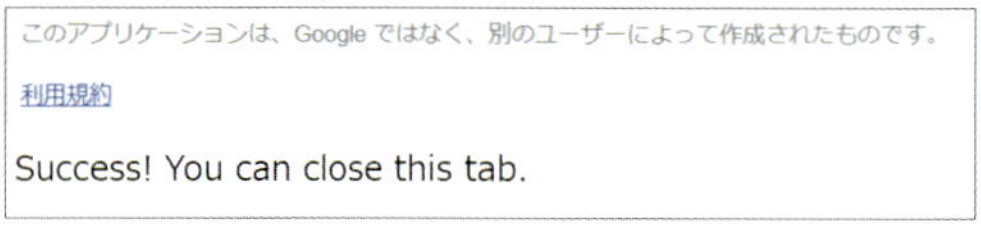

このアプリケーションは、Google ではなく、別のユーザーによって作成されたものです。
利用規約
Success! You can close this tab.

図2-7-38　**承認完了**

承認作業を行ったタブ(ウインドウ)を閉じると、自動的にデータソースの選択画面に切り替わります。

❸データソースの選択と追加

続いて、接続するデータソースの種類を選択します。

「Data source」の下にあるプルダウンをクリックします。

Data Connector for Salesforce
開発者: Xappex
Lets you use a Salesforce database as a data source for your Data Studio Dashboard
適用されるすべてのサードパーティ利用規約をご自身の責任で確認し、遵守してください。
詳細
問題を報告
Please select your data source here. Depending on your selection, you'll need to either select a report, an object, or define a SOQL query using the controls below.
Data source

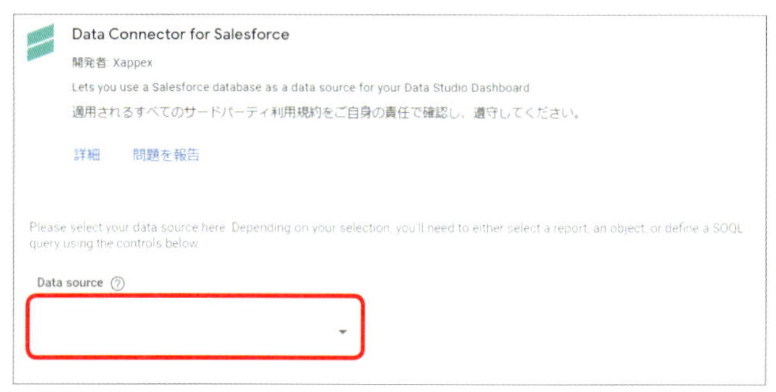

図2-7-39　**Data sourceの選択**

プルダウンに、3種類のデータソース「Salesforce Reports」「All Records From One Object」「SOQL Query」が表示されるので、どれか1つを選択します。

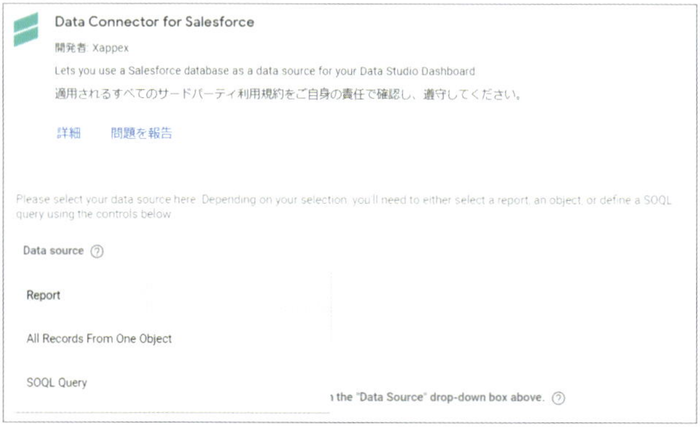

Data Connector for Salesforce
開発者: Xappex
Lets you use a Salesforce database as a data source for your Data Studio Dashboard
適用されるすべてのサードパーティ利用規約をご自身の責任で確認し、遵守してください。
詳細
問題を報告
Please select your data source here. Depending on your selection, you'll need to either select a report, an object, or define a SOQL query using the controls below.
Data source
Report
All Records From One Object
SOQL Query
the "Data Source" drop-down box above.

図2-7-40　**プルダウンから選択**

次の設定は、「Data source」で選択した3種類のデータソースによって、設定する場所が異なります。

- Salesforce Reportsを選択した場合は、❶から接続するSalesforceのレポートを選択
- All Records From One Objectを選択した場合は、❷から接続するオブジェクトを選択
- SOQL Queryを選択した場合は、❸にQueryを直接入力

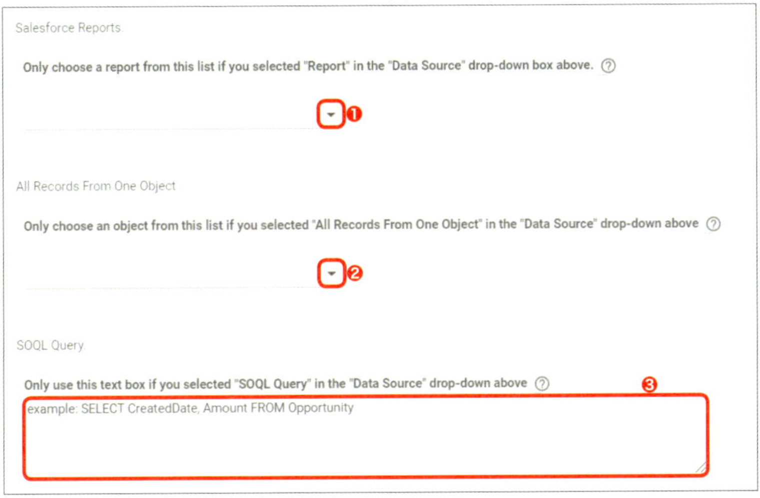

Salesforce Reports

Only choose a report from this list if you selected "Report" in the "Data Source" drop-down box above.

❶

All Records From One Object

Only choose an object from this list if you selected "All Records From One Object" in the "Data Source" drop-down above

❷

SOQL Query

Only use this text box if you selected "SOQL Query" in the "Data Source" drop-down above

❸

example: SELECT CreatedDate, Amount FROM Opportunity

図2-7-41　**各データソースの入力箇所**

画面右下の「追加」を選択して、データソースの追加は完了です。

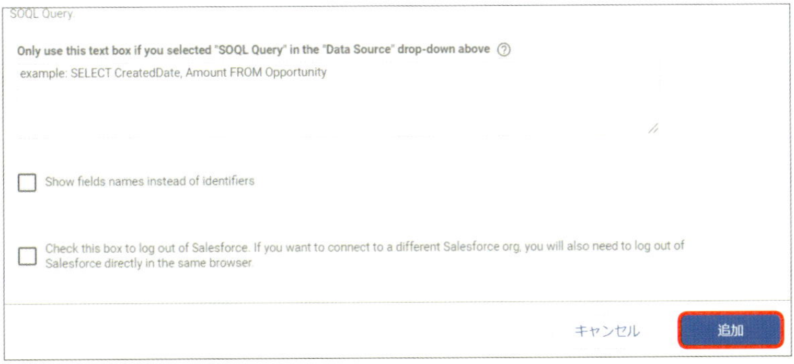

SOQL Query

Only use this text box if you selected "SOQL Query" in the "Data Source" drop-down above

example: SELECT CreatedDate, Amount FROM Opportunity

Show fields names instead of identifiers

Check this box to log out of Salesforce. If you want to connect to a different Salesforce org, you will also need to log out of Salesforce directly in the same browser.

キャンセル　追加

図2-7-42　**追加ボタン**

データソース追加後は、ディメンションと指標にSalesforceのデータが使用できるようになります。あとは、GoogleアナリティクスやGoogle 広告などのレポートを作成するときと同じ要領で、表やグラフを作成します。

Salesforceの特定レコードへのリンク(URL)を自動生成する方法

最後に便利な使い方を紹介します。

Googleデータポータル内で取引先や商談などの表を作成したときに、一つひとつの取引先や商談のレコードページを、Googleデータポータルから直接開くためのURLを自動生成する方法です。

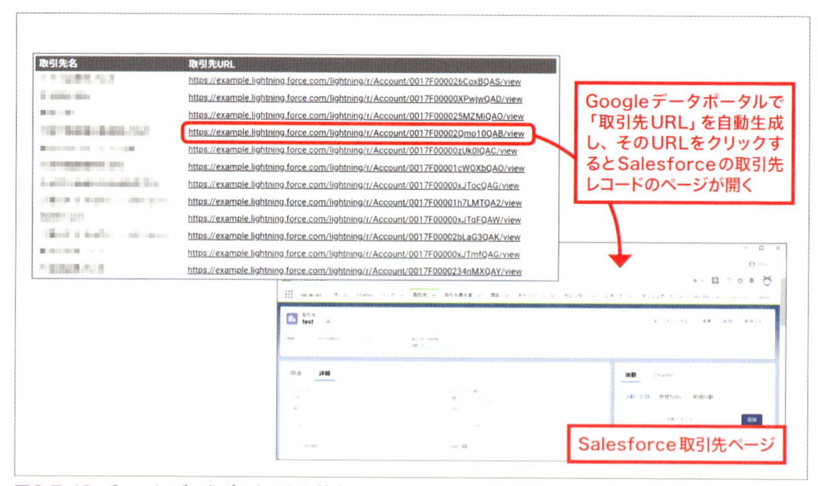

図2-7-43　Googleデータポータルから特定レコードへのリンク(URL)

Googleデータポータルで表を作成して、気になったレコードや詳細を確認したいレコードがあった場合、その都度、Salesforceを開いて検索するのは手間です。

そんなときに、本節で紹介する自動生成URLを設定すれば、表示されているURLをクリックするだけで目的のレコードを素早く開いて確認できます。

それでは具体的な設定方法を見ていきましょう。

❶データソースに応じた事前準備を行う

Data Connector for Salesforceで選択するデータソースによって、事前準備が必要な種類、不要な種類があるため、表2-7-2でご確認ください。

表2-7-2　データソースごとの事前準備

データソース	事前準備の必要性	事前準備内容
Salesforce Reports	必要	GoogleデータポータルでURLを自動生成したいオジェクトのIDを、Salesforceで作成したレポートの列（カラム）に含めておく。 【例】 「取引先ID」「商談ID」「リードID」
All Records From One Object	不要	
SOQL Query	必要	GoogleデータポータルでURLを自動生成したいオジェクトのIDを取得するQueryを書く。 【例】 SELECT Opportunity.Id, Opportunity.Name FROM Opportunity

❷計算フィールドを開く

レコードのURLを自動生成するためには、「計算フィールド」機能を使用します。まずは、計算フィールドの設定画面を開くまでの手順を紹介します。

なお、計算フィールドに関してはChapter 6-2で詳細に解説しています。

メニューから「リソース」を選択します。

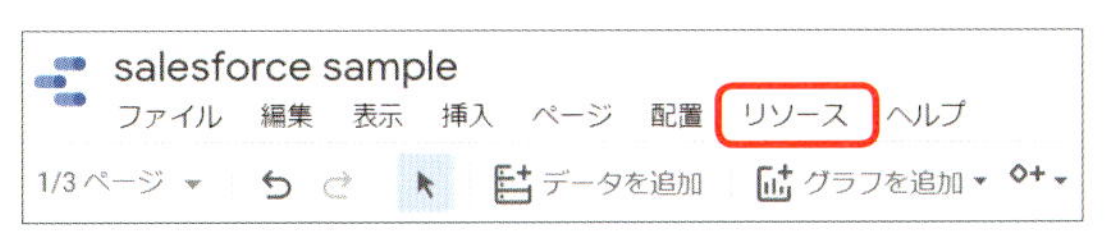

図2-7-44　リソース

「追加済みのデータソースの管理」を選択します。

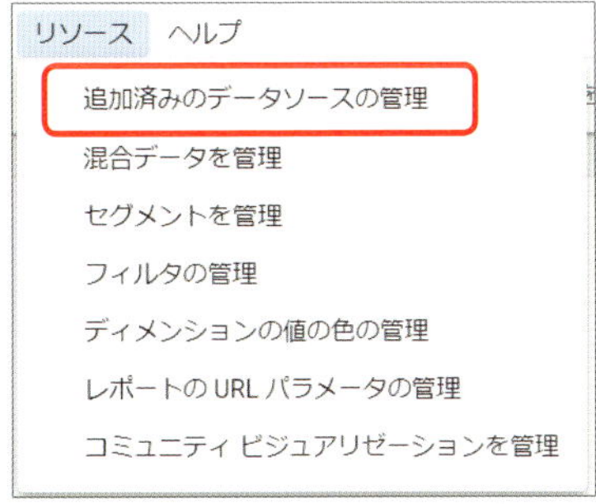

図2-7-45　追加済みのデータソースの管理

レコードのURLを自動生成したいデータソースの「アクション」列にある「編集」アイコンを選択します。

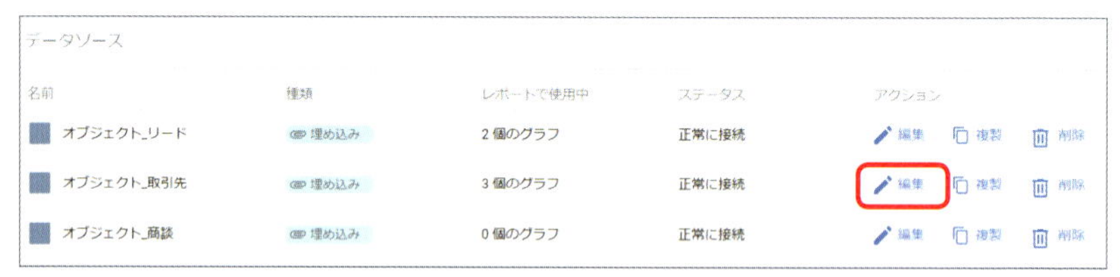

図2-7-46　**編集**

「フィールドを追加」を選択します。

図2-7-47　**フィールドを追加**

図2-7-48の状態になります。この画面が計算フィールドの設定画面です。

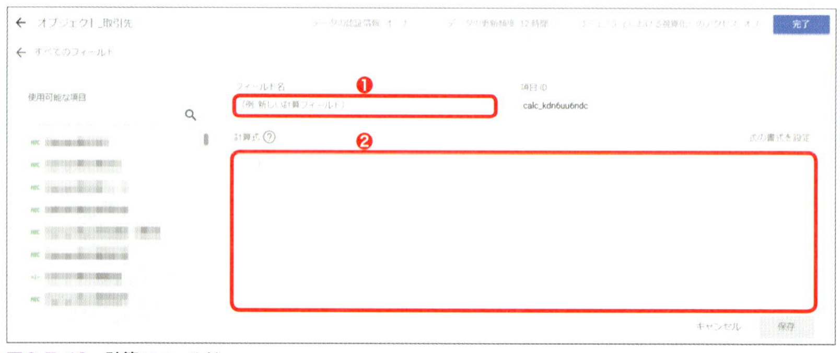

図2-7-48　**計算フィールド**

❸フィールド名を入力する

図2-7-48　計算フィールド の❶に、フィールド名を入力します。

フィールド名とは、Googleデータポータルでのディメンションや指標の名前になる設定項目です。

わかりやすくするために「取引先URL」や「商談URL」などと設定すると良いでしょう。

❹レコードのURLを自動生成する計算式を入力する

図2-7-48　計算フィールド の❷に、URLを自動生成するための計算式を入力します。自動生成するためには、「CONCAT」というテキストとテキストを連結する関数を用います。

表2-7-3に一例として、取引先、商談、リードのURLに対するCONCAT関数の計算式を記載しました。

表2-7-3　CONCAT関数の計算式

URLを自動生成したいオブジェクト	計算式	補足
取引先	CONCAT("https://example.lightning.force.com/lightning/r/Account/",取引先 ID,"/view")	計算式の中の「example」は、Salesforceを導入している企業ごとに異なるテキストが入る。
商談	CONCAT("https://example.lightning.force.com/lightning/r/Opportunity/",商談 ID,"/view")	
リード	CONCAT("https://example.lightning.force.com/lightning/r/Lead/",リード ID,"/view")	

CONCATの計算式を理解する前に、取引先を例にとって、レコードのURLを理解しておきましょう。

Salesforceで、A社の取引先ページ(A社のレコード)を開いたとき、以下のURLがブラウザのアドレスバーに表示されます。

https://example.lightning.force.com/lightning/r/Account/**A社の取引先ID**/view

B社の取引先ページ(B社のレコード)を開いたときは、以下のURLがブラウザのアドレスバーに表示されます。

https://example.lightning.force.com/lightning/r/Account/**B社の取引先ID**/view

「A社の取引先ID」と「B社の取引先ID」が異なるだけで、ほかの部分は同じことがわかります。

つまり、取引先のレコードのURLを自動生成するためには、以下の内容を実現すれば良いことになります。

「https://example.lightning.force.com/lightning/r/Account/」「レコードごとの取引先ID」「/view」の3つのパーツを連結して、Googleデータポータルに表示させる

この連結作業を実現できるのが、CONCAT関数です。

これを踏まえて、取引先のレコードのURLを例にとり、具体的な入力手順と構成要素を確認していきましょう。

まず、「CONCAT("https://example.lightning.force.com/lightning/r/Account/",」と入力します。

```
計算式
1 CONCAT("https://example.lightning.force.com/lightning/r/Account/",
```

図2-7-49　URLの前半部分

URLの前半部分をダブルクォーテーション「"」で囲みます。その後ろに、半角カンマ「,」を入力します。これにより、「ダブルクォーテーションで囲んだテキストを半角カンマで連結する」という意味になります。

次に「取引先」と手入力すると、「取引先」の3文字を含むフィールドの候補が表示されるので、「取引先ID」を選択します。

```
CONCAT("https://example.lightning.force.com/lightning/r/Account/",取引先
                                    CONCAT(X, Y)
                                    取引先 ID
                                    取引先 種別
                                    取引先 説明
```

図2-7-50　取引先IDを選択

「取引先ID」を選択すると、緑色で「取引先ID」と表示されます。その後ろに、半角カンマ「,」を入力します。

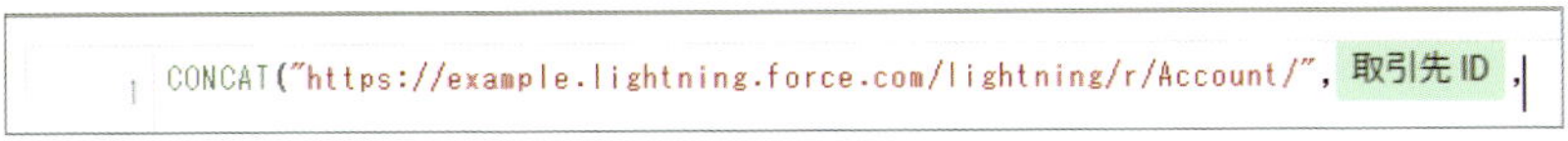

```
1 CONCAT("https://example.lightning.force.com/lightning/r/Account/", 取引先 ID ,
```

図2-7-51　取引先IDを入力完了

緑色の取引先IDは、「A社ならA社の取引先IDを、B社ならB社の取引先IDを自動挿入する」という意味になります。この記述によって、レコードごとのURLが自動生成される訳です。

続いて、URLの後半部分「"/view"」を入力し、カッコ「)」で閉じて、計算式は完成です。

```
1 CONCAT("https://example.lightning.force.com/lightning/r/Account/", 取引先 ID ,"/view")
```

図2-7-52　URLの後半部分

計算フィールド画面、右下の「保存」ボタンをクリックして保存します。

フィールド名　取引先URL
項目ID　calc_a6fsxg6ndc
計算式　式の書式を設定

```
1 CONCAT("https://example.lightning.force.com/lightning/r/Account/", 取引先 ID ,"/view")
```

キャンセル　保存

図2-7-53　保存

以上で、フィールド「取引先URL」が完成しました。

なお、ここではLightning ExperienceのURLにて解説しています。Classicを使用している場合はURLが異なりますが、CONCATの入力仕様と手順は同じです。

※参考：CONCAT関数の公式ヘルプページ
https://support.google.com/datastudio/answer/7583443

❺作成したフィールドのタイプを「URL」に変更する

最後の設定は、タイプを「テキスト」から「URL」へ変更する作業です。

この設定変更を行わないと、作成した「取引先URL」が「テキスト」と認識されてしまい、Googleデータポータルの表に表示するとき、クリックしてもリンクが開きません。

「URL」に変更することで「URL」と認識され、クリックするとレコードのページが開くようになります。

「全てのフィールド」を選択します。

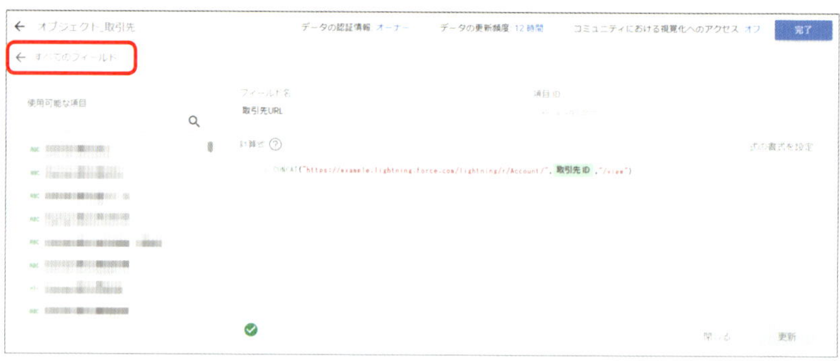

図2-7-54　全てのフィールド

フィールド一覧が表示されるので、作成したフィールド「取引先URL」のタイプ「ABC テキスト」をクリックします。

プルダウンで表示される「URL」の中の「URL」を選択します。

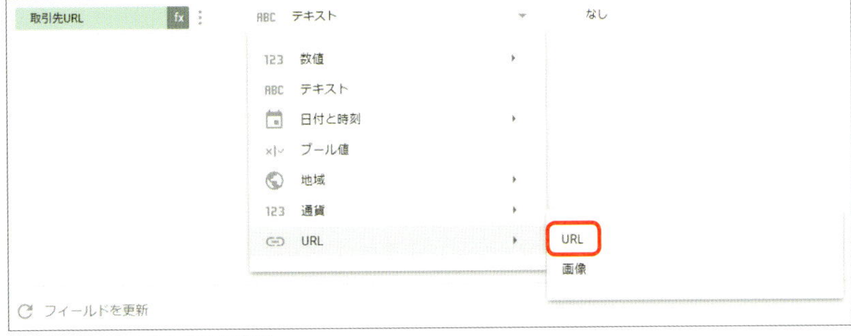

図2-7-55　**タイプをURLに変更**

以上で、特定レコードへのリンクを自動生成する設定は完了です。

あとは、表を作成するときのディメンションで、作成したフィールド「取引先URL」を選択するだけです。

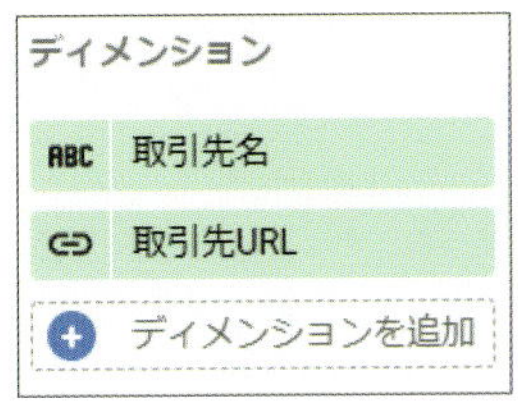

図2-7-56　**ディメンション 取引先URL**

Supermetricsと接続する方法

Supermetricsとは

2013年にフィンランドで設立されたSaasです。マーケティング担当者、データアナリスト、エンジニアなどがマーケティングプラットフォームから、いつでも好きなときにスムーズにデータを取り出せるように開発されたツールです。

SNS、Google広告、HubSpotなどのデータを、Google スプレッドシート、Googleデータポータル、Excel、BIツール、データウェアハウスなどへつなぐコミュニティコネクタです。

Supermetricsがつなげられるデータソースは現在70以上(2020年11月執筆時点)、データポータルと接続できるデータは最大48種類(エンタープライズプラン)と、接続できるデータはさらに追加されていて、ユーザー側から新しいコネクタのリクエストをできます。現在Google Play Store、Zoom、ZohoやMarketなど多くのリクエストが送られています。

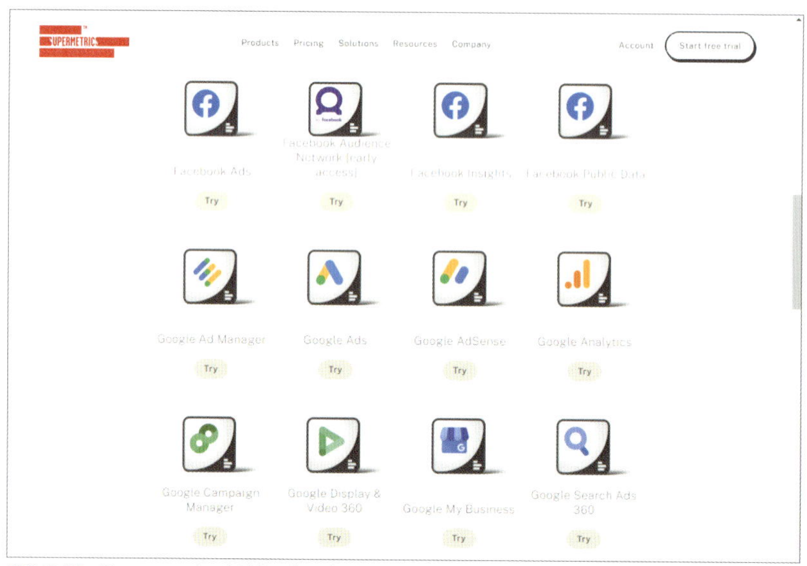

図2-7-57　Supermetricsと接続できるデータソース

Supermetricsのプランと接続できるデータについて

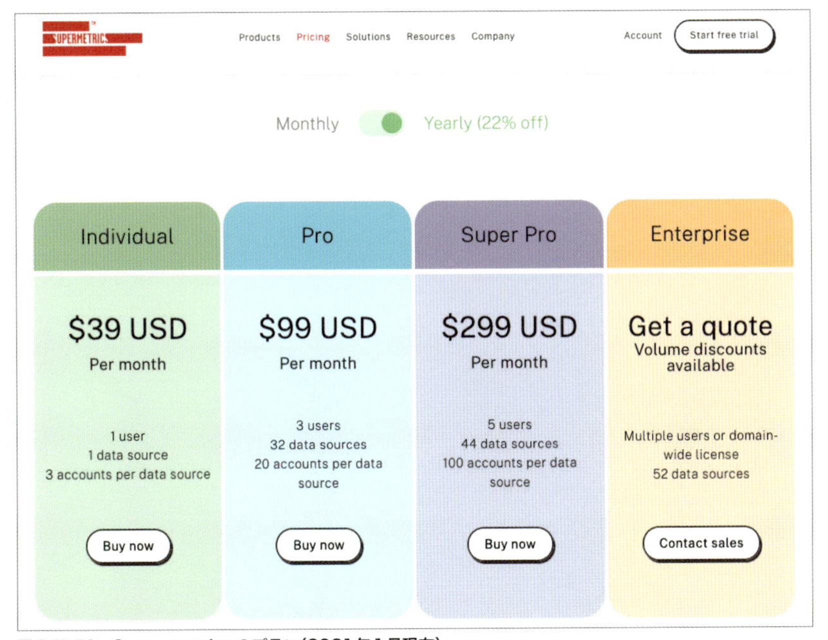

図2-7-58　Supermetricsのプラン(2021年1月現在)

Supermetricsのデータポータル向けプランは現在4種類提供されています。ユーザー数、接続できるデータソースの数、接続したデータソースのアカウントの数(例えばGoogleアナリティクスのビューの数など、詳しくはhttps://support.supermetrics.com/support/solutions/articles/19000077599-what-does-number-of-accounts-per-data-source-mean-)によってプランが違っています。

最上位のEnterpriseプランの価格は問い合わせによる確認が必要です。

Individual、Pro、Super Proの支払い方法はクレジットカード、もしくはPayPalとなっていて、購入のときに利用するGoogleアカウントを選択して購入します。

複数ユーザーが利用できるプランは、購入後の管理画面よりユーザーの追加が可能ですが、契約期間内でユーザーが追加(変更)できる回数には上限があるため、注意してください。

Googleデータポータルと接続できるデータを次の表に示します(2021年1月現在)。

表2-7-4 Supermetrics for Data Studioのデータソース種類

	Datasource	Individual	Pro	Super Pro	Enterprise
1	Ad data & Google Analytics		○	○	○
2	Adform			○	○
3	Adobe Analytics				○
4	AdRoll			○	○
5	Ahrefs			○	○
6	Bing Webmaster Tools		○	○	○
7	Call Rail(early access)	—	—	—	—
8	Criteo			○	○
9	Custom JSON/CSV/XML	○	○	○	○
10	Facebook Ads	○	○	○	○
11	Facebook Audience Network(early access)	—	—	—	—
12	Facebook Insigts	○	○	○	○
13	Facebook Public Data	○	○	○	○
14	Google Ad Manager				○
15	Google Ads	○	○	○	○
16	Google AdSense	○	○	○	○
17	Google Analytics	○	○	○	○
18	Google Analytics 4(early access)	—	—	—	—
19	Google Campaign Manager				○
20	Google Display & Video 360				○
21	Google My Business	○	○	○	○
22	Google Search Ads 360				○
23	Google Search Console	○	○	○	○
24	Hub Spot(<100K contacts)			○	
25	Hub Spot(>100K contacts)				○
26	Instagam Insights		○	○	○
27	Instagram Public Data(early access)	—	—	—	—
28	Klaviyo(early access)	—	—	—	—
29	LinkedIn Ads			○	○

表2-7-4　Supermetrics for Data Studioのデータソース種類

	Datasource	Individual	Pro	Super Pro	Enterprise
30	LinkedIn Pages	○	○	○	○
31	Mailchimp	○	○	○	○
32	Microsoft Advertising	○	○	○	○
33	Moz	○	○	○	○
34	Optimizely		○	○	○
35	Outbrain Amplify			○	○
36	Pinterest Ads			○	○
37	Pinterest Organic			○	○
38	Pinterest Public Data	○	○	○	○
39	Quora Ads	○	○	○	○
40	Reddit Public Data	○	○	○	○
41	Salesforce(early access)	—	—	—	—
42	Searchmetrics			○	○
43	SEMurush Analytics	○	○	○	○
44	SEMurush Projects(early access)	—	—	—	—
45	Shopify		○	○	○
46	Snapchat Marketing(early access)	—	—	—	—
47	Snowflake		○	○	○
48	StackAdapt				○
49	Stripe	○	○	○	○
50	Taboola			○	○
51	Tumblr Public Data	○	○	○	○
52	Twitter Ads	○	○	○	○
53	Twitter Premium				○
54	Twitter Public Data	○	○	○	○
55	Verizon Media DSP				○
56	Verizon Media Native Ads			○	○
57	Vimeo Public Data	○	○	○	○
58	VKontakte Public Data	○	○	○	○

表2-7-4 Supermetrics for Data Studioのデータソース種類					
	Datasource	Individual	Pro	Super Pro	Enterprise
59	Yandex.Direct	○	○	○	○
60	Yandex.Metrica	○	○	○	○
61	YouTube	○	○	○	○

接続できるデータソース(SNS、Google My Business)

接続できるデータの種類は幅広いのですが、ここでは主に日本国内で良く使われているSNSとして、Twirtter、Facebook、InstagramやGoogle My Businessに接続できるデータソースを紹介します。

分析ツールが用意されているツールもありますが、Supermetricsを使ってデータポータルにまとめることで、複数のデータを同じグラフで比較できます。データを横断して見ることで効果的な運用が可能になります(例えばFacebook広告とGoogle広告の効果比較など)。

コネクタごとに取得できるデータの詳細は各コネクタのドキュメントが用意されているため、そちらから確認できます。対象ページを開くと、ディメンションは「dim」、指標(メトリクス)は「met」で表記されています。

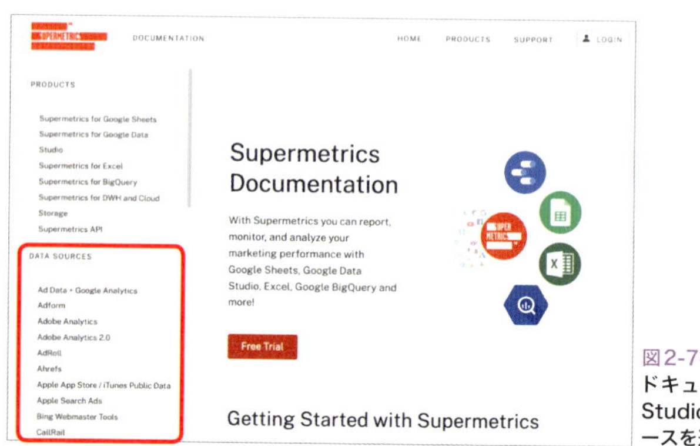

図2-7-59
ドキュメントでGoogle Data Studioを選択してからデータソースを選択

Supermetricsドキュメント(左側のメニュー「DATA SOURCES」よりデータソースを選択してください)
https://supermetrics.com/docs/

Twitterで接続できるデータソース

Twitterで接続できるデータソースは表2-7-5の中で次の3種類になります。

表2-7-5

	利用条件と取得できる主なデータ	Twitterのアカウント	プラン
Twitter Public Data	ユーザー自体のデータやユーザーのツイート、キーワードを指定してのツイートなど公開されているデータが取得可能。 Twitterアナリティクスのデータは Twitterのアカウントを持っていても接続不可。 現状で取得できるデータは ディメンション：41 メトリクス(指標)：9	要 (接続時に必要) 他のユーザーデータやツイートのデータは取得可能	Individual、Pro、Super Pro、Enterprise
Twitter Premium	有効なTwitterアカウント ・インプレッション※ ・エンゲージメント※ ・エンゲージメント率※ ・いいね ・いいね率※ ・リツイート数 ・リツイート率※ ・リプライ ・動画再生数 取得できるデータは最新の3,200ツイートまで。 ※これらのデータはツイートされた日から90日前までのデータのみ取得可能。 現状で取得できるデータは ディメンション：39 メトリクス(指標)：11	要	Enterprise
Twitter Ads	Twitter広告で取得できているデータに接続可能。 https://partners.twitter.com/en/partners/supermetrics Twitterの広告アカウント、もしくはキャンペーンアナリスト以上の権限が付与されているアカウントが必要。 現状で取得できるデータは ディメンション：99 メトリクス(指標)：150	要	Individual、Pro、Super Pro、Enterprise

Facebook / Instagramで接続できるデータソース

Facebook / Instagramで接続できるデータソースは表2-7-6の中で次の4種類になります。

表2-7-6

	利用条件と取得できる主なデータ数	Facebook / Instagramのアカウント	プラン
Facebook Public Data	Facebookページや投稿などの公開されているデータ。 Facebookのアカウントがなくても接続可能。 現状で取得できるデータは ディメンション：65 メトリクス（指標）：23	不要	Individual、Pro、Super Pro、Enterprise
Facebook Insights	データの接続にはページの管理者権限を持っているかビジネスマネージャーで編集者以上の権限が与えられている必要がある。 現状で取得できるデータは ディメンション：64 メトリクス（指標）：130	要	Individual、Pro、Super Pro、Enterprise
Facebook Ads	広告アカウントに対して「パフォーマンスの表示」オプションが有効になっている従業員アクセス、または広告アカウントへのアクセス。 現状で取得できるデータは ディメンション：193 メトリクス（指標）：408	要	Individual、Pro、Super Pro、Enterprise
Facebook Public Data	ページの管理者以上になっているFacebookアカウントとInstagramのビジネスもしくはクリエイターアカウント。 現状で取得できるデータは ディメンション：35 メトリクス（指標）：30	要	Individual、Pro、Super Pro、Enterprise

Google My Businessで接続できるデータソース

Google My Businessで接続できるデータソースは表2-7-7の中で次の1種類になります。

表2-7-7

	利用条件と取得できる主なデータ数	Google My Businessのアカウント	プラン
Google My Business	ユーザーやツイートなど、公開されているデータが取得可能。 TwitterアナリティクスのデータはTwitterのアカウントを持っていても接続不可。 現状で取得できるデータは ディメンション：102 メトリクス（指標）：29	要	Individual、Pro、Super Pro、Enterprise

データを接続する

データポータルのドキュメントを作成して、メニューから「データを追加」を選択、検索にsupermetricsと入力します。

検索にヒットするのはSupermetricsの各コネクタがヒットするので、接続したいデータを選択してください。

図2-7-60　**接続したいデータソースを探して選択**

基本的なデータ接続の流れ

❶コミュニティコネクタを利用するための承認：Googleアカウントに対してSupermetricsへのアクセスの許可

Supermetricsへの承認のため、一度承認すれば以降は設定の必要はありません。

図2-7-61　Supermetricsを契約しているアカウントを選択

❷各コミュニティに対して、連携アプリの承認作業。連携アプリから承認が取れるとデータに接続される

コネクタを追加するたびに承認が必要になります。手順や、承認に必要なアカウントの権限は各コネクタによって異なります。

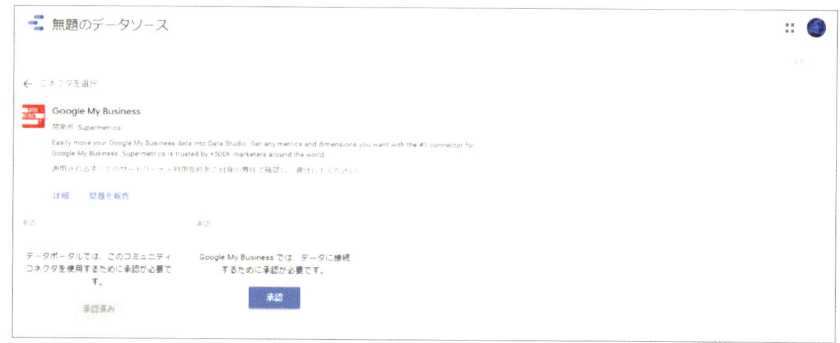

図2-7-62　各データソースに対して、接続を承認する必要があります。

必要なアカウントの権限はSuperMertricsのGeneral Issues and Instructions Per Data Sourceページの中の各コネクタの設定ページから確認できます。
https://support.supermetrics.com/support/solutions/19000101100

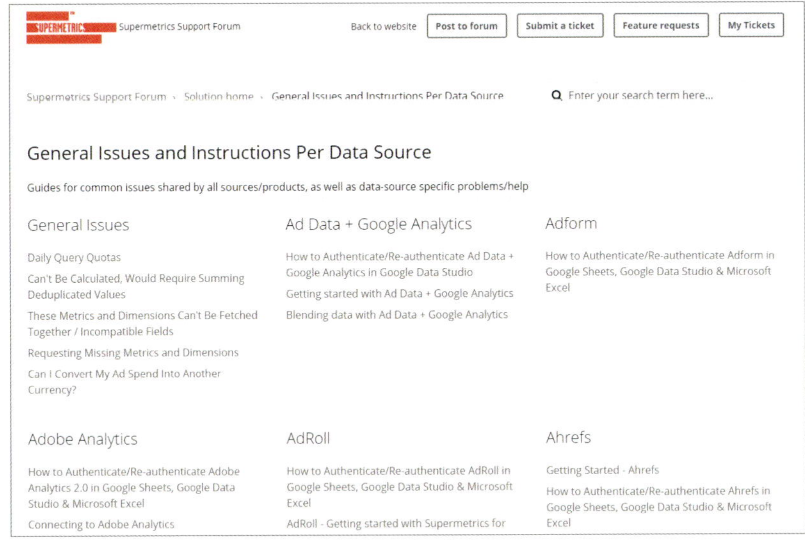

図2-7-63　**データソースに接続するための各アカウントの権限**

接続を承認するための権限や、アカウントが違っていたり、複数のブラウザに同じアカウントでログインしたりしている場合は接続できず、エラーになります。

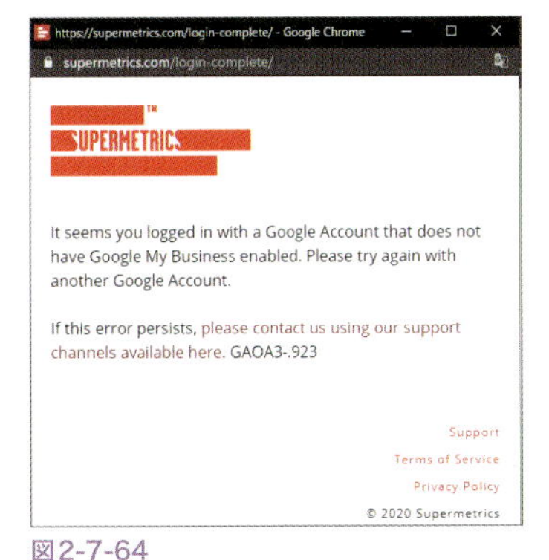

図2-7-64
Supermetricsを利用しているGoogleアカウントと接続しようとしているデータのGoogleアカウントが違っている。

図2-7-65
同じブラウザで複数のGoogleアカウントにログインしている場合のエラー

❸各アプリの承認が完了後、データソースの詳細を設定してデータの接続は完了

各詳細設定の「●●●がレポートで変更されることを許可します。」にチェックを入れると、レポートの編集者はこの値を変更して追加のデータや別のデータをリクエストできます。

図2-7-66　**レポートの権限設定**

❹複数のユーザーアカウントが追加できるデータソースは、ダイアログ内にアカウントを追加するためのURLがあるため、必要に応じてアカウントを追加（下記例はTwitter Public Data）。

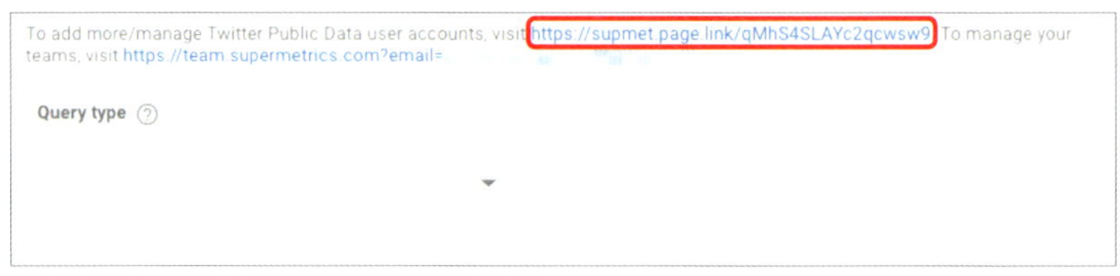

図2-7-67　**アカウントが複数追加できる場合の表示**

Supermetricsの使い方に困ったら

Supermetricsのサイトは情報が充実しています、データの接続方法がわからない、接続時にエラーが出たときはドキュメントページが用意されています。最新情報はブログで発信されています。

また、実際にデータを接続したものの、レポートに載せるデータに悩んでしまうことなどがあれば、テンプレートギャラリーからテンプレートをそのまま自分のレポートで利用することも可能です。

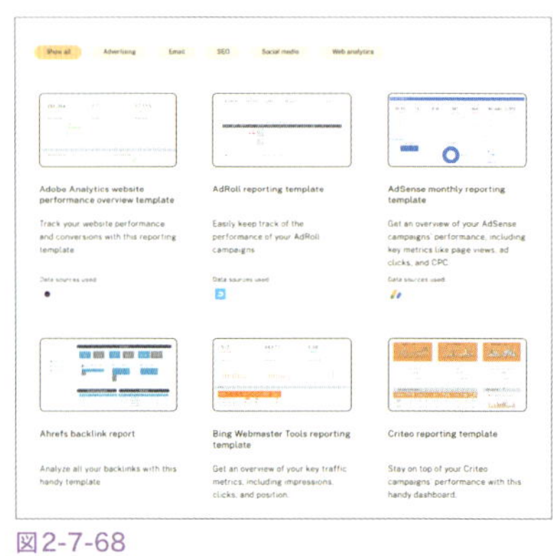

図2-7-68
Supermetricsのテンプレートギャラリー

図2-7-69
Google広告とFacebook広告の比較テンプレート

Chapter 3

解析の実務

レポートとは、「解析」した結果をわかりやすくまとめたものといえます。では、「解析」とは何をするものなのでしょうか。本章では、「ウェブ解析」にとどまらず、「解析」自体の基礎を学んでいきましょう。

3-1

「解析」とは何をするものか

解析の意味

「解析」という言葉は普段から何気なく使われていますが、具体的な言葉の定義についておさらいしましょう。

分析…物事を一つひとつの要素に分け、その構成などを明らかにすること
解析…事物の構成要素を細かく理論的に調べることによって、その本質を明らかにすること

つまり、分析は要素に分けていくのに対して、解析はさまざまな要素の関連性を深く調べます。これをビジネスの現場で言い換えれば、「分析」で現状を把握し、「解析」で原因・課題・施策を発見するという訳です。

仮説検証、原因分析、対策立案

解析を行ううえで有益な情報を得るためには、次の3つのポイントを意識することが重要です。

- **仮説検証：**
  データを見る前に当てはまりそうな考え（仮説）を立て、その仮説が正しいかをデータで検証する視点

- **原因分析**：
  データを見る前に仮説は立てないものの、データを見て発見した異常な点から仮説や原因を考える視点

- **対策立案：**
  仮説検証や問題発見を通して、改善する施策や追加で検証すべき指標を立てるなどのアイデア出し

データを見るうえで気をつけるべきことは、いきなりデータを見ないことです。ただ眺めているだけでは新しい気づきや価値は生まれません。数字を見る前に、何のためにデータを使うのかを考えるようにしましょう。例えば、データが想定する値と近ければ、仮説が間違いないことを確信できます。また、想定する数値とかけ離れている場合は、なぜ違うのかという視点から新たな気づきが生まれます。問題解決に取り組んでいるのであれば、課題が明確になることもあるでしょう。

例えば、ある注文住宅のサイトで資料請求のボタンがヘッダーになく、会社概要ページの下部にあり、見つけにくいため回遊率が高いのではないかと思い、セッションあたりのページビュー数を見ると、コンバージョンしているユーザーは平均で7.3PV見ており、ほかのサイトに比べ、サイト内回遊が多いことがわかった。また施工事例ページでのサイト内検索では事例集などのキーワードが多かったため、施工事例を含めた資料のダウンロードボタンを設置したところ、コンバージョン数が15.7倍に増えた事例があります。

このように目的意識をしっかり持って、データを見る前にまずこれらを意識してください。

3-2

ウェブ解析の目的

データを扱う前に

データは事実を示します。しかし、データがあるだけでは課題を解決できません。例えば、ウェブサイトのデータを収集するアクセス解析ツールは、ツールを導入するとウェブサイトを解析でき、改善できるのだと思われることが少なくありません。しかし、ツールを導入するということは、単に数値を集計しているだけにすぎません。アクセス解析ツールが示す数値は、あくまでも収集したデータをまとめた結果でしかないのです。つまり、アクセス解析ツールは、問題を見出すためのヒントは与えてくれますが、問題を解決してくれる訳ではないことに留意してください。

では、集まったデータをどのように活用すれば良いのでしょうか。

確実に売上に貢献するために必要なデータとは

はじめに、ウェブ解析を行ううえで扱うデータについて覚えておきましょう。ウェブ解析というと、ウェブに限ったデータを想像しがちですが、ここでは事業の成果につながる全てのデータを指します。

それには、次のようなものが挙げられます。

●アクセス解析データ

アクセス解析ツールや広告効果測定ツールで取得できる自社のウェブサイトのデータです。参照元やページビュー数、広告効果測定などが含まれます。つまり、自社に興味関心のあるユーザーについて知るためのデータです。

●ウェブマーケティング分析データ

インターネット視聴率や競合他社分析ツール、キーワードプランナーなどのアクセス解析以外のウェブマーケティングに活用できるツールのデータです。ユーザビリティテストやソーシャルメディア分析によるデータなども含まれます。つまり、これらは市場や競合を知るためのデータです。

● ビジネス解析データ

売上や利益などの財務的データ、商談数や見積もり提案数などの営業データ、コールセンターの問い合わせ履歴やモニターアンケートなど、ウェブ以外の経営やユーザーに関わるデータです。電話の本数やFAXの件数も含まれます。つまり、これらは自社ビジネスの成果について、より深く理解するためのデータです。

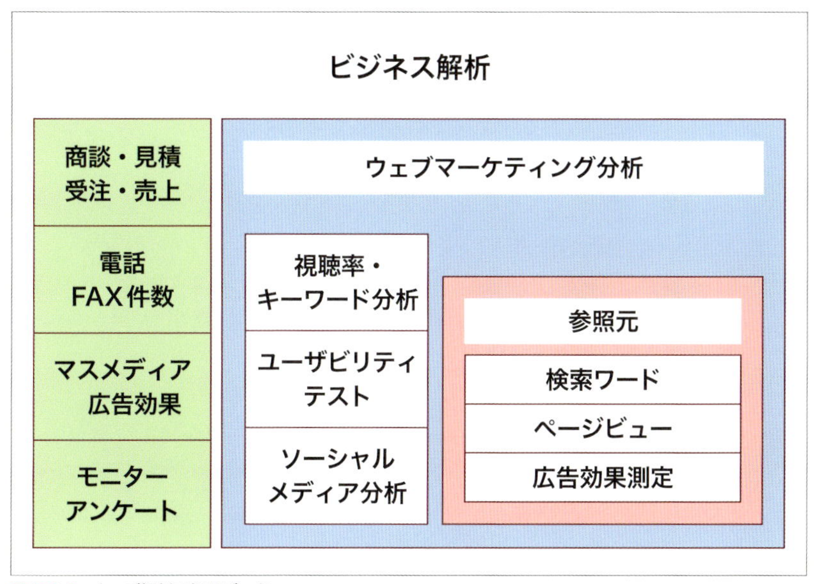

図3-2-1　ウェブ解析で扱うデータ

これらのデータが揃うことで、事業の成果につながるウェブ解析が可能になります。データを活用することで、確実にビジネスを成長させることができます。

お菓子の通販サイトの失敗例

ある和菓子屋さんが事業拡大のためにECサイトを立ち上げました。そして、店舗での告知や周りの人たちにECサイトオープンの知らせとともに、サイトで使える20%オフのクーポンを配布しました。その結果、オープン当初からサイトへの注文はどんどん増えていきました。しかし、数ヵ月経ったとき、オーナーは頭を抱えていました。なぜでしょうか？

実は、事業全体で見たときの売上が下がってしまったのです。サイト上での売上は伸びていたのですが、実店舗での売上が落ちてしまったのです。なぜなら、サイト上の購入者は、それ以前は店舗でお菓子を購入してくれていた人たちだったからです。しかも、サイトからだと20％も安く買えるので、同じ購入数でも売上が落ちてしまったという訳です。本来は、その和菓子屋さんのお菓子の初購入がネットである人、あるいは店舗まで足を運べないような新規のお客さまをつかまえなければいけないところを、すでに店舗のリピーターとなっている人に安くお菓子を販売してしまったのです。

こういった例はECサイトのデータだけ見ていては気づかないうえに、クーポン効果で売上が上がったと勘違いして、もっとお得なクーポンを発行して安く販売してしまうといった過ちにつながりかねません。

美容室の広告例

ある美容室が、新規顧客を増やそうとさまざまな広告を出稿して集客を行っていました。狙い通り新規顧客は増え、売上も上がってはいたのですが、広告費がかさんでしまって、利益がでません。そこで効果のある広告だけに絞ろうとしたのですが、予約の電話からは、お客さまがどの広告を見て電話しているかが判断できませんでした。しかし、ある対策を行うことで広告効果が明確にわかるようになりました。何を行ったのでしょうか？

それは、電話番号を変えたことでした。ウェブサイトに掲載している電話番号、お友達紹介カードに記載している電話番号、駅前の看板に記載している番号など、媒体ごとに電話番号を設けて予約を受けることで、どの媒体から新規の予約が何件入ったのかが明確にわかるようになりました。これによって、ウェブ広告からの予約が多いことがわかり、他媒体の予算をウェブ広告に回して新規獲得率を上げていきました。これもウェブサイトだけのデータを見ていては、なかなか改善しにくい内容です。

このように、事業に成果を出すためには、ウェブサイトのデータはもちろんのこと、成果につながるビジネスデータを活用することも重要です。

ゴールから逆算して計画を立てる

あるECサイトで、来月600万円の売上を達成するためにはサイトにどれだけの訪問数が必要になるでしょうか？　また、そのために現状では足りていない訪問数を広告で補うとした場合には、どれだけの広告予算が必要となるでしょうか？

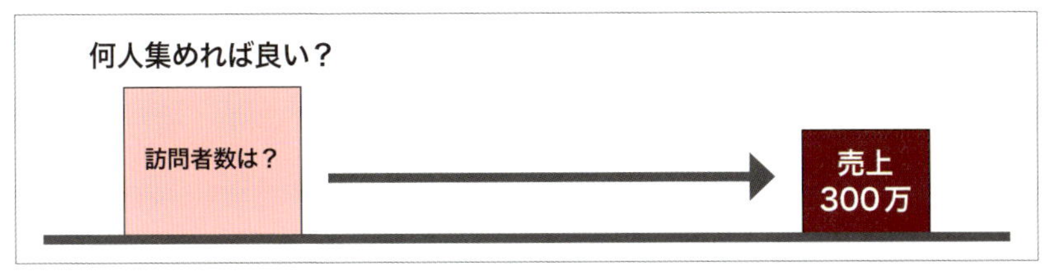

図3-2-2　目標売上から広告による集客の目標を割り出す

3-2

これらの質問に答えられなければ、データを活用できているとは言えません。逆に、データを有効活用すれば、これらの質問に論理的に説得力をもって答えることが可能です。たとえば600万円の売上目標に対して現状が次のような状況だった場合、どのくらいの広告費をかければ売上目標を達成できるでしょうか。

客単価	2万円
フォーム離脱率	70%
回遊離脱率※1	75%
直帰率	50%
現状のサイト訪問数	6,000
広告クリック単価	100円
目標売上	600万円
現状売上	450万円

このような場合、次のように売上から逆算して計算します。

①客単価が2万円なので、売上目標の600万円を達成するためのCV数は「600万円÷2万円＝300件」であることがわかります。
②CV数300件を達成するためには、フォーム離脱率が70%なので、「300件÷

※1　**回遊離脱率**：2ページ以上閲覧したにもかかわらず、フォームにたどり着かなかった割合

(1-0.7)＝1,000件」のフォーム到達数が必要です。

③フォーム到達数1,000件を達成するためには、回遊離脱率が75%なので「1,000件÷(1-0.75)＝4,000件」の回遊数が必要です。

④4,000件の回遊数を達成するためには、直帰率が50%なので「4,000件÷(1-0.5)＝8,000件」の訪問数が必要です。

⑤必要訪問数が8,000件であるのに対して、現状は6,000件しかいないので、不足している2,000件を広告で補えば良いことがわかります。

⑥2,000件を集客するために必要な広告費は、クリック単価が100円なので、「100円×2,000件＝200,000円」と導けます。

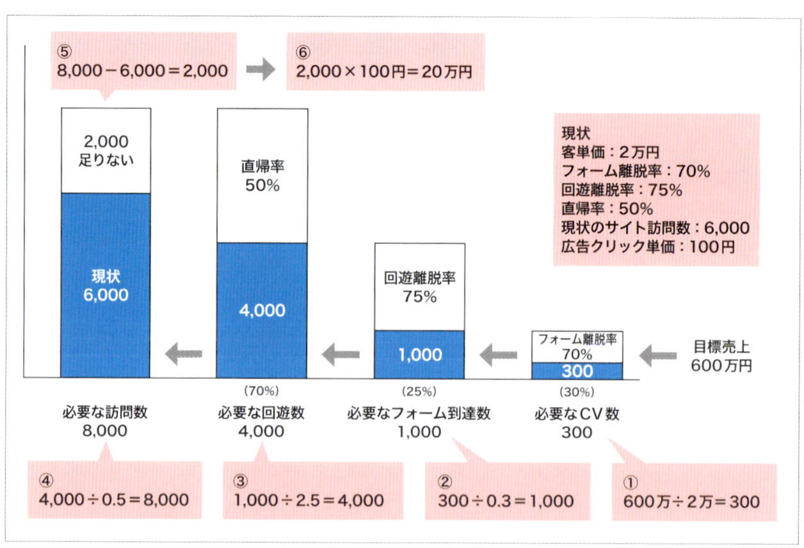

図3-2-3　目標売上を起点に目標を逆算していく

このように算出することで、20万円の予算があれば600万円の売上が達成できそうだということがわかります。経営者がウェブ担当者から「20万円の広告費があれば売り上げを向上させます」と言われた場合、経営者としてはどれだけの利益が出るのか判断できません。しかし、「600万円の売上を達成するのに20万円の予算がかかります。なぜなら20万円あればクリック単価100円で2,000件の訪問数を集められるからです。つまり、20万円の広告予算で150万円の売上向上につながります」という提案であれば判断しやすいでしょう。

単にアクセス解析のデータだけではなく、サイトにユーザーが訪れるところから売上が立つところまでのあらゆるデータをつなげることで、現実的で達成可能な計画が立てられるのです。

改善のヒントを得るための解析に必要な３つの観点

解析の考え方

「解析」とはさまざまな要素がどのような関係で成り立っているのかを論理的に調べて、本質を明らかにしていくものと説明しましたが、どのような関係かを理解するための方法は、「比較」が基本です。つまり、「解析の本質」とは、さまざまな要素に分解して比較することと言えます。「先月と今月の数値の差は？」「コンバージョンしたセッションとしていないセッションの違いは？」「東京都と神奈川県では？」「PCとスマホでは？」「直帰率の高いページと低いページの違いは？」「流入経路ごとの特徴は？」など、さまざまな要素を比較することで、課題やその解決策が見えてきます。

改善のヒントを得るための解析手法は数多く存在します。では、たくさんある要素の中からどのように解析に取り組めば良いでしょうか。集まったデータを順番に見ていると、どれだけ時間があっても足りません。より効率的に解析を行うためには、データをマクロな視点で見ましょう。

そのために必要な３つの観点を紹介します。

①インパクトの大きさを重視する

技術革新により、たくさんデータが集められるようになった現在、全てのデータを解析している時間はありません。そこで優先順位をつけて解析に取り組む必要があります。

解析を進めた結果、売上への影響は全くなかったということも起こりえます。したがって、本当にその解析をする必要があるのかを冷静に判断する必要があります。20%の売上向上につながりそうな課題を解決するための解析には時間や費用をかける意味は大きいですが、売上への影響が1%にも満たない解析や売上への改善につながるかがわからない指標を解析していても意味がありません。「この数字は改善したほうが良いのではないか」「ここに課題があるな」と思ったとしても、まずはその数字を改善したときにビジネスへ与えるインパクトを考えます。解析は、あくまでも事業の成果につなげるため手段にすぎないのです。

では、同一サイトのA～Dページにおいて、次のようなデータがあった場合、コストや時間の都合から1ページのみの改善を行うのであれば、どのページを改善するともっとも売上にインパクトがあるでしょうか。

表3-3-1　あるサイトのページごとのセッション数、直帰率、コンバージョン率

ページ	セッション	直帰率	ページ経由のコンバージョン率
Aページ	4,000	60%	10
Bページ	5,000	75%	5
Cページ	10,000	50%	10
Dページ	20,000	75%	30

この場合は、Dページが良いでしょう。直帰率が低いCページをさらに低くする考え方もできますが、直帰率の高いページは低いページを参考にできるので改善案が出しやすく失敗するリスクも減らせます。同様に直帰率が高いBページも改善の余地がありそうですが、セッション数が多いDページの直帰率を改善したほうがより効率良くコンバージョン数を向上できると考えられます。

このように、複数の要素を組み合わせて考慮し、売上にもっともインパクトがあると考えられる対象ページを選びます。

②トレンドで特徴をつかむ

トレンドの解析とは、時間軸で特徴をとらえる手法です。過去から比較して、現在、そして未来において、どのような変化があるのかを判断できます。また、トレンドから外れた点を見つけることで、課題や解決策が見えてきます。

次の表は、あるサイトの1月と2月の数字です。どのようなことに気づくでしょうか。

表3-3-2　あるサイトのセッション数、コンバージョン率、売上

指標	2021年1月	2021年2月
セッション数	5000	6000
コンバージョン率	0.90%	1.20%
売上	¥700,000	¥1,100,000

1月と比較すると、2月の数値が良いことは一目瞭然です。サイトが改善されて、良い結果が出たのでしょうか。それでは、同じサイトにおいて2020年と2019年の2月の数字を加えた表3-3-3を見てみましょう。

表3-3-3　あるサイトのセッション数、コンバージョン率、売上（一昨年、昨年同月比）

指標	2021年1月	2019年2月	2020年2月	2021年2月
セッション数	5000	7000	7500	6000
コンバージョン率	0.90%	1.50%	1.50%	1.20%
売上	¥700,000	¥1,500,000	¥1,600,000	¥1,100,000

2019年と2020年の2月の値も、2021年1月の値よりも良いことがわかります。つまり、2月は何かしらの要因によって売上が高くなる傾向があることがわかります。それを加味すると、2021年2月の結果は良かったのかどうかの判断が変わってきます。「実は先月だけが数値が悪かったのかのではないか」「季節的な要因があるのか」といった新たな気づきが生まれます。

このように、トレンドを見るときには、短い期間で見ると判断を誤る可能性があります。トレンドをつかむには、なるべく長い期間を見て傾向を把握するようにします。そうすることで規則性が見つかります。その中で規則から外れた点が気づきになり、改善のヒントにつながります。良い点が見つかればどのように増やすか、悪い点に気づけばどのようにそれを減らすかが改善へのポイントです。解析に取り掛かるとき、何から見て良いかわからないときは、まずトレンドを把握することからはじめましょう。

トレンドから外れ値を見つける

図3-3-1は、あるサイトのセッション数を月別で表した折れ線グラフです。

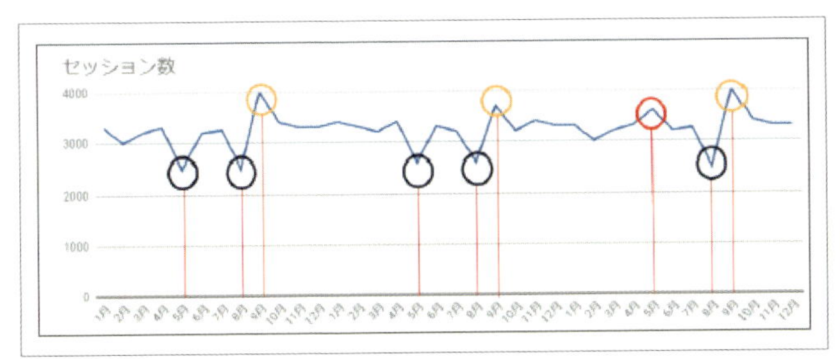

図3-3-1　あるサイトのセッション数の変化

グラフを見ると、黒丸の5月と8月がほかの月よりも毎年セッション数が少なくなる傾向が見られます。営業日の関係なのか季節的要因なのか、あるいは本来下がってはいけないものなのかを検証しましょう。

また、黄丸の9月は毎年セッション数が増えています。秋祭りの関係があるのでしょうか。それとも、毎年恒例のキャンペーンを行っているのでしょうか。もしキャンペーンを実施しているのであれば、ほかの月にも適用できないかクライアントに確認すると良いでしょう。

そして、このグラフで一番のポイントとなるのが赤丸の5月です。例年、5月と8月はセッション数が下がる傾向でしたが、この年だけはセッション数が若干上がっています。こういった外れ値が見つかった場合が改善のポイントです。深く解析したりクライアントにヒアリングしたりして、このときに何があったのかを探り、改善に活かしましょう。

このように、グラフにして期間を長くとってみると、月ごとの傾向が把握でき、一部の期間だけみていては気づかないポイントを発見できます。

③セグメントで解析する

解析を行ううえでもっとも重要になるのが「セグメント」です。セグメントとは「分割されたものの一部分」という意味で、「セグメントされたデータ」とは分割されたデータの1つのまとまりを表します。Googleアナリティクスでは、レポートを特定の条件で絞り込む「セグメント機能」が充実しており、同時に4つまでのセグメントを適用することが可能です。この機能によって、セグメント前のデータとセグメント後のデータを比較したり、セグメント化したデータ同士を比較したりすることで多くの気づきを得られます。

例えば、コンバージョンに至ったユーザーとコンバージョンに至らなかったユーザーを比較して「何が違うのか」を確認できます。コンバージョンに至ったユーザーは特定のページを見ていることに気づけば、そのページに多く誘導するためにほかのページからの動線を強化するといった施策が生まれます。また、コンバージョン率が高いセグメントが見つかれば、同じようなユーザーを集める施策を行うことで、より成果が出やすくなります。

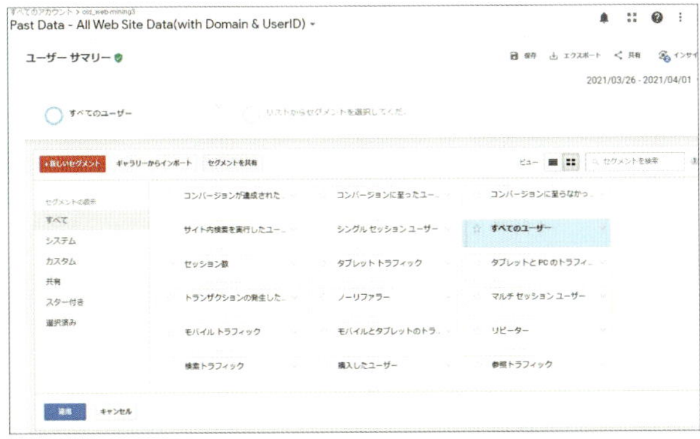

図3-3-2　Googleアナリティクスでデフォルト設定されているセグメント

図3-3-2は、Googleアナリティクスで標準に設定されているセグメントですが、次のような階層構造になっています。

ユーザー

- **全てのユーザー**（サイトに訪れた全てのユーザー（初期設定））
- **新規ユーザー**（初めてサイトに訪れたユーザーの初回セッション）
- **リピーター**（サイトに訪問したことがあるユーザー（過去２年以内）の２回目以降のセッション）
- **モバイルトラフィック**（スマートフォンからの流入）
- **タブレットトラフィック**（タブレットからの流入）
- **タブレットとPCトラフィック**（タブレットとPCからの流入）
- **モバイルとタブレットトラフィック**（スマートフォンとタブレットからの流入）

集客

- **自然検索トラフィック**（自然検索からの流入）
- **検索トラフィック**（自然検索とリスティング広告からの流入）
- **参照トラフィック**（検索エンジン以外のサイトからの流入）
- **有料のトラフィック**（リスティング広告からの流入）
- **ノーリファラー**（参照元が特定できない流入）

行動

- **直帰セッション**（直帰したセッション）
- **直帰以外のセッション**（直帰しなかったセッション）
- **シングルセッションユーザー**（期間内に１回だけ訪問したユーザー）

- **マルチセッションユーザー**(期間内に2回以上訪問したユーザー)
- **サイト内検索を実行したユーザー**(サイト内検索機能を使ったユーザー)

コンバージョン

- **コンバージョンが達成されたセッション**(コンバージョンしたセッション)
- **コンバージョンに至ったユーザー**(コンバージョンしたことのあるユーザーの全てのセッション)
- **コンバージョンに至らなかったユーザー**(コンバージョンしたことのないユーザーの全てのセッション)
- **トランザクションの発生したセッション**(ECサイトで購入があったセッション)
- **購入したユーザー**(購入したことのあるユーザーの全てのセッション)

また、自分でセグメントを作ったり、組み合わせたりして解析することも可能です。

図3-3-3　新たなセグメントを設定する

行動…特定の訪問数、特定のコンバージョン数
最初のセッション…最初に訪れた日、期間
トラフィック…広告に関するキャンペーン、メディア、キーワード、参照元
条件…さまざまな条件によってユーザーやセッションを絞り込む
シーケンス…連続する条件(順番)によってユーザーやセッションがとった行動を指定

条件やシーケンスを使って、対象サイトの解析に役立つセグメントを作っておくと便利でしょう。しかし慣れていないと、どのセグメントを使うと良いのか悩むこともあります。そんなときは比較的気づきが生まれすい、次のような4つのセグメントを活用して解析してみると良いでしょう。

気づきの生まれやすい4つのセグメント

「新規ユーザー」と「リピーター」

初めてサイトを訪れたユーザー※1と、そのサイトが気になって比較検討するために何度もサイトに訪れるユーザーの行動は異なります。サイトのファンになって何度もサイトに訪れてもらえるように、リピートユーザーの行動と新規ユーザーの行動のギャップから気づきを見出します。

「モバイルトラフィック」と「PCトラフィック」

スマートフォンとPCでは、利用シーンも異なれば求める内容も異なります。移動中にスマートフォンで情報収集して、購入はPCからということもよくあります。また、スマートフォンを使うユーザーが多いのかPCを使うユーザーが多いのかなどを把握することで、PCサイトの改善に力をいれるのか、スマートフォン中心の設計に力を入れていくのかといった判断も可能になります。

「一定回数以上コンバージョンしたユーザー」と「コンバージョンしていないユーザー」

コンバージョンしたユーザーとコンバージョンしていないユーザーでは、サイトの利用の仕方が異なります。コンバージョンしていないユーザーは必要な情報を見てくれたのか、特定の属性の人がコンバージョンしないのかなど、決定的なポイントに気づくきっかけになります。

「特定のページを見たユーザー」と「特定のページを見ていないユーザー」

コンテンツを作成したときは、意図があったはずです。そのコンテンツが想定したユーザーに見られたのか、そのコンテンツはコンバージョンに貢献したのかなど、そのコンテンツが想定通りに機能しているかを検証し、改善につなげられます。
最近ではユーザーのニーズや行動が多様化したことで、万人受けするような施策を考えることは困難になってきています。だからこそ、コンバージョンにつながるターゲットを特定しやすくしたり課題を明確にしたりするために、セグメント機能を活用することが重要です。セグメント機能を活用して、効率的な改善を進めることを心がけましょう。

※1　**初めてサイトを訪れたユーザー：**ITPにより、同一ブラウザからアクセスしても、Cookieがクリアになったi Phoneユーザーは新規ユーザーとしてカウントされます。

3-4

KPI作成のポイント

目標設定

「1-2　自分なりのKPIを作り出す」で示したように、改善を進めるうえで重要になってくるのがKPIです。そしてKPIを決めるために必要なのがKGI（最終目標）です。どのように改善して良いかわからないという場合には、これらがしっかりと定まっていないことが考えられます。とくにGoogleアナリティクスを利用する場合は、目標設定がされていないと解析する意味がないと言っても過言ではありません。

では、登山を例に目標設定とKPIを考えてみましょう。

目標：いつまでにどの山を登るかを決める
KPI（戦略）：山の登り方を決める、そのために必要な準備をする

まず、登る山（目標）が決まっていないと登り方を決めたり、そのための準備をしたりできません。また、1ヵ月後に登るのか1年後に登るのかでも変わってきます。エベレストのように高い山を登るとした場合、何も考えずに頂上を目指すだけでは途中で挫折してしまうでしょう。きちんと装備しても、登り方やそのための準備ができていないと頂上どころか半分さえ登ることは困難です。

今の自分たちが登れそうな山はどこか、どれくらい期間をかければ登れるかといったことをしっかり決め、一緒に登るメンバーと情報を共有することが非常に重要です。自分だけ登ろうと思っている山が違ったり、みんなは1年かけて登ろうとしている山を自分だけは3ヵ月で登ろうとしたりしていては、同じ方向に向かって進めません。まずは登る山（目標）と期間を改めて確認しましょう。

登る山が決まったら、登り方の作戦会議です。1合目から歩いていくのか、5合目まで車で行くのか、頂上付近までヘリコプターのチャーター便でいくのかなどを決めていきます。これがKPIです。KPIは、自分たちが置かれている状況によって変わるので、誰でも同じというものではありません。体力は充分にあるのか、山に登った経験があるのか、何人で登るのか、装備にかけられる予算など、前提条件や登る山によって変わってきます。しっかりとチームで話し合い、自分たちに合ったKPI（戦略）を立てましょう。

業種別KPI

KPIは企業によって異なります。独自のKPIを見つけることが最善の策ですが、初めからうまくとは限りません。そんなときは、業種によってある程度決まったKPIを参考にすると良いでしょう。

次に示したのは、業種ごとによく見られるKPIです。

ECサイト

ECサイトのコンバージョンは売上に直結するため、ECサイトの売上金額や増加率がKGIとなり、KPIは商品購買完了のCVRやセッション数の増加、カート破棄率の改善やフォーム離脱率の改善、さらにはメルマガ開封率などになります。

KGI

- **売上（利益）を増やす**

分解要素

- **流入量を増やす**
- **購入率を増やす**
- **購入単価を上げる**

KPI例

- **自然検索経由の流入を10％増やす**
- **商品閲覧率を訪問全体の40％から60％に増やす**
- **カート（決済プロセス）への遷移率を10％増やす**
- **決済開始から完了の遷移率を10％増やす**
- **メルマガ経由の購入を1.5倍にする**
- **購入1回あたりの平均点数を1.3から1.5に増やす**
- **年間の購入回数を2.5回から3.5回に増やす**
- **年間の購入金額を20,000円から32,000円に増やす**

リードジェネレーションサイト

「リードジェネレーション」とは、見込み客(リード)を増やすマーケティング施策のことです。最終的には成約数を上げることがKGIになりますが、サイト上でのKPIは見込み客獲得のための資料請求やダウンロード数などになります。例えば、不動産会社であれば、物件検索数や受注率、商談率はもちろん、実際にウェブサイトを見て電話をしてきた電話の本数もKPIとしてカウントすることになります。「ウェブサイトを見てのお問い合わせは何番へお掛けください」というように専用番号に誘導することで、ウェブサイトを見て電話を掛けてきたことがわかるようにします。

見込み客獲得が目的のサイトを扱う場合、いくらウェブ上でのコンバージョンを増やしても、その後の見込み客との接触で契約や受注につながらないと売上になりません。リードジェネレーションではとくに、実際にウェブサイトの施策が営業や接客に活かせたのかどうか、KPIとして一歩踏み込んで設定することが重要です。

KGI

- **成約数を1.3倍にする**

分解要素

- **流入企業数を増やす**
- **コンタクト数を増やす**
- **成約率を上げる**

KPI例

- **訪問ユニーク企業数を300社から450社に増やす**
- **サービスや商品閲覧社数の比率を50%から68%に増やす**
- **ホワイトペーパーのダウンロード数を月80件から120件に増やす**
- **新規のアタックリストを毎月30件から60件に増やす**
- **セミナーでの総参加人数を800人から1,100人に増やす**
- **コンタクト後の成約率を22%から40%に増やす**

メディアサイト

ポータルサイトのような、経済やスポーツ、芸能などニュースをまとめたウェブサイトや、最近では企業が所有している情報をユーザー目線に合わせてコンテンツ化して発信する取り組みが企業ニーズとして高まってきました。

メディアサイトでは、ユーザーからの認知度の向上といったメディアとしての価値が高まっているのかが重要になります。メディアとしてのKPIとしては、ウェブサイトの訪問数や、ユーザー数、ソーシャルメディアの「いいね!」の数、広告クリック率、滞在時間やPV数などがあります。

KGI

- **利用者を900万人に増やし、月間1,200万円の広告収入を得る**

分解要素

- **閲覧数を増やす**
- **認知度を上げる**
- **広告記事を閲覧してもらう**
- **広告バナーをクリックしてもらう**

KPI例

- **新規ユーザーの訪問者数を月間120万から220万に増やす**
- **3ヵ月以上連続閲覧ユーザーの割合を12%から20%に増やす**
- **サイト名(ブランド名)での検索回数や流入回数を1.5倍に増やす**
- **月あたりの訪問回数が5回以上の人を20%から30%に増やす**
- **1訪問あたりの滞在時間を1.5倍に増やす**
- **1訪問あたりの平均閲覧ページ数を2.3から3.2に増やす**
- **1人あたりの広告のインプレッションを12.0から14.5に増やす**
- **広告のクリック率を0.94%から1.25%に増やす**

サポートサイト

　例えば、コールセンターをもつサポートサイトの場合、どのような指標が良いでしょうか。

　ウェブでの滞在時間が短ければ、それだけ短時間でユーザーの課題が解決できたとは限りません。見つけたい情報がなく直帰している可能性も考えられます。逆に滞在時間が長ければ、ユーザーはサポートサイトで問題が解決できずに回遊している可能性があり、その結果、コールセンターに電話で問い合わせをするかもしれません。つまり、KPIは滞在時間やサポートサイトの「解決したボタンのクリック数」などになります。コールセンターの業務を軽減するためのサポートサイトであれば、ユーザーの問題がウェブで解決できていればコールセンターへの電話の問い合わせ本数（回数）が減ったり、1件あたりの応対時間が短縮されたりすることで、人件費（コスト）削減につながります。[※1]

KGI

- **顧客満足度の向上とサポートコストの削減**

分解要素

- **解決人数を増やす**
- **サポート率を減らす**
- **サポートのリードタイムを減らす**

KPI例

- **（問い合わせ数÷訪問数）を18%から9%に下げる**
- **「役に立った」の押下数を訪問5%から10%に増やす**
- **サポートまでの初動時間を2時間から1時間に減らす**
- **平均やりとり数を2.8から2.2まで減らす**
- **ユーザー満足度調査の「満足以上」を58%から75%まで改善する**

　このように、業種ごとにKPIには傾向があります。どういったKPIを立てて良いかがわからない場合は、まずこのようなKPIを参考に考えて運営を行うと良いでしょう。なお、KPIは途中で変更しても構いません。目標に近づいていないとわかったり、もっと良いKPIが見つかったりすれば、施策の途中でも変更して、より成果につながりやすいKPIを設定しましょう。

※1　必ずしも訪問数を増やす必要はない

KPIはSMARTに決める

良い結果を生むためには、良いKPIを定める必要があります。多くの改善ポイントが見つかった場合、全て実行できることが理想ですが、現実的には難しいでしょう。つまり、重要なものを選んで実行していく必要がある訳ですが、そういった場合に賢くKPIを定めるための方法として、SMARTという考え方を紹介します。

- **Specific（明確性）**
- **Measurable（計量性）**
- **Actionable（達成可能性）**
- **Realistic（結果指向または関連性）**
- **Time-bound（期限）**

業種別KPIを参考にして、SMARTを意識することでKPIが立てやすくなります。そのうえで、Googleアナリティクスを活用して必要な数値を計測します。決まらないから決めないのではなく、とりあえずでも決めて運用しながら調整していくのが、良いKPIに巡り合う近道です。

KPIはロジックツリーで共有する

ロジックツリー(ピラミッドツリー、KPIツリー)を活用することで問題の全体像を漏れなく把握できるうえ、数値を加えることで重要な課題や目標へのインパクトの大きさなどが一目でわかります。ロジックツリーが全体で共有できると、それぞれが各パートの解決に取り組んでいても、ほかの改善ポイントとどのように関係していて、最終的に目標に対してどのような影響を与えるかを認識できるため、意見のズレや認識の違いをなくすことができます。ロジックツリーについては、「4-3　レポートの構成を決める」で詳しく説明しています。

たとえば、あるECサイトでは、図3-4-1のようなロジックツリーが考えられます。

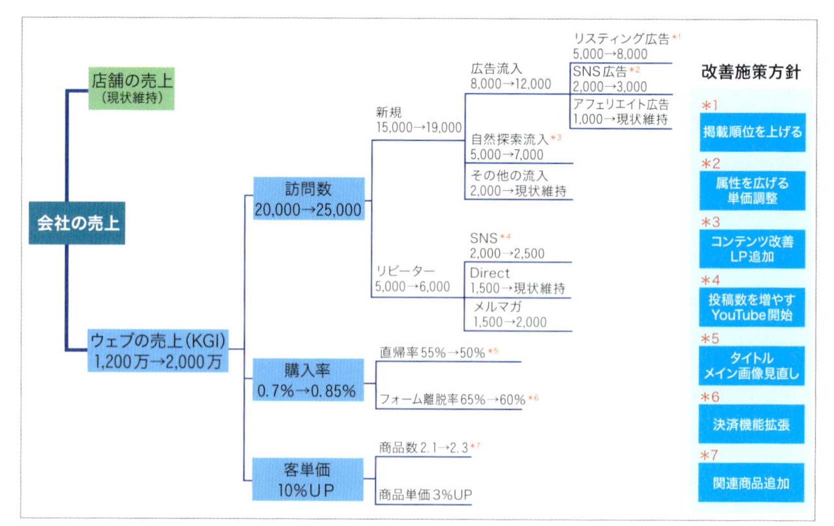

図3-4-1　あるECサイトのロジックツリー

「2-3　Google アナリティクスと接続して使う」で紹介したように、ウェブ解析レポートにおいても、解析したデータを並べるより前に、全体像がわかるレポートを先に入れておくことで、読み手にとっても理解しやすいレポートが作成できます。経営層は売上や全体の集客人数に関わる数値の範囲を確認できます。現場担当は個別の数値とその施策を中心に売上へのインパクトを把握できます。

解析を進めていくと一部の数値に目が行きがちになり、目標や全体像をついつい忘れがちになります。そうなると、より良いKPIや施策が出てきづらくなります。

改善を進めていくうえでは、ときに施策を考えながらKPIを設定し直すことも必要です。ウェブ解析は事業の成果につなげるための手段でしかありません。常にKPIを意識しながら全体像を把握しておくことが、ウェブ解析を進めていくうえでの重要な道しるべとなります。

Chapter 4

レポートを作る

「レポート」は、ビジネスの現場では日常的に作成されています。ウェブ解析においても、アクセスログの結果を元に、定期的な報告書の提出や会議で報告する場は珍しくありません。本書で取り上げているGoogleデータポータルを活用すれば、単に表現力が豊かになるだけではなく、ウェブでの行動履歴以外にも多面的なデータを簡単に取り扱うことができるようになります。

4-1

良いレポートとは

レポートに求められること

「レポート」は、ビジネスの現場では日常的に作成されているでしょう。ウェブ解析においても、アクセスログの結果を元に、定期的な報告書の提出や会議で報告することは珍しくありません。本書で取り上げているGoogleデータポータルを活用することで、単に表現力が豊かになるだけでなく、ウェブでの行動履歴以外にも多面的なデータを簡単に取り扱うことができるでしょう。

このようなツールを駆使することで、今まで作成・報告してきたレポートにも自由度・表現力が高まり、生産性が高まるのでは？　と期待する人がいるかもしれません。ただし、残念ながらそれが必ずしも「良いレポート」につながる訳ではありません。

そもそもですが、「良いレポート」とは何でしょう？

おそらくは「わかりやすさ」や「読みやすさ」が思い浮かぶのではないでしょうか？一見うなずいてしまいそうですが、それは良いレポートとなる可能性を高める手段にすぎません。レポートの良し悪しは、受け手のアクションにつながるかどうか、につきます。もう少し視点を広げると、レポートを通じて事業の成果に貢献することです。多少辛辣な表現を使うと、どんなに綺麗でわかりやすいレポートでも、報告または提出した相手が何もアクションを起こせなければ、それは残念ながら良いレポートとは呼べません。

ここがレポートを作成するうえで、一番重要なポイントになります。

この章では、「良いレポート」、つまり相手にいかに次のアクションを起こさせるのか、についておさえるべきポイントを解説します。

なお、レポートにも定期的に報告する日常タイプと、特定のテーマに対して解決を求める非日常タイプがあります。本章では主に後者を意識していますが、日常タイプであっても、そもそもこのレポートは何のために作成しているのだろうか？を見直すきっかけにつながれば幸いです。

レポート作成の手順

各論に入る前に、レポート作成における全体の流れについて触れておきます。以下の手順が一般的です。

1. **レポートを準備する**
2. **レポートの構成を決める**
3. **コンテンツ(内容)を作る**
4. **レポートを伝える**

以下、この順番で深掘していきますが、全体の内訳で言えばレポートは「作る」ことよりも「考える」ことのほうが重要です。しかし、残念ながら、レポートに関する作業を見ていると、大半がデータをあれこれと加工してチャートを作ったり装飾に費やしたりしているように感じます。

上記のとおり、レポートの価値はデータを加工することではなく、アクションを起こさせることにあります。幸いなことに、Googleデータポータルのような便利なツールが登場しているため、レポート作成を可能な限り自動化させて、できる限り、次のアクションを起こさせるためにどうすべきか考える作業に集中しましょう。

4-2

レポートを準備する

要件を明確にする

レポートを作成するために、いきなりデータを集めて解析をしようとすることは厳禁です。そもそも何のためにレポートを必要としているのか？　など、要件を明確にすることが第一歩です。

要件を明確にするためには、最低限下記の要素を把握しておく必要があります。

- **目的**（売上を上げたいのか、ウェブ問い合わせ数を増やしたいのか、定量値もセットで）
- **現行費用**（ウェブであればコンテンツ制作・システム費・人件費など）
- **予算**（特に外部から有償で依頼された場合）
- **提出先**（事務手続き上の窓口ではなく、判断・意思決定する人）
- **依頼者が感じている課題**（事前ヒアリングもできる限り実施）
- **対象範囲**（ウェブサイトであればドメイン名、リアルであれば対象店舗など）
- **取得可能なデータ**（Googleデータポータルでアクセス可能な状態であること）
- **提出期限**
- **提出頻度**
- **提示方法**（プレゼンテーション・報告書としての提示のみ、など）
- **その他**（窓口・インタビュー可能な方の事前合意・書式フォーマット、定期的なものであれば頻度、など）

上記の中で一番重要な項目は「目的」です。依頼者にとっての目的がなにかわからないままレポートを作成することは、お互いにとって不毛な時間になってしまいます。

社内であれ社外であれ、レポートを作成する以上は必ずその背景があるはずです。もし、目的が曖昧な場合であっても（実際よく見かけます）、そこは明確にするよう依頼してください。それ以外の要素についてはある程度仮説として設計・提示できますが、目的だけは原理的にビジネスの当事者が決めておくべきものです。

事業の理解を深める

例えば、レポート依頼された範囲がウェブサイトだけであっても、目指すゴールは次のアクションを起こさせて事業成果に貢献することにあります。できる限り事業全体を理解するよう努めましょう。

事業を理解するには、事業全体を掴んでいる当事者にインタビューをすることが効率的ですが、まずはその前に公開情報をもとに、自分なりに理解を深めておきましょう。

もし対象企業が上場していれば、公開情報だけでも最低限企業の実像を掴むことは十分可能です。非上場の企業であっても、会社の鏡に当たる財務諸表は比較的入手しやすいと思います。これらを下記の観点で見るだけでも、会社としてのおおよその規模感や立ち位置はざっくりとつかめます。

- **成長性（売上高の推移）**
- **収益性（営業利益率の推移）**
- **安全性（自己資本比率など）**

本格的な企業分析まで行う必要はないですが、少なくとも対象の企業が何を収益源（メーカとしての売上・流通としての卸・サービス収益など）としているのか？　今成長期・成熟期なのか？　今後どのような方針をうちだしているのか？　ということは掴んでおきましょう。

ただし、公開情報だけではリアルなビジネスとしての強みまで細かくはわかりにくいので、もう少し調査が必要となります。

事業の構造を理解するときによく使われるのが、ビジネスフレームワークと呼ばれるものです。ここで言うフレームワークとは「考え方の枠組み」のことです。これらを活用することで、考えるべき視点の漏れはある程度防ぐことができます。以下に代表的な例を挙げます。

PEST：政治・経済といったマクロな環境がどのような影響を与えるかを把握するときに使われる手法
SWOT：外部・内部の強み・弱みを整理したいときに使われる手法
5Forces：属する業界での構造や力関係を把握するときに使われる手法
3C：自社・競合他社・お客様という立場での位置づけを整理するときに使われる手法

まだこれらの手法を使ったことがない方は、普段興味をもっている企業を題材にぜひ練習してみてください。

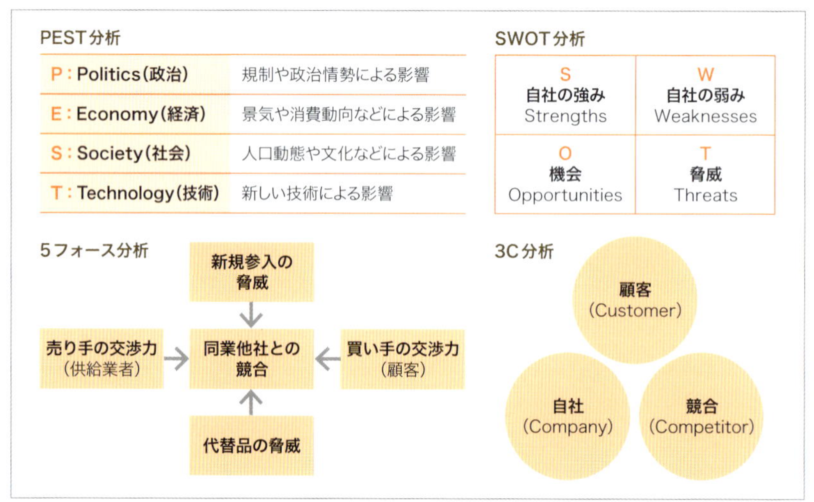

図4-2-1　ビジネスフレームワークその1

上記を活用して、対象企業の取り巻く環境が大体掴めたら、次はこの企業が商材として提供している製品またはサービスの強みを理解する作業に移ります。日本をはじめ、成熟したマーケットでは多くの領域で汎用化が進んでおり、商材の機能性（たとえば掃除機であれば吸引力が強い、など）だけでの差別化は一段と厳しくなってきています。

例えば、アイドルグループが売れる1つの要因として、歌唱力や個々のタレント性だけではなく、アイドルとファンの距離を縮めて、よりアイドルを身近な存在にすることでファンも自らが能動的に参加して応援できる仕組みを巧みに作り上げた点が挙げられるでしょう。

このような取り組みも含めて、総合的に商材の特性や強みを理解する必要があります。このような視点で活用できるビジネスフレームワークとしては、以下の2つが有名です。

- 4P
- 4C

4Pは「売り手（企業）視点」、4Cは「買い手（顧客）視点」で考えられたマーケティング戦略です。インターネットが普及して比較検討が容易になった背景もあり、自社のメリットや商品の価値を中心とした販売戦略だけでは顧客の心には響かなくなっています。

顧客視点の価値提供や利便性を重視することが現在では求められています。

こちらもぜひ自身が普段興味をもっている製品・サービスを例に試してみてください。

4P分析

Price	価格に関する価値は?
Product	商材の品質・機能性が与える価値は?
Place	どこで販売するのか?
Promotion	どのように販促するのか?

4C分析

Customer Value	ユーザーが得る価値
Cost to the Customer	ユーザーの負担コスト
Convenience	利便性
Communication	ユーザーとの接触機会

図4-2-2　ビジネスフレームワークその2

今まで挙げたビジネスフレームワークは、自身の思考を整理するのにも有用ですが、より実務的な観点では、レポート依頼者など関係者との対話を促進する道具としても使うことで、お互いの論点が定まり、建設的な議論につなげられます。

ただし、一点だけ注意を促しておきます。このようなビジネスフレームワークは非常に使い勝手が良い反面、それ自体を前提または目的として、自身の作業及び関係者と対話しないように気を付けましょう。仮にその方がこれらのフレームワークを知らない中、突然レポートの中で表現または知っているものとして話されたら、相手から見ると自分勝手・自己満足のレポートに映ってしまいます。

フレームワークはあくまで事業を理解し、議論を活性化するための一手段であり、必ずしもこれらを使わなければいけない、というものではありません。あくまでも、対話を行う受け手にとっても価値がある、ということを理解したうえで使うようにしましょう。

これで事業の骨格というマクロ(鳥の目)な視点で状況が見えてきましたが、次にミクロ(虫の目)な視点で調べていきましょう。個々のユーザーの全体像を知るうえで、現時点で有効な手法としては「カスタマージャーニーマップ」をおすすめします。これは、典型的な顧客像(よくペルソナと呼ばれます)が商品・サービスと触れ合う体験(全ての顧客接点)全体をビジュアルで表現した図のことです。

「ペルソナ」を作るうえでのポイントは、その人の性別や年齢といった基本情報や過去の購買履歴だけではなく、「新しいもの好き」「情に弱い」といったその人の価値観まで踏み込んで記述します。そうすることで、その人が本当にして欲しいことをよりリアルに思い描き、より効果的な施策につなげられます。

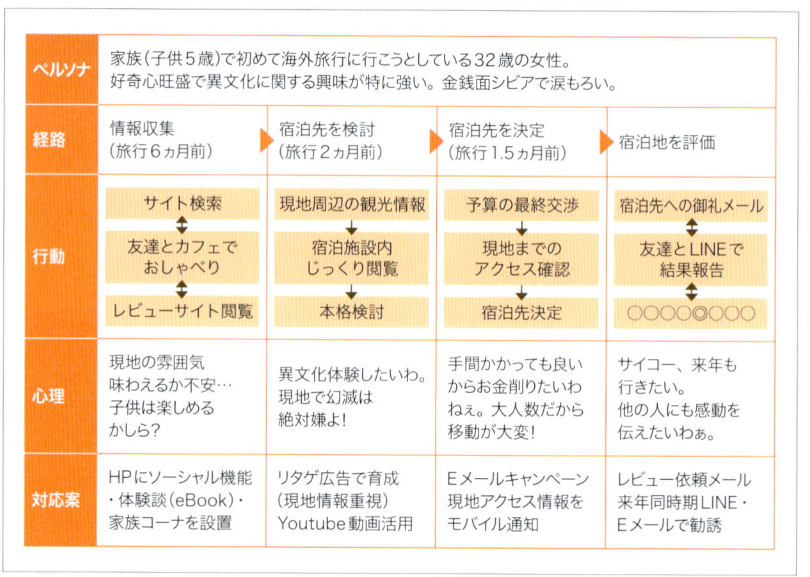

ペルソナ	家族（子供5歳）で初めて海外旅行に行こうとしている32歳の女性。 好奇心旺盛で異文化に関する興味が特に強い。金銭面シビアで涙もろい。			
経路	情報収集 （旅行6ヵ月前）	宿泊先を検討 （旅行2ヵ月前）	宿泊先を決定 （旅行1.5ヵ月前）	宿泊地を評価
行動	サイト検索 友達とカフェでおしゃべり レビューサイト閲覧	現地周辺の観光情報 宿泊施設内じっくり閲覧 本格検討	予算の最終交渉 現地までのアクセス確認 宿泊先決定	宿泊先への御礼メール 友達とLINEで結果報告 ○○○○◎○○○
心理	現地の雰囲気味わえるか不安…子供は楽しめるかしら？	異文化体験したいわ。現地で幻滅は絶対嫌よ！	手間かかっても良いからお金削りたいわねぇ。大人数だから移動が大変！	サイコー、来年も行きたい。他の人にも感動を伝えたいわぁ。
対応案	HPにソーシャル機能・体験談（eBook）・家族コーナを設置	リタゲ広告で育成（現地情報重視）Youtube動画活用	Eメールキャンペーン現地アクセス情報をモバイル通知	レビュー依頼メール来年同時期LINE・Eメールで勧誘

図4-2-3　カスタマージャーニーマップ（インバウンド向けシェアハウスのケース）

カスタマージャーニーマップの効用は、単に一人の顧客像をビジュアルで表現するだけではなく、部門をまたいだ組織全体での対話にも効果的です。

例えば、ある企業でECサイトと実店舗が並存し、それらが別々に販促・物流・販売・サポート活動を行っていたとします。もしあなたが顧客で、ECで見たものを気に入って実店舗に行き、（EC上では在庫があるのに）店員から在庫がないと聞かされると不満を感じるでしょう。

顧客から見ればどこで企業と接点を持つかは関係なく、あくまで事業は1つです。そのような顧客の振る舞いに対して、常に一貫した体験を提供することで価値を感じてもらえるのです。

ところが、組織の論理はまだまだチャネルに閉じるところがあります。業績評価の仕組みを変えることも必要ですが、組織横断で共通の顧客を理解して対策を練るために、カスタマージャーニーマップが効果を発揮します。

もし、すでに対象企業でカスタマージャーニーマップが作られていれば見せてもらっても良いですが、それがない場合は簡易的なもので良いので、自身と関係者との議論を通じて描くことも有効です（ただし、関係者との調整や実際の作業にも結構な労力がかかるので、予算・時期といった条件と照らし合わせて判断しましょう）。

事前インタビューをする

対象企業の調査を終えた段階で、自分なりに粗い粒度で仮説を立てておきましょう。「仮説」とはビジネスでも使われるようになりましたが、砕いた表現で言い換えると「解のあたりを付ける」ことです。この手順を踏んでおくと、後続の作業が非常に効率的になります。この進め方はレポート作成に限った話ではなく、問題解決手法全般に言えます。間違っても良いのでまずは仮説を描いておき、以降はそれに関する事実を集めながらその検証作業を行っていく、という進め方が生産的です。

とはいえ、この段階ではまだ公開情報だけで立案した仮説となるため、現時点で精度にこだわる必要はありません。むしろ、対象となる事業関係者への事前インタビューに臨むうえでの準備作業ととらえても良いでしょう。逆に、仮説がないまま安易にインタビューに臨んでも、目的や課題は？　といった抽象的な質問になってしまい、回答も抽象的になります。仮説も意識しながら、まずは聞きたいことを箇条書きにして用意しておきましょう。質問には、オープン型（回答は任意形式）とクローズ型（回答はYesかNo）の2つがありますが、できる限り両者を組み合わせて使うようにしましょう。例えば、一般的な課題についてオープン型の質問をし、もし仮説に近い回答であればクローズ型を織り交ぜて反応をうかがう、ということも1つの技法です。

ここで1つ、インタビューの例を挙げてみます。

店舗・ECそれぞれで化粧品を販売している企業のウェブ担当者向けで、「実店舗との連携をとることで顧客満足度を高めるべき」が仮説と設定しています（目的に絞るため、会話は過渡に簡略化しています）。

インタビュアー（以降、A）：「今担当されているサイトの目的について教えていただけますか？」（オープン型）

担当者（以降、B）：「はい。このサイトでは〇〇〇ブランドを中心とした化粧品を販売しており、売上向上が主な目的です」

A：「ありがとうございます。目的に対して何か課題を感じていることはあるでしょうか？」（オープン型）

B：「そうですね。サイト開設当初は売上も高かったのですが、それ以降は低下傾向です。色々とネット広告も打ったりしているのですけどねえ…」

A：「広告を打ってもサイト訪問者はなかなか増加しないのでしょうか？」（ク

ローズ型)

B：「いえ、PVはおおむね期待通りなのですがCVが上がらなくて困っています。コンテンツも練っているつもりなのですけどねぇ。。。」

A：「実は私もユーザーとして訪問させてもらったのですが、確かに初めて訪れる人にもわかりやすい印象を受けました。ところで、御社は実店舗でも同じブランドを販売されていますが、ECとの売上比率はどのくらいなのでしょうか？」(オープン型)

B：「そうですね、大体店舗とECで8：2ぐらいですね。元々店舗中心で14年ほどやってきて、2年前にやっとECサイトを開設したのでまだまだ店舗が中心です」

A：「では、サイトと実店舗両方に来訪しているユーザーはどれくらいいらっしゃるのでしょうか？」(オープン型)

B：「いや〜、それは正直わからないですね。そういえばネットで広告を打ったら、ECだけでなく店舗での売上も上がったと店舗担当者から聞いたなぁ」

A：「なるほど。もしかしたら、消費者の中では実店舗とECサイトを両方活用している方もいるのでしょうか？」(クローズ型)

B：「う〜ん、そうかもしれませんね。もしわかるならそういう調査もレポートに入れてくれると助かるなぁ」

A：「了解しました」

(以下略)

ここで気を付けてもらいたいのが、あくまでインタビューは相手からの情報を摂取する場となるため、自分の意見をぶつけることのないよう配慮してください(上記会話例もあくまで相手から引き出せるよう配慮しています)。

また、事前インタビューには、欲しい情報(要件の精緻化・期待値の確認・仮説の簡易検証)を得るという目的が大きいですが、人間関係を構築することも意識しましょう。とくに、自社でない場合や初めてお会いする方であれば、相手の立場を最大限尊重してインタビューを行うようにしましょう(事前事後の御礼は言わずもがな)。

以上で述べてきたレポートの準備作業は、あまり時間をかけて行われることが少ないかもしれません。

そもそも、レポートという活動自体を目的が不明瞭なまま取り組んでしまい、その本来の価値(事業成果への貢献)が正しく評価されていません。

もし、ここで挙げた準備が今まで十分にできていなかったらとしたら、改めて自社の事業をマクロおよびミクロ視点での戦略を再認識・再定義するところから実践してみてください。そうすることで、レポートの作成を担う方は、単なるデータ解析・チャートを作る作業者ではなく、自社の戦略について改善・改革を促す重要な役割として位置づけられるでしょう。

4-3

レポートの構成を決める

メッセージの明確化

レポートを作成する準備が整ったところで、ここからは中身に踏み込んでいきます。

まずは全体をどのような流れで記述するのか、について触れてみます。ただ、基本的でありながら意外と疎かになっているポイントを1つだけ先に触れておきます。

レポートの目的である「受け手に次のアクションを起こさせる」ためには、当たり前のことですが、伝えたいことを明確にする必要があります。これをよく「メッセージ」と呼びます。

1つ例を挙げてみます。

あるアクセス解析のレポートで、以下の表現があったとしましょう。

「平日は午前9時にPV数が10万まで上がり、12時台に同じくPVが9万まで再度上昇しています」

これは、メッセージではなく「データの説明」です。もしこれをメッセージにするなら、例えば以下のように書き換えられるでしょう。

「平日9時・12時のPV上昇から会社勤務者によるアクセスが考えられるため、勤務後も楽しんでもらえるコンテンツを提供することで回遊率・CV率の向上が期待できます」

いかがでしょうか？　このほうが、明確な問題設定と仮説を持ち、さらに解決策まで提示していることがわかるでしょう。

繰り返しますが、重要な点は「受け手に何を伝え、何をして欲しいのかを明確にすること」です。前者のパターンは、それを読んだ受け手に完全に解釈と意思決定を委ねています。

このように、一つひとつのシーンでメッセージを打ち出していく訳ですが、それらを単に羅列するだけでは言いたいことを並べただけに終わり、まだ不十分です。そのために、個別メッセージを作って並べる作業の前に「レポート全体としてのメッセージ」が明確になるよう、何をどういう順番で見せるのか、といった作戦が必要になります。全体と各部分要素としてのメッセージを意識して構成を組み立てることで、飛躍的にレポートの質は向上するでしょう。

そのために、有用な考え方が「論理展開」です。

論理展開の基礎

「論理」という言葉はビジネススキルを高める手段として、ある程度普及してきた感覚はあります。

例えば、「AならばBである」「BならばCである」「したがってAならばCである」という三段論法はどこかで聞いたことがあるでしょう。論理的であることは、原因と結果のつながりが明白であるため、たとえ異なった組織・個人が読むにせよ、共通の理解が得やすくなります。当然納得性も高まるため、レポート作成者が希望するアクションにも誘導しやすくなります。

しかし、現実問題として、論理的に書かれているレポートは残念ながら多くはありません。それではいつまでたっても、報告のためのレポートにとどまってしまいます。本来のレポートの目的に立ち還り、受け手に次のアクションを起こしてもらうために、「論理的であること」を常に意識して、レポート作成に取り組んでみてください。

さて、論理を展開するうえで「推論（推し量ること）」という作業を元に組み立てますが、これには大きく2つの方法があります。それは、「演繹法」と「帰納法」という型です。

「演繹法」は、一般的に正しいと思われる内容から個別の課題に当てはめて推論していくものです。一方で「帰納法」は、個別の出来事を並べてそこから共通項を見出して推論していきます。

次ページにそれぞれの例文を載せてみます。

演繹法の例「人間は空を飛べない。山田太郎さんは人間である。したがって山田太郎さんは空を飛べない」
帰納法の例「先週土曜日の午後にPVが上がり、今週も同様だった。したがって今後も土曜日午後はPVが上がるだろう」

この2つの推論方法を使いながら、論理展開を可視化する有効な手法として「ピラミッドツリー」があります。状況によっては「ロジック(論理)ツリー」と呼ばれることもあります。

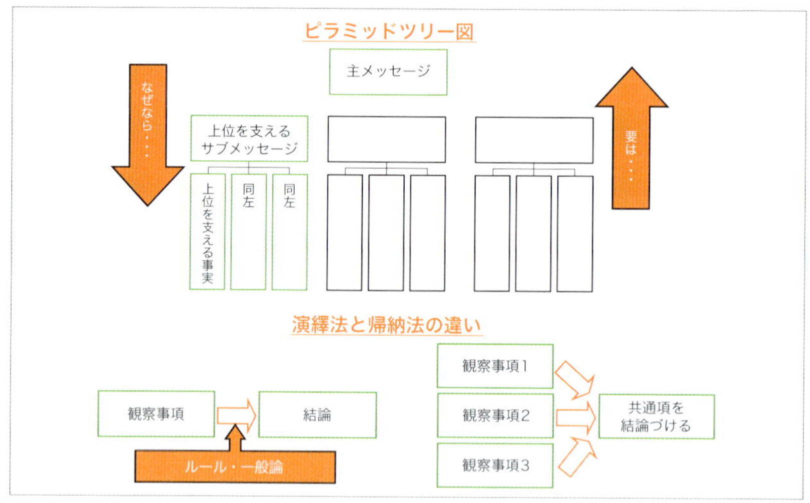

図4-3-1 ピラミッドツリー

簡単に説明すると、頂上に一番伝えたい主メッセージが入ります。その1つ下(子)にはそのメッセージを補強する情報が入り、さらにその下(子)にはそれらを補強する情報が入ります。そして、同じ親を持つ子同士は、それぞれ漏れなく重複のない(MECE(ミーシー:Mutually Exclusive and Collectively Exhaustive)とも呼ばれます)情報を埋めていきます。

こう書くと、一見簡単そうに見えるのですが、いざ書いてみると慣れるまでは時間がかかることに気づくでしょう。しかし、このツリーを完成させることで、一人よがりではなく、受け手の立場にたった論理的な構成が固まりますし、なにより自身の頭の整理になるため、ぜひレポートのコンテンツ作成に入る前に実践してみてください。

空っぽのピラミッドツリーを前にしてまず迷うのは、何から埋めて良いかということです。演繹的に書くと親から子、帰納的に書くと子から親という順番になります。どこから埋めるべきか、またはどちらの型のほうが優れているか、という優劣はありません。一般的には、帰納法で書くほうがやりやすいでしょう。どちらで進めるべきか迷うようであれば、まずは帰納法で埋めてみてください。

もし、どうしても難易度が高くてできない…、と感じるようであれば、まずは個別メッセージを全て書き出し、それらを組み合わせて全体のストーリーを作ることに集中してみてください。そしてその作業の過程で、各メッセージを共通項としてくくったり、話の繋がりがあれば線で結んだりしてみれば、ピラミッドツリーはできていきます。

あくまでピラミッドツリーも道具の一つであるため、道具にこだわりすぎないように、自分がやりやすい手法に工夫してみてください。

4-3

受け手の期待値への対応

さて、論理展開について触れましたが、ここでもう一つおさえておくべきことがあります。それは、受け手の期待値を踏まえることです。

砕いていうと、レポートを元に次のアクションを起こしてほしい人の立場や性格も加味しましょう、ということです。

例えば、その方が経営層であれば、おそらくは経営にどう影響をあたえるのか？という疑問に応える必要があるかもしれません。逆に、経営者にとって関心のなさそうなことをいくらメッセージとして論理的に伝えても、アクションにはつながらないでしょう。実際、アクセス解析のレポートを経営層に見せても、PV・UUの増減を伝えても、全く興味を持ってもらえない…、という悩みは非常によく聞きます（そもそもPV・UUといった用語を知らないことも往々にしてあります）。

愚痴をこぼすのは簡単ですが、それでは何も改善・改革されません。ぜひ当事者意識をもって、経営者にとって響く用語・伝え方ができるように努めてみてください。例えば、過去のデータからPVとCVの相関性を測り、ECサイトであれば金額に換算できるため、必ずPVに添えて経済的なインパクトも伝えることで、ぐっと関心をもって聞いてもらうことができるでしょう。ECでなくても、いくつかの仮定をおくことで、営利活動であれば必ず間接的に推測できるはずです。

いずれにせよ、このような受け手との期待値の乖離を生まないためには、前述した事前インタビューで、レポートへの期待値を明確にすることが重要です。

受け手の期待値がある程度明確になったら、その疑問にどのように応えるのか、というストーリーを描いてみましょう(作業としてはピラミッドツリーで述べたものと同等です)。よく行う手法として、まずは相手が知っているであろう情報と課題を並べることで安心感を与え、その解決方法とそれを補強するメッセージを伝えていきます。先ほど登場したピラミッドツリーも、期待値まで踏み込んだストーリーを意識して埋めていくと、より相手に響く構成を実現できます。

その逆の手法として、初めに過激、または相手が思い込んでいることと逆のメッセージを提示して関心を引く、というやり方もありますが、伝える能力にも依存するので慣れないうちは避けておいたほうが無難でしょう。

ストーリーの構成とその要素について、もう少し補足しておきます。

よく、レポートの構成は、「理由先行型」と「結論先行型」に大別されます。それぞれ一長一短がありますが、ビジネスにおけるレポートとして伝えるケースにおいては「結論先行型」のほうが一般的に好まれます。とくに多忙な経営層が相手であれば、細かい理由を聞くよりは、要点を知りたい方が多いでしょう。

レポートではよく、「エグゼクティブサマリー」というページを設けて、何を伝えたいのかを1枚にまとめることがあります。カタカナ用語を好まない方であれば、「要約」とか「お伝えしたいこと」という表現でも構いません(これに限らず、全体的に不用意な横文字や抽象的な用語を使うことは避けたほうが良いでしょう)。

念のため、結論先行型の短所を挙げておくと、もしその結論が受け手にとって響かなければ、その後の話をまともに理解してもらえない可能性があります。これは受け手の性格や話し手との関係性にも依存しますので、状況を見定めて(この人は理由を納得したうえで結論を知りたがる性格かどうか)、どちらの型が良いのかを判断してください。ここでも事前インタビューでの関係構築活動が影響します。

また、レポートの論理展開を明確にするだけでは、冒頭で定義した「良いレポート」にはまだ到達できません。次のアクションを働きかけるためにも、必ず「解決案の提示」と「今後の進め方」という要素を挿入しましょう(「今後の進め方」については、後で触れます)。

さて、その「解決案の提示」ですが、その施策内容だけではなく、できる限り実施後の定量的な投資対効果を記述しましょう。ここでの注意点は下記3つです。

- **解決案が課題に紐づいていること**
- **投資対効果の算出根拠となる仮定や計算方法はできる限り明記すること**
- **効果が出る期間についても記載すること**(短期か長期かも判断基準となります)

最後に、ピラミッドツリーをどのようにレポートの構成に置き換えるかについて悩む方がいるかもしれないので、簡単な対応イメージ図を作りました。論理展開をチェックするためにも、ピラミッドツリーを積極的に活用してみてください。

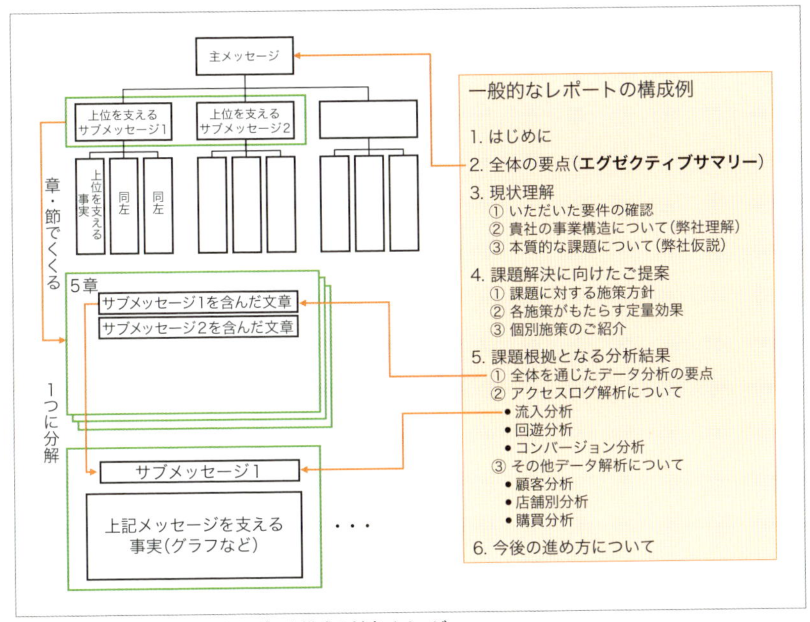

図4-3-2　**ピラミッドツリーとレポート構成の対応イメージ**

次は、構成要素となるコンテンツ(内容)について触れていきます。

4-4

コンテンツを作る

コンテンツの基本

全体構成にしたがって、一つひとつのコンテンツを作成していく段階で、ぜひ意識してほしいのは、シンプルでわかりやすい文章です。伝えたいことは長々と書くのではなく、無駄がなく明確な表現を心掛けましょう。メッセージやピラミッドツリーを作成する過程で、無駄な表現はそぎ落とされているはずです。具体的なイメージをもってもらうために、伝わりづらい表現とその修正例を挙げます。

例1. 因果関係がわかりにくい表現
「スマートフォンデバイスからのアクセスが増加し、コンバージョン数が2倍になった」
<修正案>「iPhoneの流入増加が原因で、コンバージョン数が2倍になった」

例2. 全体的に曖昧な表現
「回遊率が低いため、世の中で話題になっているコンテンツマーケティングを強化すべきである」
<修正案>「F1層の回遊率が低いため、離脱率の高いコンテンツを中心に改善すべきである」

例3. 抽象的な用語を多用した表現
「ビッグデータをオウンドに活用すべく、クロスメディアソリューションをデザインする」
<修正案>「社外の声を活用するため、ソーシャルメディアで書かれている自社の評判も参考にして、自社のサイト構成や導線を見直す」

レポートに限った話ではないですが、ぜひ普段から上記を意識して書くようにしてみてください。

次に、各ページでの配置・表現方法について触れていきます。以降は1ページを1スライドで表現することを前提としています。原則として、「1チャート1メッセージ」を徹底してください。もしスライドを作成してみて、伝えたいことが複数存在するようであれば、思い切ってページを分割することも検討しましょう。1ページでメッセージをわかりやすく伝える方法としては、例えば下図のように、1枚のスライドに対するフォーマットをあらかじめ用意しておくことです。

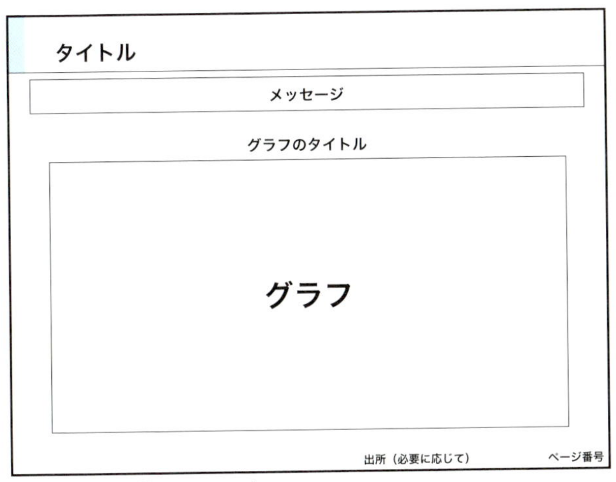

図4-4-1　スライドのフォーマット

次に、テーマや理由といった項目を並べる際に、その数は原則として3つに絞る癖をつけてみましょう。著者の経験則ですが、これが物事を記憶するうえで多すぎず少なすぎない数です。ちなみに、3つに絞ろうとすることで頭が整理され、論理構造がより明確になるという派生的な効果も期待できます。

これも、原理としてはピラミッドツリーを作る作業に似ています。各項目の因果関係を丹念に紐解いていけば、グループ化したり本質的な項目に絞り込めたりします。どうしても多くのことを伝えたい気持ちは理解できますが、重要なのはその内容に納得して次のアクションを起こしてもらうことです。あくまで相手の立場にたって、本当に必要な情報になるまでそぎ落としてください。

次は、論理的なコンテンツの代表格ともいえる、「データ分析」について紹介します。

データ分析の基本

レポートでは、「データ分析」、かみ砕いて言い換えると、定量的なデータを集めてどのように加工し、伝えたい内容に繋げるのかが鍵となります。たとえば、ある週次のPVデータを時系列で並べても、「それが何？」となってしまいます。それを、例えば時間帯別に並べ替えて夜間でのPVが明らかに多ければ、「夜間でのアクセスが多いので〜」というメッセージが作られます。

ところが、「データ分析」と聞くと、どうしても構えてしまう方が多いようです。学生時代に数学や統計が苦手だった人は、とくにそのような先入観にとらわれがちです。もちろん高度なデータ解析を行う場合にはある程度の素養は必要ですが、大半のビジネスシーンにおいてはそこまでは求められません。むしろ、データ分析の基本は意外にシンプルです。

それは「比較する」ことです。

「えっ、それだけ？」と思う方もいるかもしれませんが、これだけ丁寧に行うだけでも、最低限のデータ分析力は身につきます。逆に言えば、どんなに高度な解析手法を学び駆使したところで、この原則をおろそかにしてしまうと、自己満足の分析結果になってしまい、アクションに結びつきません。

ここで1つ、日常の話題を元にした簡単なデータ分析に関する問題をとりあげてみましょう。

「東京都(23区)と広島県(広島市)でどちらの地域がコーヒー好きでしょうか？」

さて、読者の皆様ならどのようなデータを集めるでしょうか？
まずはやはり、それぞれの都市におけるコーヒーの年間消費量を調べたいですね。
早速調べてみると、次のデータが得られました。

東京都(23区)⇒ 1.73億リットル
広島市 ⇒ 2530万リットル
※出所：2015年時点の総務省統計データより。端数割愛(以下同様)

では、このデータだけで、東京都区内のほうがコーヒー好き、と断定して良いでしょうか？　おそらく大半の方が否定すると思います。そう、対象となる人口規模が異なるため、これだけでは判断できません。
では次に、それぞれの人口で割ってみると次のような結果となりました。

東京都（23区）	18.9リットル
広島市	21.5リットル

つまり、人口1人当たりで比較すると、広島市のほうがコーヒー好きといえるでしょう（あくまで簡略化したケースです。本来はより厳密な分析が求められます）。

4-4

このように、完璧ではないにせよ、基準をそろえた比較データを提示することで、より説得力が増していきます。ここで重要なのは、「同じ物差しで比較する」ことです。上記の問題は単純なのでとくに戸惑う方はいないと思いますが、日々のビジネスでは、基準が曖昧なまま感覚的に多い・少ないと判断してしまうことがよくあるので、是非自身の判断基準を振り返ってみてください。
ウェブ解析でよく使われる指標についても、考え方は同様です。例えば、CVRが高い・低いという判断をするときに、果たして何と何を比較しているのかについて冷静に見極める癖をつけましょう。

「比較する」という基本を踏まえれば、あとは「どう比較するか」を考えていきます。これも、以下の限定的なパターンに分類できるので恐れることはありません。

- **別項目を比較する：**サイトAとサイトBのトップページのPVを比較
- **分解して比較する：**ランディングページへのアクセスを流入別に分けて比較
- **時系列で比較する：**先月と今月の同じページでのPV数を比較
- **関係性を比較する：**年齢層とコンバージョン率の相関関係を評価
- **バラツキを比較する：**各サイトの代表値（平均・中央値など）を比較

これらのパターン群はどのような順番で行っても良いですが、上手に付き合うコツとしては、初めから取り組もうとしないことです。「木を見て森を見ず」ということわざがありますが、データを細かく見ればみるほど、そもそも何のためにデータ分析作業を行っているのかがぼやけてしまうことがあります。
このような事態に陥らないよう、まずは大きな視点（鳥の目）で俯瞰的にデータを確認し、そこで問題や気づきを獲得し、小さな視点（虫の目）で深掘りをするようにしてください。

例）
鳥の目…全体的なPV数、UUの変化　など
虫の目…流入チャネル、デバイス毎の変化　など

レポートを伝える

発表版と提出版の違い

レポートにも、パワーポイントなどを使って発表（プレゼンテーション）が伴うものと文書としてのみ提示するパターンがあります。当然、意思決定者と直接会って伝える場を設けることを強く推奨します。

さて、発表用と文書用レポートの形式ですが、これらは明確に分けて作成してください。発表においては、与えられた時間から逆算してボリュームをそぎ落とし、各スライドの文字フォント（14pt以上を推奨）や図は大きく表示しましょう。とくに、聞き手が経営に近い立場の方ほど、時間に追われ細かい情報を好まない傾向にあるため、受け手に応じたスライドを心がけてください。

一方で、文書用レポートについては、とにかく手離れしても理解してもらえることを念頭においてください。そのためには、できる限りピラミッドツリーなどを使って論理展開に問題がないか見直しをし、作業に関わっていない第三者の方にも見てもらうようにしましょう。

発表・提出用を問わない一般的なチェック項目を下記に挙げてみましたので、是非ご活用ください。

- **要件時に取り決めた文書フォーマットになっている**
- **レポートの表紙タイトルが明確である**
- **タイトルに日付・提示者情報が記載されている**
- **目次がついている**
- **ページ番号が記載されている**
- **各要素（タイトル・メッセージなど）は全ページで同じフォント・大きさである**
- **文体を統一している**（「です・である」など）
- **著作権や免責事項が必要に応じて記載されている**
- **外部データ利用時には出所が明記されている**

発表における心構え

発表はたいていの場合、一発勝負です。準備こそが全てといっても過言ではありません。

まずは、事務的な話ですが、下記を明確にしておきましょう。

- **聴衆者の確認**（もし知らない人がいれば役職・参加背景の確認）
- **配布有無**（配布すると書き込めるので有用である一方、発表者を見なくなるリスクがあります。こちらは事前のヒアリングで希望を聞いておきましょう）
- **発表時間**（質疑応答の時間も考慮して余裕をとっておきましょう）
- **資料を投影する画面の大きさ**（聴衆者との距離も配慮。事前に下見しておくのが理想）

さて、事務的な段取りが決まったら、あとは模擬練習（シミュレーション）を繰り返して完成度を高めることに集中しましょう。一人だとどうしても客観的に問題を発見しにくいので、ほかの人に仮想聴衆として聞いてもらうのが理想です。その際は、参加してもらう方にできる限り状況を伝えておき、その人になりきってもらうようお願いしてください（経営者であれば経営者としてその人の性格など、臨場感を出すため伝えられる情報は全て伝えておきましょう）。

どうしても、他者の力が借りられない場合は、自分の発表を動画で録画しておき、あとでそれを批判的にチェックして改善するよう努めてみましょう。昔であればビデオカメラが必要でしたが、今はスマートデバイスがあるので取り組みやすいでしょう。

本書は発表における細かい技法についてまでは触れません。ただし、私自身の経験則ですが、初めは拙くても大体10回繰り返すと、話す内容を体で覚えるようになり、不思議と自信がついてきます。何回繰り返すかは各自の判断に任せますが、あのスティーブ・ジョブズでさえ、重要な発表の前は、文字通り一挙手一投足やライトのあて方など細部にまでこだわって模擬練習を何度も繰り返したのは有名な話です。

なかには元々プレゼンテーションがうまい人がいるかもしれませんが、基本的には準備をしてしっかりと練習を行うことが発表の王道です。プレゼンテーションのノウハウ本も世の中には出回っており、どれも説得力がありますが、過渡に振り回されないほうが良いでしょう。

聞き手も個性を備えた一人の人間です。一般化するのではなく、あくまでその人の立場にたって今話している内容が響くのかどうか？　そこに拘って改善を繰り返せば、成功する確率は高まっていきます。

発表は直接伝えたいこと、お願いしたいことを対話できる非常に貴重な場です。ぜひその機会を逃さずに、最大限の効果を得られるよう「準備」を怠らないようにしてください。

締め(クロージング)について

レポートの発表に限らず、その場では盛り上がったけど次に何も繋がらない、という打ち合わせをよく見かけます。これは、最後の締め(クロージング)が弱いことに起因します。発表・文書に関わらず、レポートの締めとして、次に何をしてほしいのかまで明示しておきましょう。

当然ですが、その内容はレポートで伝えたいメッセージと繋がっている必要があります。例えば、もし「ソーシャルメディアからの流入量を増加するため〜といった施策を講じるべき」であれば、次の依頼をしましょう。

- **ソーシャルメディア担当者(もしくは担当候補者)との現状ヒアリング**

ここで、今後の進め方を依頼する際の注意点を３つ挙げておきます。

- **依頼事項を具体的に記載すること**
- **時間軸を明記すること**
- **責任者を明確にすること**

ただし、もし先方との関係性があまり構築できていない状況であれば、文字にするのを控えて口頭で依頼する、というやり方もあります。

経験則ですが、たとえ次にやるべきこと・お願いしたいことを期限付きで一方的に設定したとしても、その計画が具体的で筋が通っていれば(例えば先方から要件ヒアリング時に聞いた目標に到達することから逆算して計画を練っている、など)、相手からは喜ばれる可能性が高いでしょう。逆に、不用意にこちらの思いだけ設定してその理由を説明できないのであれば、心象を悪くするリスクがあります。

今まで述べてきたことは、論理的であることを中心に置いています。しかし、残念ながら現実のビジネスではそれだけでは通用しない事が往々にしてあります。そして、その原因の大半は「人の感情」に関わることです。たとえば、読者の皆様の会社にいきなり外部からコンサル会社から人が入ってきて、自身の業務について問題点を指摘されたとします。指摘後に、「今後こう改善すべきだ！」と自身の業務のやり方を含めて改善計画を提示されたとしましょう。仮にその内容が極めて論理的で反論の余地がないものとして、さて、すんなりと次の日から盲目的にそれに従って改善に向けて行動できるでしょうか？

そうはいっても…、と戸惑う方が実際には多いでしょう。

たとえ論理的で筋が通っていようと、相手に行動させるには感情的な壁を取り除く仕掛けが必要なのです。その壁を取り除く1つのコツは単純で、「相手に能動的に参加させること」です。

その意味でも、レポートの提示方法として、できる限り実際に意思決定者の目の前で発表する形をとるほうが効果的です。その中で、できる限り今後の進め方については議論形式にとどめて、今後の改善計画についてはお客様から発言できるよう努めましょう。

この章では、レポートを作る一連の活動について触れてきました。もしかしたら、思っていた以上にやることがあって大変だなぁ、と思われた方もいるかもしれませんが、目的はただ1つ「相手を動かして成果に貢献する」ことだけです。この章で触れた多くのことがそのための道具といっても過言ではありません。

どうか道具に振り回されて本質を見失わないようにしてください。常に相手の立場にたってこのレポートは意味があるのか？　と自問しながら作業することで、最大限の効果が得られると信じてやみません。

Chapter 5

ビジュアライズの重要性

レポートでは、「わかりやすく」することを説明してきましたが、そのためには的確に視覚化（ビジュアライズ）することが大切です。デザイナーが腕を振るったような完成度の高いものにすることではありません。ちょっとしたコツをつかめば、とてもわかりやすいレポートになります。本章では、そういったポイントを説明していきます。

5-1

言いたいことが決まれば、選ぶべきグラフも決まってくる

さまざまなグラフ

数値を抽出し可視化する場合「○○を明確にしたい」「このメッセージを伝えたい」という目的があるはずです。そのとき、目的によって的確なグラフを選択しないと、本当に伝えたい意図がうまく伝わらない可能性があります。そこで、まずはさまざまなグラフの「得意、不得意」を知り、伝えたい情報を的確に伝えられるようにしておきましょう。それではそれぞれのグラフの特徴、用途などを確認しておきます。

折れ線グラフ

折れ線グラフは、横軸に年や月といった時間、縦軸にデータ量をとり、それぞれの点と点を線でつなげたグラフです。時系列でデータの増減がどのように変化しているかを見ることに適しています。線が右上がりならそのデータが増加（上昇）、右下がりならデータが減少（下降）しており、傾きが急な場合は変化が大きく、傾きが穏やかな場合は変化が小さいことを表します。

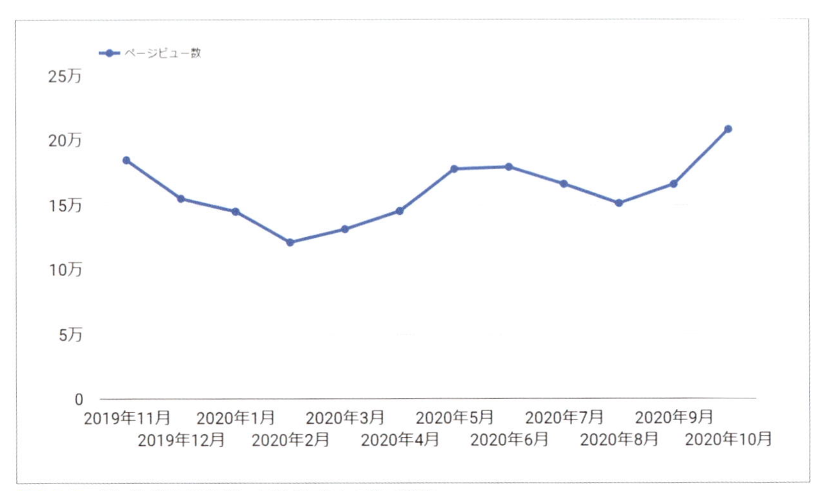

図5-1-1　折れ線グラフ活用例：月別のアクセス数の推移

棒グラフ

棒グラフは、複数の項目のデータ量を棒の長さで表したグラフです。データの大小を比較することに適しています。データの多い順に並べてランキング方式に表示したり、折れ線グラフのように時系列で並べてデータ量の増減を把握したりすることに適しています。

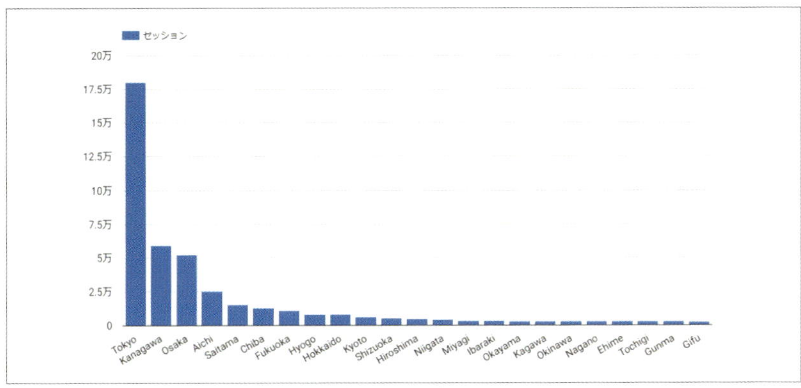

図5-1-2　**棒グラフ活用例：地域別のアクセス数ランキング**

円グラフ

円グラフは、円全体を100％として、各項目の占める割合を扇形で表したグラフです。扇形の面積により大小がわかるため、構成比を示したいときに向いています。基本的には時計の12時の位置から時計回りに各項目の割合が大きい順に扇形を書いていきます。扇形の面積が広いほど全体での割合も大きくなります。

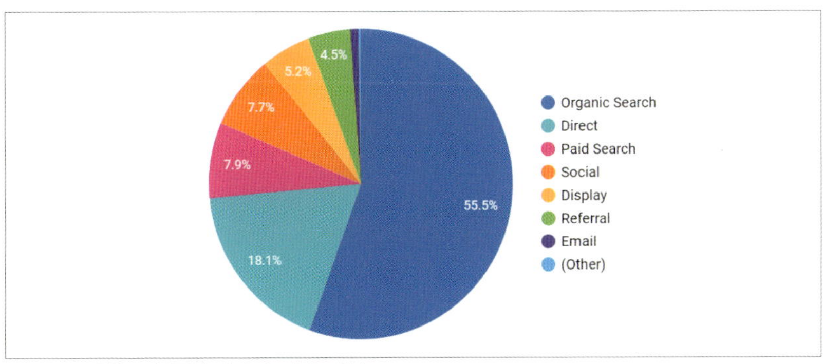

図5-1-3　**円グラフ活用例：集客チャネルの割合**

5-1

帯グラフ

帯グラフは、複数のデータの構成比を比較することに適したグラフです。同じ長さの棒を並べ、その中に各項目の割合を表示します。図のように時系列で並べると、同じ項目の割合が増えているのか減っているのか、推移を見ることができます。一般的に、比率の大きい順に並べるとわかりやすいです。

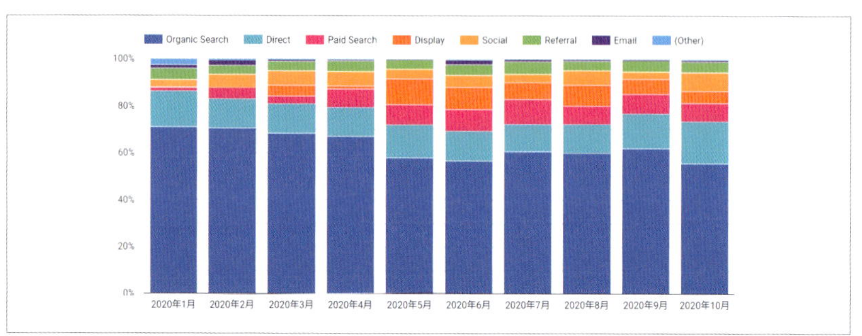

図5-1-4　**帯グラフ活用例：月別の集客チャネル推移**

散布図

散布図は、縦軸と横軸にそれぞれ別の量をとり、データがあてはまるところにプロットするグラフです。2つの量に関係があるかどうかをみることに適しています。プロットされた点が右上がりの直線のように並んでいる場合、一方の変量が増えればもう一方の変量も増える傾向がある場合は2つのデータに「正の相関」があります。逆に右下がりの直線のように並んでいる場合、一方の変量が減ればもう一方の変量も減る傾向があるときは2つのデータには「負の相関」があるいいます。なお、プロットされた点が直線上に並んでいない場合は相関がないと言います。

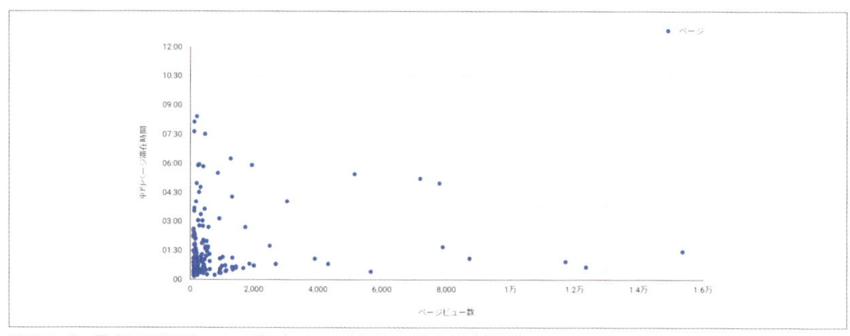

図5-1-5　**散布図活用例：ページごとのページビュー数と滞在時間**

複合グラフ

複合グラフとは、棒グラフと折れ線グラフのような異なるグラフを重ねたグラフのことです。複数の指標を同時に視覚化することで、データ同士の相関関係を確認できます。例えば、月のUU数を棒グラフ、新規セッション率を折れ線グラフで表示した場合、左側の軸をUU数、右側の軸を新規セッション率の目盛にし、グラフ内に見やすくおさめられます。このように単位が違う指標を左右の軸に振り分けて表示させたものを２軸グラフと言います。

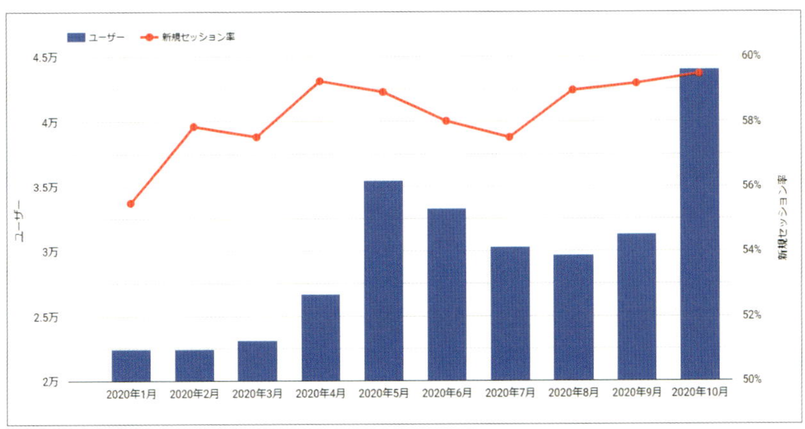

図5-1-6　**複合グラフ活用例：月別のユーザー数と新規セッション率の推移**

5-2

「一瞬で伝わる」ことがビジュアライズ

レポートの役目は気づきを与えること

アクセスログデータ、広告効果測定データ、POSデータ、顧客データ、売上データなど、マーケティング活動を行ううえで扱う数値は徐々に膨大になっています。これらの数値を分析するツールも数多くリリースされており、高度なデータを分析する機会は、従来よりも手軽に、簡単にできるようになっています。ただし、どんな高度な分析を行っても、伝えたいことが相手（上司やクライアント）に伝わらなければ意味がありません。たくさんの時間をかけて膨大な資料を作っても、一目で意図が伝わらなければ、資料を読む相手に負担を強いるだけではなく、間違った意思決定をさせてしまう可能性もあります。「ビジュアライズ」することは「データをグラフや図形などで視覚的に表現する」ことで、これまで気づくことができなかったデータ同士の関連性や傾向などを発見しやすくし、「重要な部分をすぐ理解できるようにする」ことです。

伝えたい情報を目立たせる工夫

まずは伝えたいことに必要のないデータを削り、必要な情報だけに絞ります。「4-4 コンテンツを作る」でも説明しているように、レポートを作成する場合、1つのスライドで伝えるメッセージは1つだけにします。1つのスライドの中に伝えたいことが複数入っていると、本当に伝えたいメッセージが相手に伝わりません。伝えるべきことをなるべく短文でまとめ、根拠となる数値は色の変更や図形を使って目立たせます。時にはデフォオルトの設定を使わず、スタイルを変更し見やすくするなどの工夫が必要です。

ここでは、そういった工夫の例を紹介していきます。

色を変える

ある一定の数値を超え、注意を促したい場合など、該当箇所の色を変えて強調させます。

デフォルト チャネル グループ	セッション ▾	平均セッション時間	直帰率
Organic Search	40,230	00:02:14	69.02%
Direct	11,276	00:02:55	54.4%
Paid Search	5,071	00:02:48	46.75%
Referral	2,665	00:03:20	51.6%
Social	2,552	00:00:58	81.25%
Display	1,182	00:01:33	63.29%
Email	1,105	00:03:22	39.03%
(Other)	106	00:03:44	31.42%

図5-2-1　数値の色を変更した例

必要な情報のみを表記する

グラフ内に重要な数値のみを表記して、目立たせます。

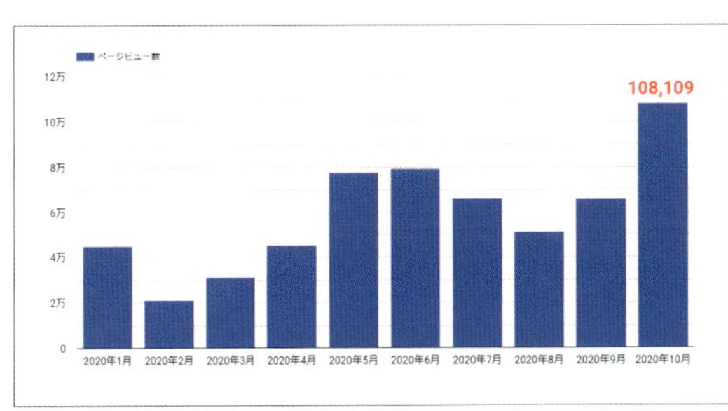

図5-2-2　グラフに数値を併記した例

丸や四角で囲む

折れ線グラフで、目立たせたい項目に赤丸を付けるなどして目立たせます。

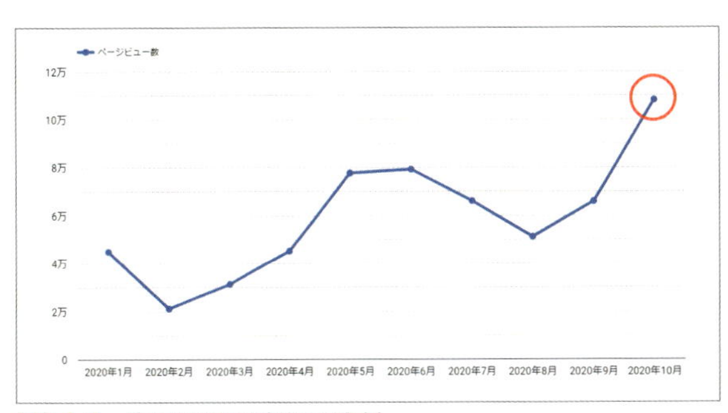

図5-2-3　グラフの項目に丸をつけた例

変化をトレンドラインで強調する

推移を表すグラフ内にトレンドラインを表示し、データの全体的な傾向を示します。

図5-2-4　**グラフにトレンドラインを併記した例**

補助線を引く

月の平均PV数に補助線を引き、平均よりPV数が多い月を目立たせます。

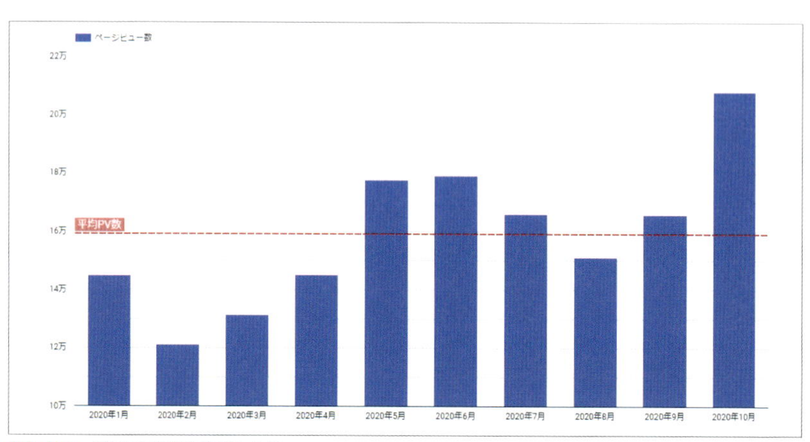

図5-2-5　**グラフに補助線を引いた例**

5-3 Googleデータポータルでグラフや表の見せ方を変更してみよう

スタイルを適用する

Googleデータポータルでは、各種データの表示要素を「スタイル」から変更できます。例えば、系列ごとにグラフの種類を変えたり、ラベルを表示したり、フォントを変更したり、色を変えるなど、さまざまな編集を行えます。

円グラフの場合、凡例ごとに色分けしたり、単一色にしたり、枠線や背景色をつけたり、スライスの値を変更したりできます。

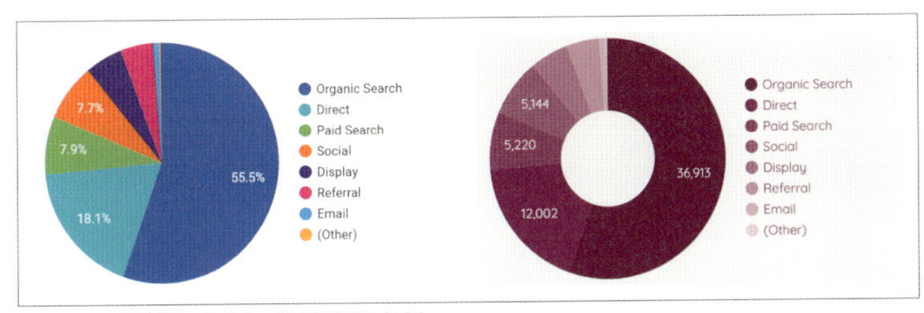

図5-3-1　円グラフにスタイルを適用した例

表の場合は、表の色や列の値を数値や棒グラフにできます。

	デフォルト チャネル グループ	セッション ▾
1.	Organic Search	37,432
2.	Direct	10,307
3.	Paid Search	4,806
4.	Referral	2,471
5.	Social	2,414
6.	Display	1,115

	デフォルト チャネル グループ	セッション ▾
1.	Organic Search	62.75%
2.	Direct	17.28%
3.	Paid Search	8.06%
4.	Referral	4.14%
5.	Social	4.05%
6.	Display	1.87%

図5-3-2　表にスタイルを適用した例

スコアカードの場合は、フォントやサイズ、色を変更、期間を比較できます。

図5-3-3
スコアカードにスタイルを適用した例

グラフや図形をレイアウトしてみよう

では、Googleデータポータルを使ってレイアウトしてみましょう。

データソースを選択すると、レポートの編集画面に移動します。キャンバスの右側にはテーマとレイアウトを設定するパネルが表示されており、ここからレポート全体のテーマカラーやキャンバスの設定などを変更できます。

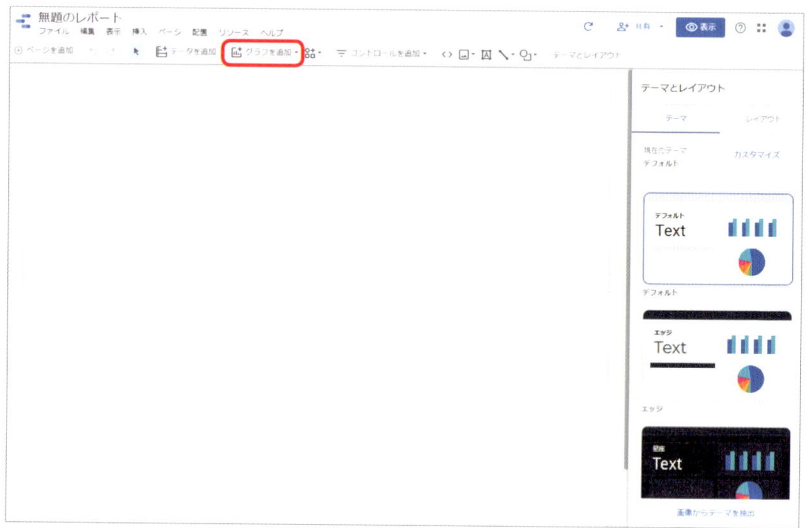

図5-3-4　Googleデータポータルのグラフツール

STEP.1

Googleデータポータルにはデフォルトで何種類かのテーマが用意されています。今回はオリジナルのテーマを作成する方法を紹介します。

❶ウェブサイトのイメージカラーに近い画像（ウェブサイトのキャプチャ、カラーパレット、ロゴなど）を用意する
❷画面右下「画像からテーマを抽出」をクリックし、❶で用意した画像を選択
❸おすすめのテーマから最適なものを選び、適用

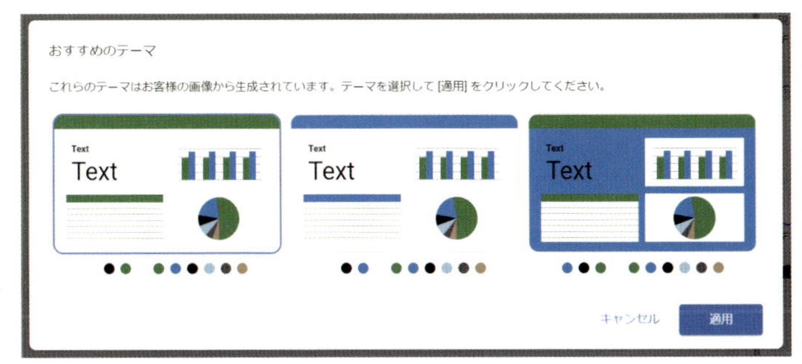

図5-3-5　おすすめのテーマから最適のものを適用

コンポーネントの設定や図を配置する方法は、「2-3 Googleアナリティクスと接続して使う1 Googleデータポータルの基本的な使い方」などを参照してください。

STEP.2

次にレポート各ページの共通部分の要素をレイアウトします。ロゴや長方形を使ってヘッダーを作成してみましょう。

❶ツールバーの「画像」からロゴを取り込み、上部左側に配置
❷ツールバー「図形」から長方形を選び、レポート上部に帯として配置。ロゴより奥に移動させる
❸ツールバー「コントロールを追加」から期間設定フィルタを選択し、上部右側に配置。背景の角丸を調整する

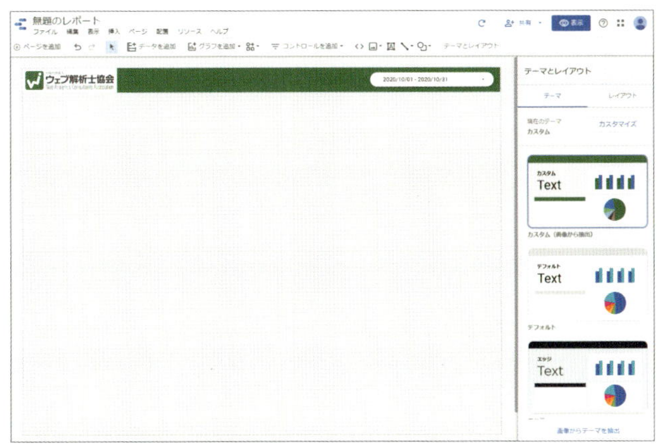

図5-3-6　レポートの共通部分を作成

5-3

STEP.3

グラフを追加して、スタイルを変更します。説明が必要なものには適宜テキストを追加しましょう。

❶スコアカードを追加し、データの比較期間が表示されるように設定を変更
❷スコアカードのスタイルから、フォントサイズ、比較ラベルの位置、枠線の角丸半径を変更し、「枠線に影を付ける」にチェックを入れる
❸同様に、複合グラフ、積上げ縦棒グラフ、円グラフ、表を追加し、スタイルを変更。レイアウトを調整して完成
※スタイルのみを別のグラフに適用することができます。グラフをコピーした後、適用させたいグラフを右クリックし、「特殊貼り付け」＞「スタイルのみ貼り付け」でコピーできます。

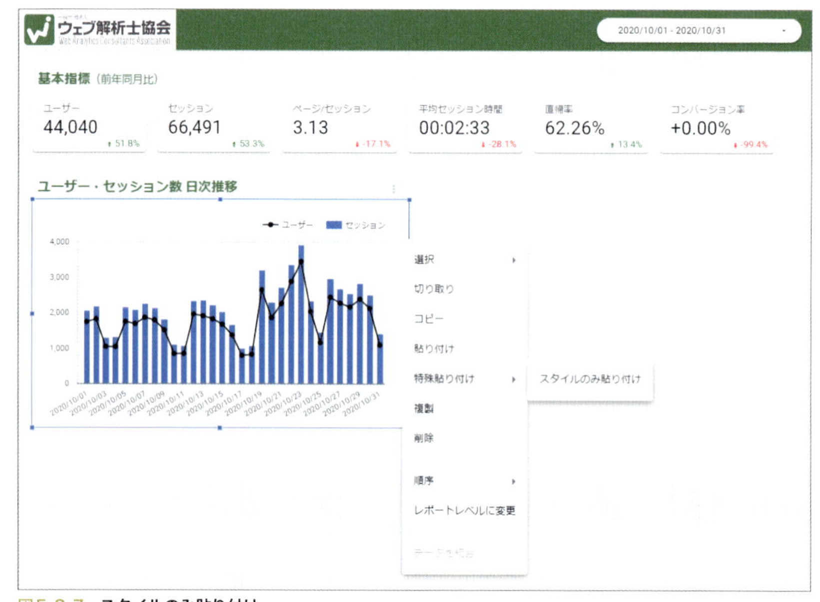

図5-3-7　**スタイルのみ貼り付け**

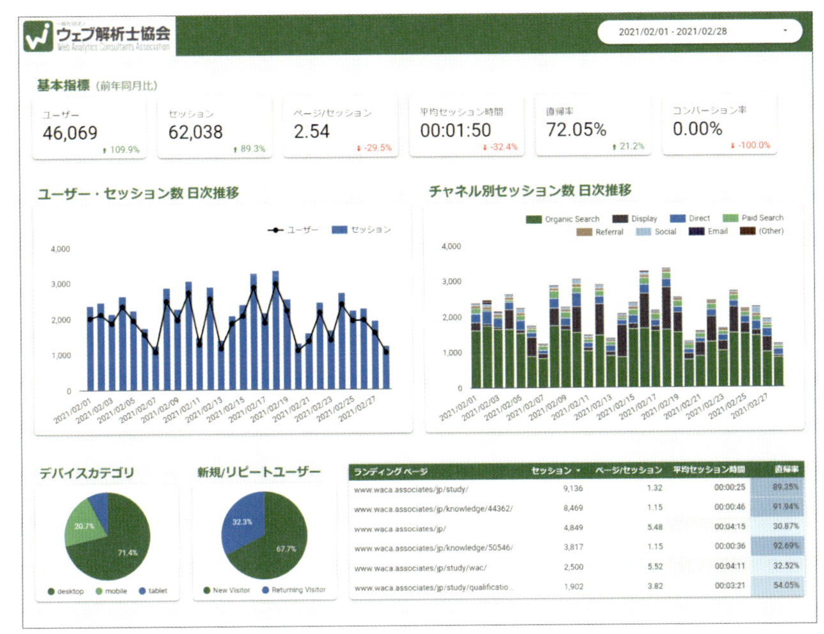

図5-3-8　完成したレポート

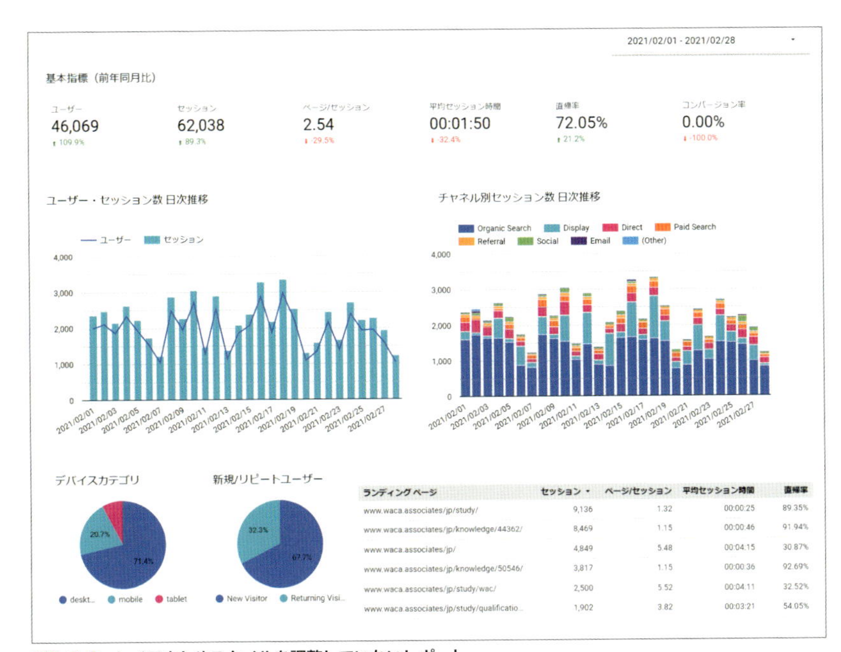

図5-3-9　レイアウトやスタイルを調整していないレポート

完成したレポートと、レイアウトやスタイルを調整していないレポートを比較してみてください。

少し変更を加えただけですが、見やすくわかりやすいレポートになっていることが見て取れます。同じアカウントであれば、データソースを変更することで、このレポートをテンプレートとして再利用もできます。

なお、データを目立たせたい場合、レポート画面上で長方形や丸を使って項目を囲むといったことで対応が可能です。ただし、Googleデータポータルの特性上、期間を変更すれば数値も変わり、何を目立たせたかったのかわからなくなります。本当に必要かどうかなどを十分に検討してください。

見やすさを作るコツ

レポートにおいてデザイン性は必須ではなく、時間をかけすぎても良くありません。ですが、少しの気配りで見やすさが増すことも確かです。レイアウトやデザインをもっと良くしたい方は、次に挙げる基本的なコツの中で、できそうなものからトライしてみてください。

要素を揃える

例えば、スコアカードを複数並べるとき、上下の配置を揃えたり、幅や間隔を統一させることで見やすくなります。指標名が一番長くなるものに横幅を合わせると、整頓されたイメージになります。

余白を持たせる

「見やすさ」において、余白はとても大事です。要素の周囲には適度な余白を設けましょう。グラフやテキスト同士が近いと、どこに係る情報なのかがわかりにくくなり、読み手の負担になります。そして、余白を揃えることも重要です。

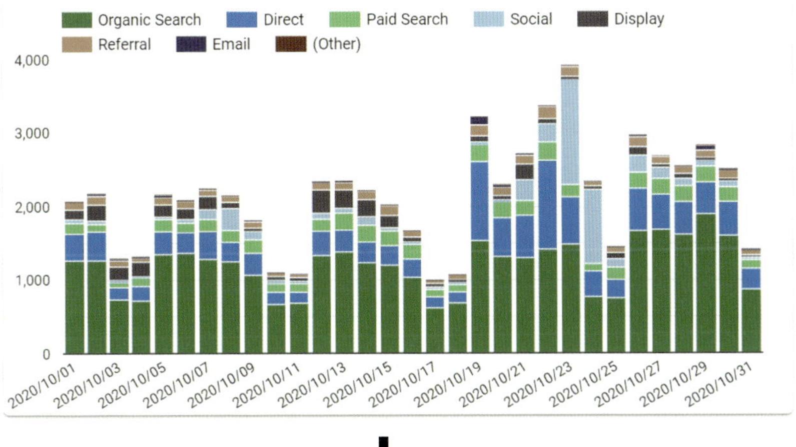

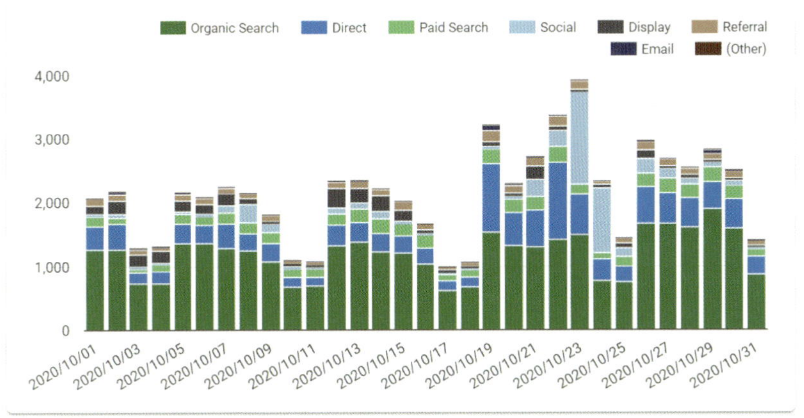

図5-3-10　グラフの余白や凡例の配置を調整した例

5-3

メリハリをつける

文字の大小、色味のコントラストを駆使して情報の強弱や関連性を作ると、さらにわかりやすく、かつ洗練された印象になります。例えば、次のような配色の基礎を意識して色味に役割をもたせると、情報の優劣を直感的に認識しやすくなります。

- **ロゴに使われているような色を「メインカラー」とし、主役の色として用いる**
- **背景などの広い部分や補助的に使う色を「ベースカラー」とし、無彩色やメインカラーの濃淡で配色する**
- **強調したい部分の色を「アクセントカラー」とし、メインカラーよりも目を引く強い色を使用する**
- **メインカラー、ベースカラー、アクセントカラーを、25：70：5 という比率で配色する**

Chapter 6

高度な活用方法

ここまではウェブ解析の基本的な考え方とGoogleデータポータルの導入設計について記述しました。
時には1つのデータソースのみでは分析の深掘りに限界が生じることもあります。
例えばGoogleアナリティクスのデータとローカルなデータを組み合わせることで、新たな気づきに繋がります。
また、独自の計算フィールドを作成することでデフォルトでは出せなかったオリジナルの計算指標やディメンションを作ることも可能です。
日々機能も追加されていますが、Googleデータポータルはそのままでは決して完璧なツールではありません。Chapter6ではさらに多角的に分析改善を進めるにあたっての応用的な活用方法について説明します。

6-1

データの統合

データの統合とは

「データの統合」は、複数のデータソースから1つの表やグラフを作成することができる機能です。2018年に追加された機能ですが、それまで表やグラフは1つのデータソースからしか作成できませんでした。別々のデータソースを同じ表やグラフで使用するためには、それぞれのデータをスプレッドシートなどでまとめてからデータソースとして追加し直すなど、ひと手間加える必要がありました。

データポータル上でデータを統合できるようになり、データのビジュアライズや分析において、一層効率化が図れるようになりました。複数のデータを1つにまとめて視覚化できるので、より情報が集約されたレポートを作成できます。

データの統合の仕組み

複数データを統合するためには、それぞれのデータソースに共通する部分(ディメンション)が必要になります。データポータルではこの共通部分を「結合キー」と呼びます。たとえば、下図のようにキャンペーンのクリックデータとCVデータが別々のデータソースとして存在する場合、「キャンペーンID」を共通のキーとしてデータ同士を統合できます。

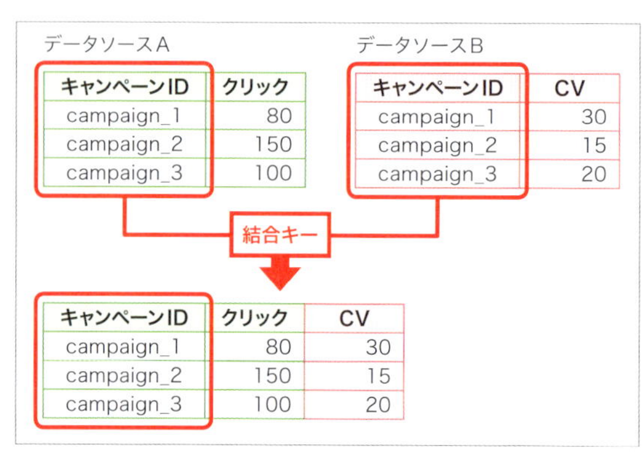

キャンペーンID	クリック
campaign_1	80
campaign_2	150
campaign_3	100

キャンペーンID	CV
campaign_1	30
campaign_2	15
campaign_3	20

キャンペーンID	クリック	CV
campaign_1	80	30
campaign_2	150	15
campaign_3	100	20

図6-1-1
2つのデータの統合イメージ

基本のデータ統合方法

実際にデータポータルの画面でデータを統合していきましょう。あらかじめ統合したいデータをデータポータルのデータソースとして使用できるようにしておきます。

❶画面上部の「リソース」から「混合データを管理」を選択し、「データビューを追加」を選択します。

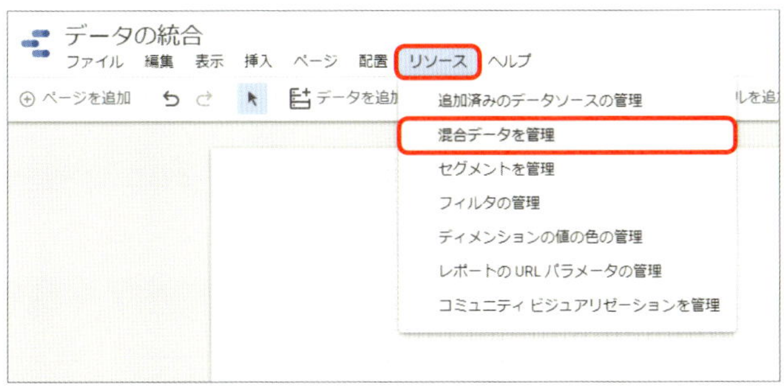

図6-1-2 「リソース」から「混合データを管理」を選択

❷データソースを追加する画面が表示されるため、該当のデータソースを選択します。

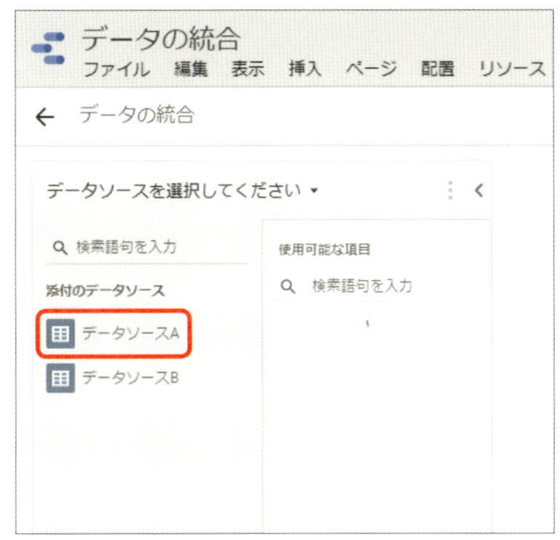

図6-1-3 統合に使うデータソースを選択

❸「別のデータソースを追加」を選択し、❷と同じように該当のデータソースを選択します。

図6-1-4　2つめのデータソースを選択

❹2つのデータソースが表示されたら「統合キー」の箇所を、データソースの共通の項目(結合キー。この画面上では統合キーと表記されます)に設定します。

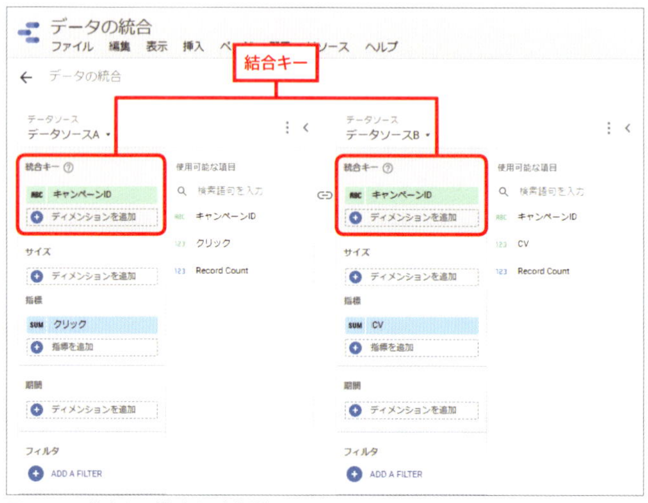

図6-1-5　結合キー(統合キー)を選択

❺それぞれのデータソースの「使用可能な項目」から追加したい項目を「サイズ(ディメンション)」もしくは「指標」にドラッグ＆ドロップします。統合データソースは元となる各データソースを全て引き継ぐ訳ではなく、この画面で選択されたディメンションや指標のみ使用可能です。必要な項目を選択しておきましょう。

図6-1-6　表やグラフで使用したい指標を選択

❻右上の「データソース名」に任意の統合データソース名を入力して、「保存」をクリックします。

図6-1-7　統合データソースの命名イメージ

統合したデータの編集方法

❶統合したデータを編集するには､メニューの「リソース」から「混合データを管理」をクリックします。
❷該当の統合データソースの右側にある「編集」をクリックします。
❸結合キーや指標を編集し、「保存」をクリックして編集は完了です。

「混合データを管理」メニューを使用すると、統合データソースの内容を確認したり、統合データソースを削除したりすることができます。統合データソースを変更や削除しても元となる各データソースが変更されたり、削除されたりすることはありません。

データ統合時の注意点

全てのデータソースに共通する結合キーが必要

データソースを統合するには、全てのデータソースに共通する結合キーが必要です。複数の結合キーを使用する場合も同様となります。

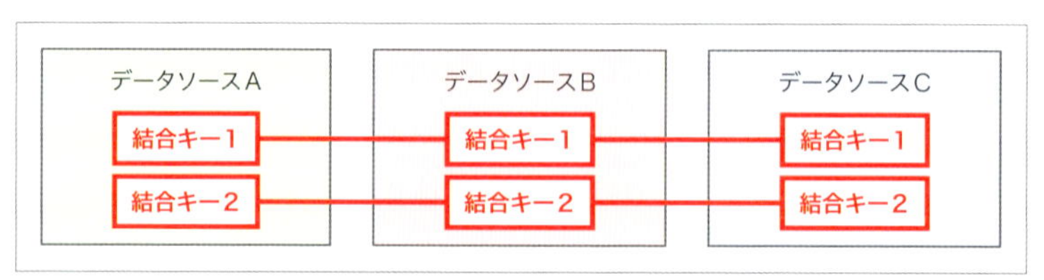

図6-1-8　データを統合できる結合キーのパターン

全てのデータソースに共通する結合キーが必要なので下図のようなパターンの場合、データを統合することができません。

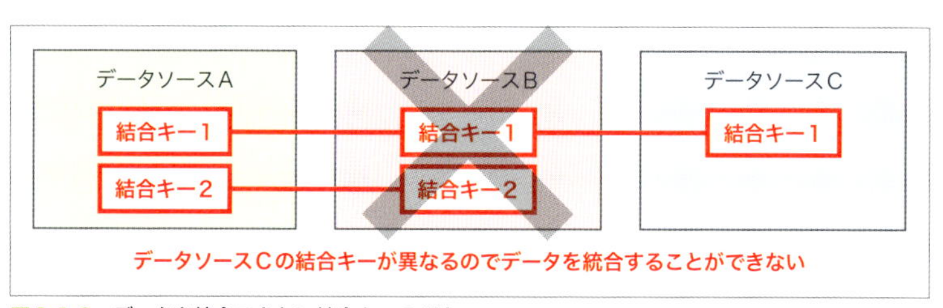

図6-1-9　データを統合できない結合キーのパターン

統合データソースをさらに結合することはできない

統合データソースにさらにデータソースを結合することや、統合データソースに統合データソースを結合することはできません。

同じ指標名を持つデータソース同士を統合しても値は合算されない

例えば下記のように商品AのCVデータと商品BのCVデータを統合する場合、それぞれ「CV」という同じ指標名をもっていますが、値は合算されず別々の指標として統合されます。また、このように異なるデータソースの中に同じ指標名が存在する場合、データ統合後にどのデータソース由来の指標なのか判別することが難しくなります。「混合データを管理」の画面上で指標名をわかりやすいものに変更しておくなどの工夫が必要です。

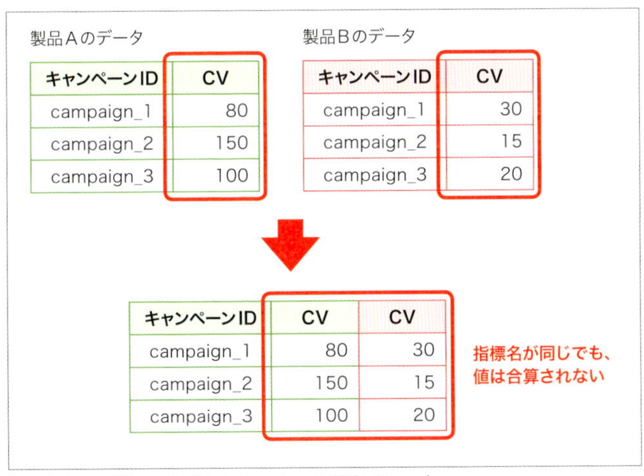

図6-1-10　同じ指標名をもつデータ同士の統合イメージ

統合データソースはその統合データソースが作成されたレポートに紐づく

通常のデータソースはアカウントに紐づくため、そのアカウントで作成された別のレポートにデータソースを再利用できます。しかし、統合データソースはその統合データソースが作成されたレポートに紐づくため、そのまま別のレポートに使うことはできません。再利用したい場合は、統合データソースを使用しているグラフや表をコピーして、新しいレポートに貼り付けることで再利用が可能になります。

左外部結合

データポータルでは2021年現在、左外部結合のみがサポートされています。左外部結合は左側のデータソースを統合元としてデータ結合が行われる結合方法です。データソース結合画面の並び順によって統合結果が異なることに注意してください。

例えば、下図のようなデータを統合する場合、データソースAとデータソースBに共通するディメンション「キャンペーンID」を結合キーとして統合しますが、データソースAを左側(統合元)にした場合、対応する値がない「CV」はnullとして処理されます。データソースBを左側(統合元)にした場合は、データソースBにない「campaign_3」の行自体がなくなります。

データソースA を左側(統合元)にした場合

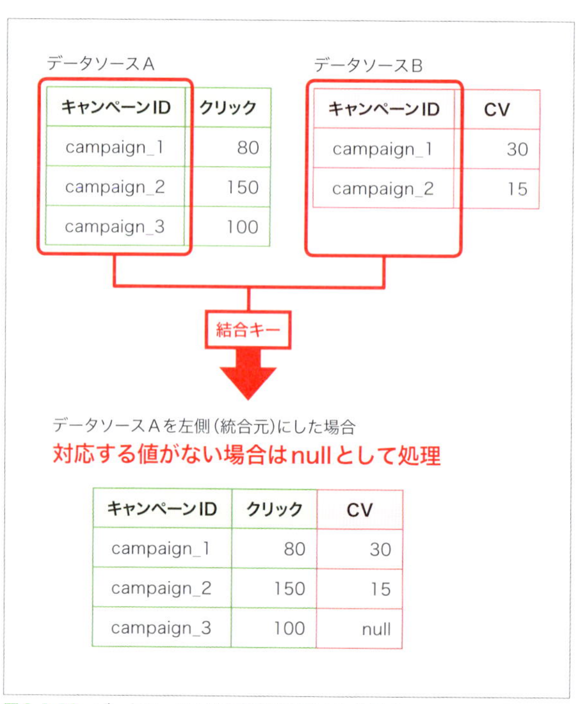

図6-1-11　データソースAを左側(統合元)にした場合

データソースBを左側（統合元）にした場合

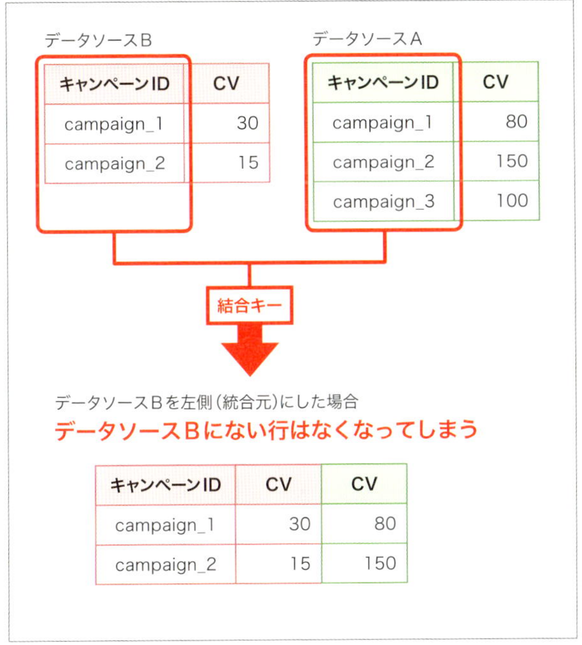

図6-1-12　データソースBを左側（統合元）にした場合

「データの統合」機能は使いこなすと非常に便利な機能ですが、設定内容によっては意図したデータが表示されていないことも起こります。データの整合性を必ず確認し、データを正しく活用していきましょう。

6-1

6-2

計算フィールド

計算フィールドとは

計算フィールドとは、データソース内の既存のデータに対して、数式によって定義されたアクションを実行することで加工する機能です。計算フィールドでは、目的に応じて算術演算や数学演算、テキスト、期間、地理情報の操作を行うほか、指定した条件に応じてデータを分岐し、さまざまな結果を返すことが可能です。

出力される計算フィールドの値は、データの使用方法によって表示方法が異なるものの、既存のデータ同様に全てのグラフや表で使用することが可能になります。このように、計算フィールドを使用することで、既存のデータにはない独自の指標・ディメンションを作成でき、商材やサービスの特性・計画に合わせてレポートをカスタマイズできます。

数値フィールドの基本的な計算

数値フィールドでは次の演算子を使い、さまざまな新規指標を作成できます。

- 加算：+
- 減算：-
- 除算：/
- 乗算：*

これらの演算子を活用し、既存のデータ指標を加工することで新たなデータ指標を作成できます。

演算子を使用した活用例

- 新規ユーザー率：ユーザー / 新規ユーザー
- 利益率：SUM（利益）/SUM（収益）
- ユーザー一人当たりの収益：収益 / ユーザー
- ランディングページ率：SUM（閲覧開始数）/SUM（ページ別訪問数）

演算子を用いて作成した新しい指標は、新たな指標として更に加工することもできます。ここでは、例として「直帰を除いた回遊セッションの平均ページビュー数」を作成していきます。

❶回遊セッション数の作成

「フィールドを追加」から計算フィールドの作成画面に進み、計算式にセッション-直帰数と入力し、直帰を除いたセッション数、つまり回遊セッション数を作成します。

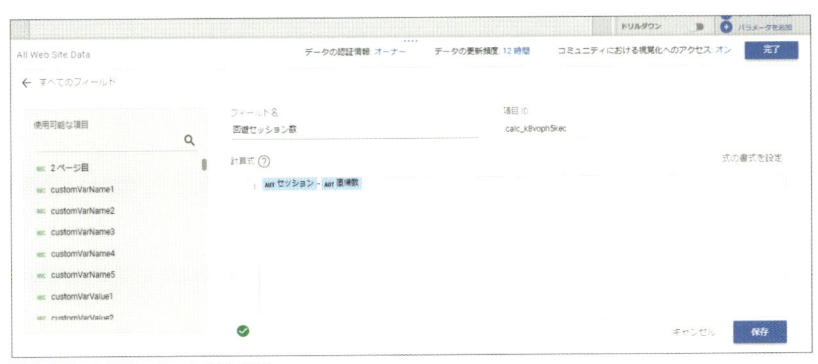

図6-2-1　回遊セッション数の作成

❷回遊ページビュー数の作成

同じやり方でページビュー数-直帰数と入力し、回遊ユーザーの合計ページビュー数を新規指標として作成します。

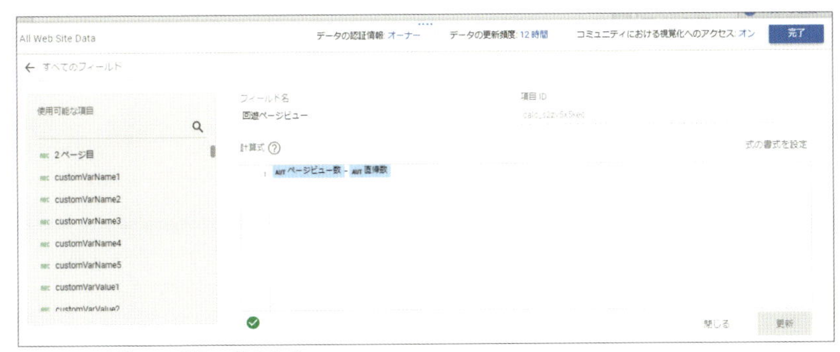

図6-2-2　回遊ページビュー数の作成

6-2

❸回遊セッションの平均ページビューの作成

❶と❷で作成した指標を用いて、回遊ページビュー/回遊セッション数と計算式を入力すると、回遊セッションの平均ページビューという新しい指標が作成できます。

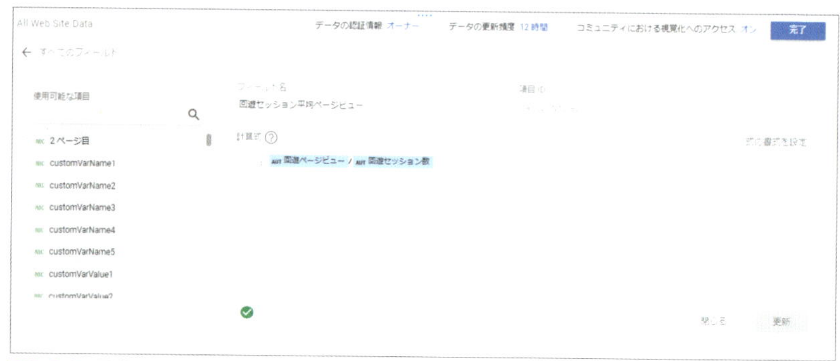

図6-2-3　回遊セッションの平均ページビューの作成

既存の「ページ/セッション」では、直帰率の影響を大きく受けるため、回遊セッションでどの程度ページ遷移が発生したのかは、コンバージョン率の改善を行ううえで重要な指標になります。

コンバージョン獲得において、直帰率の改善と回遊後の平均ページビューの増加はいずれも計測していく必要があります。

	デフォルト チャネルグループ	セッション ▾	直帰率	ページ/セッション	回遊セッション平均ページビュー
1.	Organic Search	10,823	38.28%	3.07	4.35
2.	Referral	6,342	54.68%	2.04	3.3
3.	Direct	6,318	63.91%	2.06	3.93
4.	Paid Search	2,311	93.08%	1.09	2.35
5.	Display	1,159	80.85%	1.62	4.23
6.	(Other)	1,115	42.96%	1.73	2.28
7.	Social	627	54.86%	2.03	3.28
8.	Email	404	40.59%	2.17	2.96

1 - 8 / 8

図6-2-4　回遊セッション平均ページビューレポートイメージ

関数を使用したデータ操作

関数を使用して、データの集計方法を指定したり、数学演算や統計的演算を適用したり、テキストを操作したり、期間や地理情報を処理できます。

CASE関数を使用した活用例

CASE関数とは、条件を指定して合致したデータに対し任意の値を返す関数です。

```
CASE
WHEN　条件　THEN　結果
WHEN　条件　THEN　結果
WHEN　条件　THEN　結果
ELSE　結果
END
```

例：Googleアナリティクスの地域を日本の地方にグルーピングする

```
CASE
WHEN 地域 IN ("Hokkaido") THEN "北海道"
WHEN 地域 IN ("Aomori", "Iwate", "Miyagi", "Akita", "Yamagata",
"Fukushima") THEN "東北"
WHEN 地域 IN ("Tokyo", "Kanagawa", "Chiba", "Saitama", "Ibaraki",
"Tochigi", "Gunma") THEN "関東"
WHEN 地域 IN ("Yamanashi", "Nagano", "Niigata", "Toyama", "Ishikawa",
"Fukui") THEN "北陸・甲信越"
WHEN 地域 IN ("Aichi", "Shizuoka", "Gifu", "Mie") THEN "東海"
WHEN 地域 IN ("Osaka", "Hyogo", "Kyoto", "Shiga", "Nara", "Wakayama")
THEN "関西"
WHEN 地域 IN ("Okayama", "Hiroshima", "Shimane", "Tottori",
"Yamaguchi", "Tokushima", "Ehime", "Kagawa", "Kochi") THEN "中・四国"
WHEN 地域 IN ("Fukuoka", "Kumamoto", "Kagoshima", "Saga",
```

```
"Nagasaki", "Oita", "Miyazaki") THEN "九州・沖縄"
ELSE "その他"
END
```

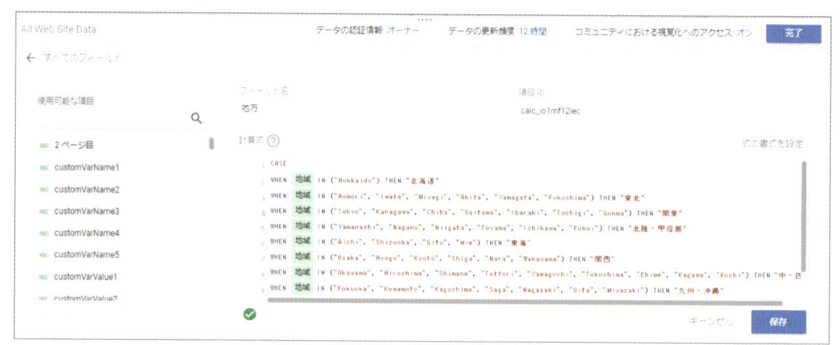

図6-2-5　地域をグルーピング

上記のCASE関数によって、地域別のレポートが見やすく実用的になります。

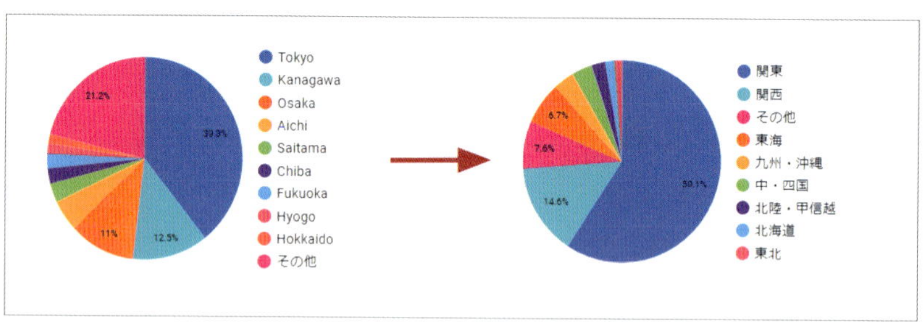

図6-2-6　地方別レポートイメージ

CASE関数を使用すれば、特定のキーワードが含まれる検索クエリをグループ分けしたり、特定のURLが含まれるページをコンテンツで分類したりすることなどが可能になります。

また、「IPアドレス」と「ipアドレス」などの表記揺れを統一することにも活用できます。

データポータルで使用できる関数

CASE関数以外にも、Googleデータポータルではさまざまな関数が用意されています。

関数を使用すると、単純な計算やグルーピングだけでなく、複雑なデータ操作も可能です。使用できる関数は、「集計関数」「算術関数」「日付関数」「地域関数」「テキスト関数」の5種類のタイプに分類されます。

- **集計関数**：複数行にまたがるデータを計算できる
- **算術関数**：データ同士の数学的な計算ができる
- **日付関数**：日付や時刻のデータを操作したり、変換したりできる
- **地域関数**：地域に関するデータを変換できる
- **テキスト関数**：文字列データを操作したり、変換したりできる

関数は非常に活用の幅が広く、さまざまなデータソースを可視化するうえで非常に便利な機能です。自店舗の販売エリアや休業日に合わせたり、コラムの記事別にルールを作成したりするなど、自社の特性に合わせたデータの活用が可能になります。KPIや分析意図に合わせてデータ抽出ができるように上手に活用していきましょう。

表6-2-1　データポータルで使用できる関数一覧

タイプ	名前	説明	構文
その他	CASE	指定されたブール式セットに基づいて、1つの値としてのみ評価されます。	CASE WHEN C = 'yes' THEN 'done:yes' ELSE 'done:no' END
その他	CAST	フィールドまたは式をTYPEにキャストします。集計フィールドをCAST内で使用することはできません。TYPEには、NUMBER、TEXT, or DATETIMEのいずれかを指定できます。	CAST(field_expression AS TYPE)
その他	HYPERLINK	URLへのハイパーリンクを、リンクラベルを付けて返します。	HYPERLINK(URL, link label)
その他	IMAGE	データソースのImageフィールドを作成します。	IMAGE(Image URL, [Alternative Text])
テキスト	CONCAT	XとYを連結したテキストを返します。	CONCAT(X, Y)
テキスト	CONTAINS_TEXT	XがYを含む場合にはtrueを返します。それ以外の場合はfalseを返します。大文字と小文字が区別されます。	CONTAINS_TEXT(X, text)
テキスト	ENDS_WITH	Xがテキストで終わる場合はtrueを返します。それ以外の場合はfalseを返します。大文字と小文字が区別されます。	ENDS_WITH(X, text)
テキスト	LEFT_TEXT	Xの先頭から指定した数の文字を返します。文字数はlengthで指定します。	LEFT_TEXT(X, length)

表6-2-1　データポータルで使用できる関数一覧

タイプ	名前	説明	構文
テキスト	LENGTH	Xの文字数を返します。	LENGTH(X)
テキスト	LOWER	Xに含まれる英字を全て小文字に変換します。	LOWER(X)
テキスト	REGEXP_EXTRACT	Xの中で正規表現のパターンに該当する最初の部分文字列を返します。	REGEXP_EXTRACT(X, regular_expression)
テキスト	REGEXP_MATCH	Xが正規表現パターンと一致する場合にtrueを返します。それ以外の場合は、falseを返します。	REGEXP_MATCH(X, regular_expression)
テキスト	REGEXP_REPLACE	Xの中で正規表現パターンに一致する全てのテキストを、別の置換文字列に置き換えます。	REGEXP_REPLACE(X, regular_expression, replacement)
テキスト	REPLACE	Xに含まれる全てのYをZに置き換えたXのコピーを返します。	REPLACE(X, Y, Z)
テキスト	RIGHT_TEXT	Xの末尾から指定した数の文字を返します。文字数はlengthで指定します。	RIGHT_TEXT(X, length)
テキスト	STARTS_WITH	Xがテキストで始まる場合にtrueを返します。それ以外の場合は、falseを返します。大文字と小文字が区別されます。	STARTS_WITH(X, text)
テキスト	SUBSTR	Xのサブテキストを返します。部分文字列が始まる位置はstart indexで指定し、lengthで文字数を指定します。	SUBSTR(X, start index, length)
テキスト	TRIM	最初と最後のスペースを削除したテキストを返します。	TRIM(X)
テキスト	UPPER	Xに含まれる英字を全て大文字に変換します。	UPPER(X)
算術	ABS	数値の絶対値を返します。	ABS(X)
算術	ACOS	Xの余弦の逆数を返します。	ACOS(X)
算術	ASIN	Xの正弦の逆数を返します。	ASIN(X)
算術	ATAN	Xの正接の逆数を返します。	ATAN(X)
算術	CEIL	Xより大きい値のうち最も近い整数を返します。例えば、Xの値がvの場合、CEIL(X)が返す値はv以上の値となります。	CEIL(X)
算術	COS	Xの余弦を返します。	COS(X)
算術	FLOOR	Xより小さい値のうち最も近い整数を返します。例えば、Xの値がvの場合、FLOOR(X)が返す値はv以下の値となります。	FLOOR(X)

表6-2-1　データポータルで使用できる関数一覧

タイプ	名前	説明	構文
算術	LOG	Xの2を底とする対数を返します。	LOG(X)
算術	LOG10	Xの10を底とする対数を返します。	LOG10(X)
算術	NARY_MAX	X、Y、[,Z]*の最大値を返します。入力引数は全て同じ型のもの(全て数値など)である必要があります。少なくとも1つの引数は、フィールドか、1つのフィールドを含む式である必要があります。	NARY_MAX(X, Y [,Z]*)
算術	NARY_MIN	X, Y, [,Z]*の最小値を返します。入力引数は全て同じ型のもの(全て数値など)である必要があります。少なくとも1つの引数は、フィールドか、1つのフィールドを含む式である必要があります。	NARY_MIN(X, Y [,Z]*)
算術	POWER	XをYに累乗した結果を返します。	POWER(X, Y)
算術	ROUND	XをYの桁で四捨五入した値を返します。	ROUND(X, Y)
算術	SIN	Xの正弦を返します。	SIN(X)
算術	SQRT	Xの平方根を返します。なお、Xは非負数である必要があります。	SQRT(X)
算術	TAN	Xの正接を返します。	Tan(X)
集計	APPROX_COUNT_DISTINCT	Xの固有値の概数を返します。	APPROX_COUNT_DISTINCT(X)
集計	AVG	Xの全ての値の平均値を返します。	AVG(X)
集計	COUNT	Xの値の数を返します。	COUNT(X)
集計	COUNT_DISTINCT	Xの固有値の数を返します。	COUNT_DISTINCT(X)
集計	MAX	Xの最大値を返します。	MAX(X)
集計	MEDIAN	Xの全ての値の中央値を返します。	MEDIAN(X)
集計	MIN	Xの最小値を返します。	MIN(X)
集計	PERCENTILE	フィールドXのパーセンタイルランクとしてYを返します。	PERCENTILE(X,Y)
集計	STDDEV	Xの標準偏差を返します。	STDDEV(X)
集計	SUM	Xの全ての値の合計を返します。	SUM(X)
集計	VARIANCE	Xの分散を返します。	VARIANCE(X)
地域	TOCITY	Xの都市名を返します。	TOCITY(X [,Input Format])

表6-2-1　データポータルで使用できる関数一覧

タイプ	名前	説明	構文
地域	TOCONTINENT	Xの大陸名を返します。	TOCONTINENT(X [,Input Format])
地域	TOCOUNTRY	Xの国名を返します。	TOCOUNTRY(X [,Input Format])
地域	TOREGION	Xの地域名を返します。	TOREGION(X [,Input Format])
地域	TOSUBCONTINENT	Xの亜大陸名を返します。	TOSUBCONTINENT(X [,Input Format])
日付	CURRENT_DATE	指定した、またはデフォルトのタイムゾーンの今日の日付を返します。	CURRENT_DATE([time_zone])
日付	CURRENT_DATETIME	指定した、またはデフォルトのタイムゾーンの今日の日付と時刻を返します。	CURRENT_DATETIME([time_zone])
日付	DATE	数または[日付と時刻]フィールドまたは式から[日付]フィールドを作成します。	DATE(year, month, day)
日付	DATE_DIFF	XとYの日付の差（X - Y）を返します。	DATE_DIFF(X, Y)
日付	DATE_FROM_UNIX_DATE	整数を1970-01-01からの日数として解釈します。	DATE_FROM_UNIX_DATE(integer)
日付	DATETIME	数から[日付と時刻]フィールドを作成します。	DATETIME(year, month_num, day, hour, minute, second)
日付	DATETIME_ADD	指定した時間間隔を日付に加算します。	DATETIME_ADD(datetime_expression, INTERVAL integer part)
日付	DATETIME_DIFF	2つの日付の間にあるパーツの境界の数を返します。	DATETIME_DIFF(date_expression, date_expression, part)
日付	DATETIME_SUB	指定した期間を日付から減算します。	DATETIME_SUB(datetime_expression, INTERVAL integer part)
日付	DATETIME_TRUNC	指定した粒度まで日付を切り詰めます。	DATETIME_TRUNC(date_expression, part)
日付	DAY	[日付]または[日付と時刻]の日付を返します。	Day(date_expression)
日付	EXTRACT	日付または日付と時刻のパーツを返します。	EXTRACT(part FROM date_expression)
日付	FORMAT_DATETIME	形式を指定した日付の文字列を返します。	FORMAT_DATETIME(format_string, datetime_expression)

表6-2-1　データポータルで使用できる関数一覧

タイプ	名前	説明	構文
日付	HOUR	日付と時刻の時間を返します。	HOUR(datetime_expression)
日付	MINUTE	指定された日付と時刻の分コンポーネントを返します。	MINUTE(datetime_expression)
日付	MONTH	[日付と時刻]値から月を返します。	MONTH(date_expression)
日付	PARSE_DATE	文字列を日付に変換します。	PARSE_DATE(format_string, text)
日付	PARSE_DATETIME	時刻を含む日付に文字列を変換します。	PARSE_DATETIME(format_string, text)
日付	QUARTER	指定された日付の年の四半期を返します。	QUARTER(date_expression)
日付	SECOND	指定された日付と時刻の秒コンポーネントを返します。	SECOND(datetime_expression)
日付	TODATE	フォーマットされた互換モードの日付を返します。	TODATE(X, 入力フォーマット, 出力フォーマット)
日付	TODAY	指定した、またはデフォルトのタイムゾーンの今日の日付を返します。	TODAY([time_zone])
日付	UNIX_DATE	1970-01-01からの日数を返します。	UNIX_DATE(date_expression)
日付	WEEK	指定した日付の週番号を返します。	WEEK(Date)
日付	WEEKDAY	指定された日付の曜日を示す数値を返します。	WEEKDAY(日付)
日付	YEAR	指定された日付の年を返します。	YEAR(日付)
日付	YEARWEEK	指定した日付の年および週番号を返します。	YEARWEEK(Date)

Googleスプレッドシートの活用

アクセス解析データを見るときに特異点に注目することは、データから気付きを得るために有効な手法です。例えば、セッションや直帰率が前日と比較して急激に変化している場合、その日に行ったアクションを調べて、良い変化であれば同様のアクションを再現することでサイトの成果を向上することが可能になります。

ここでは、GoogleスプレッドシートのGoogleアナリティクスアドオンとデータポータルを利用して、日々のアクションと主要指標の前日からの変化を把握するレポートを作成してみましょう。完成したレポートは以下のようになります。

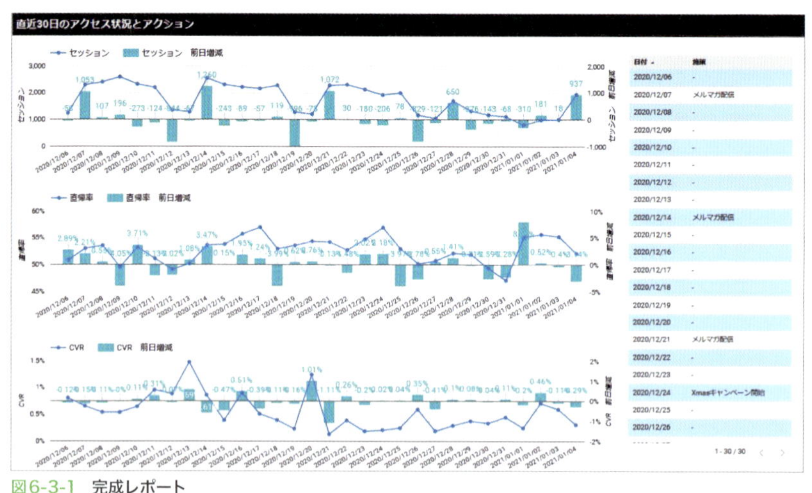

図6-3-1　**完成レポート**
セッション、直帰率、CVRの前日からの増減と日々のアクションを振り返るレポート

Googleアナリティクスアドオンのインストール

Googleドライブで新規のスプレッドシートを作成し、スプレッドシート名を「Googleアナリティクスアドオンシート」としておきます。続いて、上部メニューで「メニューアドオン>アドオンを取得」をクリック。

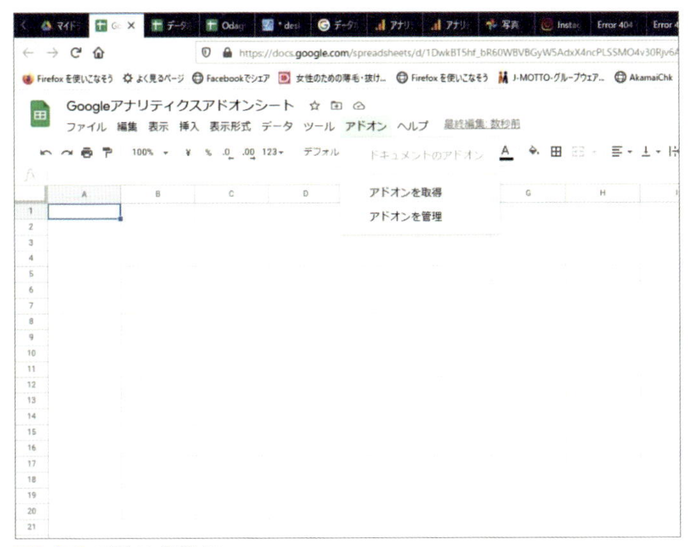

図6-3-2　アドオン取得メニュー

　検索窓に「Google Analytics」と入力してアドオンを検索し、サムネイルをクリックしてアドオンを追加。

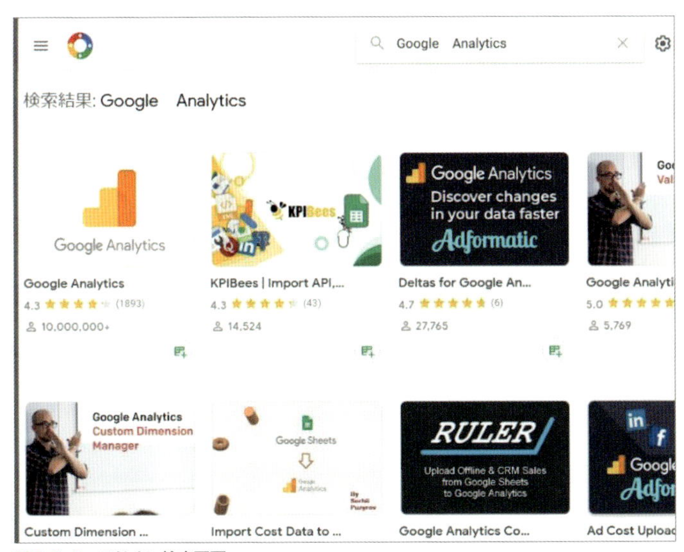

図6-3-3　アドオン検索画面

　続いて、アドオンを使ってGoogleアナリティクスのデータを抽出します。

アドオンのGoogle Analyticsのサブメニューで「Create a new report」を選択します。

画面の右側にCreate a new reportというウィンドウが表示されたら、レポート名を「daily-30days」と設定して、MetricsにSessions(セッション)、DimensionにDate(日付)を設定して、ウィンドウ下部の「Create Report」ボタンをクリックしましょう(メトリクスとディメンションの選択欄は、アルファベットを入力すると選択肢の候補が表示されます)。

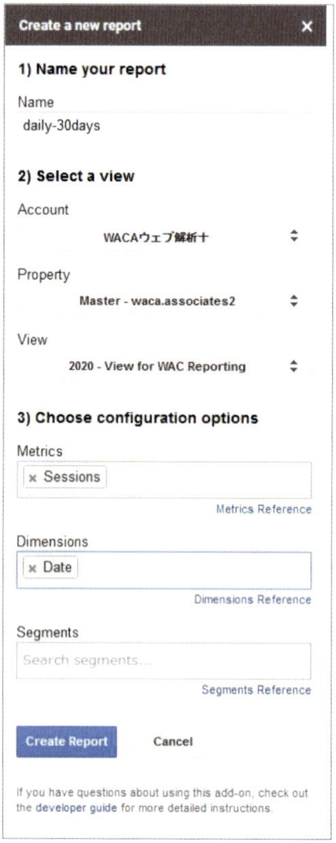

図6-3-4　Create new report ウィンドウ

スプレッドシートに「Report Configuration」というシートが作成されます。Report Configurationは、どのデータを抽出するのかを設定するシートです。

続いて、アドオンメニューから「Google Analytics > Run reports」を選択すると、「daily-30days」というシートが生成されます。シートには、直近30日間の日別セッション数が取得されています。

「Report Configuration」シートを理解しよう

Google Analyticsアドオンは、この「Report Configuration」の記述に基づいて、Google Analyticsからデータを取得しています。Google Analyticsアドオンを使いこなすためには、この「Report Configuration」を理解することが大切です。それでは、「Report Configuration」シートの中身を見ていきます。

「Report Configuration」では、レポート名、データ抽出期間、抽出する指標(メトリクス)、抽出する軸(ディメンション)などを設定します。新しいレポートを作るたびにアドオンメニューの「Create a new report」を実行しても良いですが、慣れれば「Report Configuration」シートに取得したい指標やディメンションを記入していくほうが効率的です。以下が「Report Configuration」シートの設定項目になります。

表3-3-1 「Report Configuration」シートの設定項目

Configuration Options		必須
Report Name	レポート名(シート名)	◎
View ID	ビューID(Googleアナリティクスのビューの ID)	◎
Start Date	データ抽出の開始日。西暦で記述。例:2018/1/21(Last N Daysを設定した場合は不要) デフォルトでは、30daysAgo(30日前)となっている。	◎
End Date	データ抽出の終了日。西暦で記述(Last N Daysを設定した場合は不要)。 デフォルトではyesterday(昨日)となっている。	◎
Metrics	指標(セッション、ページビューなど)を設定。最大10個まで設定可。	
Dimensions	軸(参照元/メディア、デバイス、月、日、時間帯など)を設定。最大7個まで設定可。	
Order	並べ替え(ソート)の設定	
Filters	フィルタを設定。考え方はGA(Googleアナリティクス)のカスタムレポートのフィルタと同じ。	
Segments	GAの標準セグメントまたは自作したセグメントを設定	
limit	データの抽出件数。デフォルトでは1000に設定。	
Spreadsheet URL	スプレッドシートのURLを手動で指定したい場合に使用(通常は触らない)。	
Skip Report	レポートの生成・非生成を設定。TRUEを記入するとレポート生成をスキップする。	

Start Date、End Date

データの取得開始日と終了日を設定する項目です。

Metrics

ページビューやセッションなど、Googleアナリティクスで取得できる指標を記入する欄です。Googleスプレッドシートは、GoogleアナリティクスのAPIを通してデータを取得します。取得する指標は「ga:(指標名 or ディメンション名)」という形式で記述されます(例：セッション＝ga:sessions、ユーザー数：ga:users)。Metricsの欄には最大10個の指標を記入できます。

Dimensions

データを抽出する軸を記入する欄です。年、月、ページURL、流入チャネルグループなどの軸を記入します(例：年＝ga:yearMonth、日：ga:day)。

DimensionとMetricsの記述方法は、Googleアナリティクスの公式ガイドに記載されています。こちらのページから各指標の記述をコピー&ペーストしてReport Configurationシートのディメンション欄とメトリクス欄に貼り付けていきましょう。DimensionとMetricsの記述方法はGoogleアナリティクスのレポーティングAPIガイドで調べられます。

Googleアナリティクス　レポーティングAPIガイド

https://developers.google.com/analytics/solutions/google-analytics-spreadsheet-add-on

Filters

フィルタ機能です。Googleアナリティクスのフィルタと同等の機能。

Segments

Googleアナリティクスのアドバンスセグメントと同様の機能であり、特定の条件に合致するユーザーやセッションだけを対象にデータを抽出する機能です。

セグメントは、GoogleアナリティクスのデベロッパーツールのQuery Explorerで取得できます。Query Explorerのsegment欄をクリックすると、Googleアナリティクスのデフォルトのセグメントで用意されているAll UsersやNew Usersなどのセグメントのほか、自分で作ったカスタムセグメントのセグメントIDを確認できます。

Query Explorer

https://ga-dev-tools.appspot.com/query-explorer/

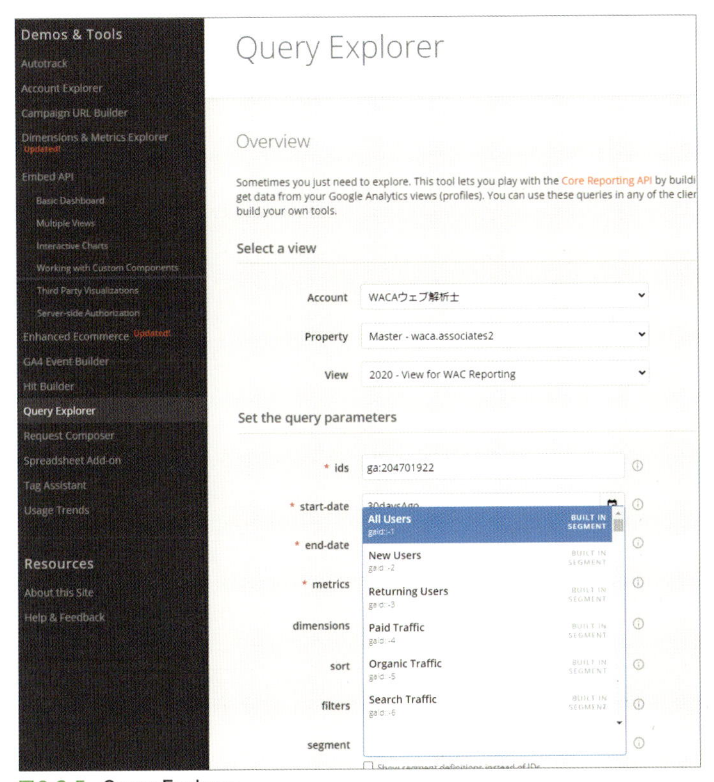

図6-3-5　Query Explorer

Limit

　データの抽出件数を設定する機能です。

Report Configurationシートの設定

　それではReport Configurationシートを設定していきましょう。
今回作成するレポートでは、日別のセッション、直帰率、CVRの前日からの増減を取得します。まずはデータを取得する期間を設定しましょう。

　Report Configurationシートでは、デフォルトで、開始日(Start Date)が「30daysAgo」、終了日(End Date)がyesterdayと設定されています。こちらをスプレッドシートの関数を使って直近30日間(今日を含まない)のデータを取得するように記述します。スプレッドシートは、Excelと同様にさまざまな関数が利用可能です。

日付の関数設定
Start Date : =today()-31
End Date : =today()-1

続いて、Metricsを設定しましょう。今回のレポートでは日別のセッション数、直帰率、CVRを取得するため、以下のように設定します。

Metrics : ga:sessions,ga:bounceRate,ga:goalXXConversionRate

Report ConfigurationシートではMetricsをカンマ「,」で区切って複数のMetricsを一度に取得できます。

ga:goalXXConversionRateの「XX」の部分にはGoogleアナリティクスで設定した目標のIDを記入します。目標ID：1のCVRを取得したい場合は、「ga:goal1ConversionRate」と記入します。

	Configuration Options	Your Google Analytics Reports
2	Report Name	dayli_30days
3	View ID	204701922
4	Start Date	2020/12/05 (TODAY()-31と記入)
5	End Date	2021/01/04 (TODAY()-1と記入)
6	Metrics	ga:sessions,ga:bounceRate, ga:goal1ConversionRate
7	Dimensions	ga:date
8	Order	
9	Filters	
10	Segments	
11	Limit	1000
12	Spreadsheet URL	
13	Skip Report	
18		For help with this add-on:

図6-3-6　直近30日のデータ取得設定画面

続いて、前日のセッション数、直帰率、CVRを取得するレポートを設定してみましょう。daily_30daysの内容を隣の行にコピーしてReport Nameを「yesterday_30days」に変更します。そのうえで開始日と終了日をそれぞれ1日前の日付に設定します。

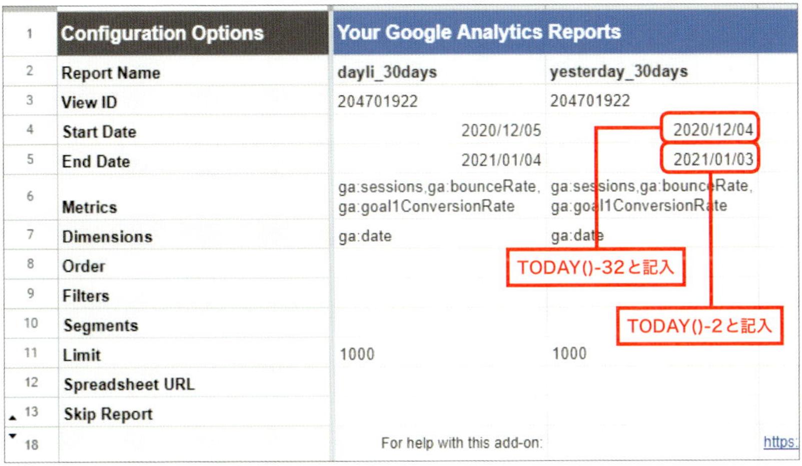

1	Configuration Options	Your Google Analytics Reports	
2	Report Name	dayli_30days	yesterday_30days
3	View ID	204701922	204701922
4	Start Date	2020/12/05	2020/12/04
5	End Date	2021/01/04	2021/01/03
6	Metrics	ga:sessions,ga:bounceRate, ga:goal1ConversionRate	ga:sessions,ga:bounceRate, ga:goal1ConversionRate
7	Dimensions	ga:date	ga:date
8	Order		
9	Filters		
10	Segments		
11	Limit	1000	1000
12	Spreadsheet URL		
13	Skip Report		
18		For help with this add-on:	https:

TODAY()-32と記入

TODAY()-2と記入

図6-3-7　前日のデータ取得設定画面

これで直近30日間とその前日のセッション数、直帰率、CVRを取得する設定は完了です。それでは一度レポートを生成してみましょう。

レポートを生成する際にはアドオンメニューのGoogle Analyticsから「Run reports」をクリックします。

Googleアナリティクスアドオンシート

ファイル　編集　表示　挿入　表示形式　データ　ツール　アドオン　ヘルプ　最終編集: 5 分前

	A	B	
1	Configuration Options	Your Google Analytics	
2	Report Name	dayli_30days	
3	View ID	204701922	
4	Start Date	2020/12/05	2020/12/04
5	End Date	2021/01/04	2021/01/03
6	Metrics	ga:sessions,ga:bounceRate, ga:goal1ConversionRate	ga:sessions,ga:bounceRate, ga:goal1ConversionRate
7	Dimensions	ga:date	ga:date

ドキュメントのアドオン

Google Analytics ▸

アドオンを取得

アドオンを管理

Create new report

Run reports

Schedule reports

ヘルプ

図6-3-8　Run reports メニュー

生成するとスプレッドシートに「daily_30days」と「yesterday_30days」という2枚のシートが追加されます。

6-3

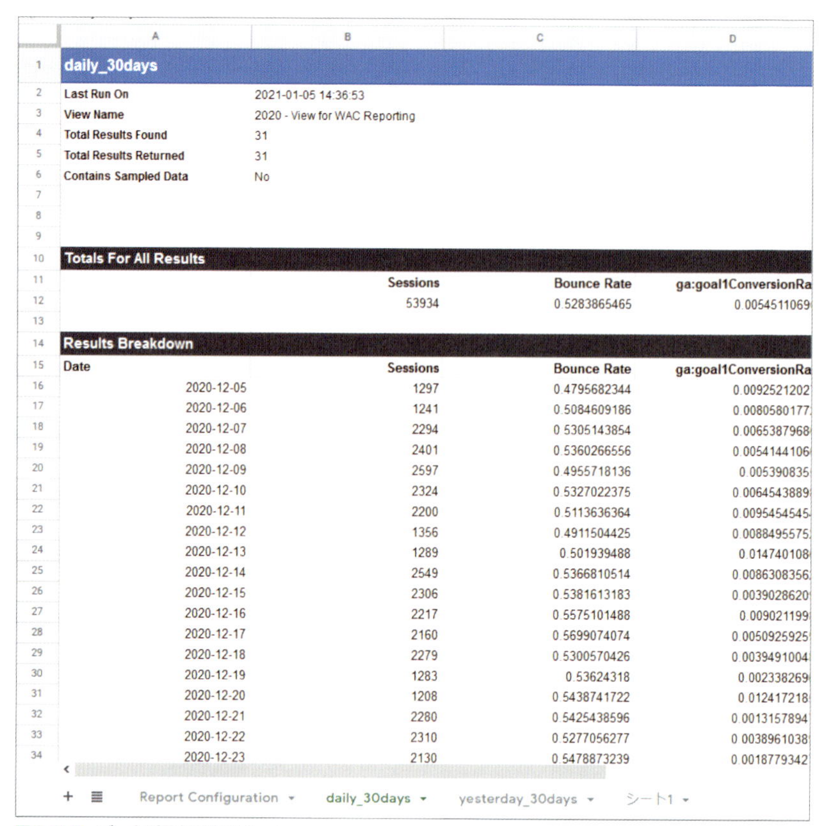

	A	B	C	D
1	daily_30days			
2	Last Run On	2021-01-05 14:36:53		
3	View Name	2020 - View for WAC Reporting		
4	Total Results Found	31		
5	Total Results Returned	31		
6	Contains Sampled Data	No		
7				
8				
9				
10	Totals For All Results			
11		Sessions	Bounce Rate	ga:goal1ConversionRa
12		53934	0.5283865465	0.0054511069
13				
14	Results Breakdown			
15	Date	Sessions	Bounce Rate	ga:goal1ConversionRa
16	2020-12-05	1297	0.4795682344	0.0092521202
17	2020-12-06	1241	0.5084609186	0.0080580177
18	2020-12-07	2294	0.5305143854	0.0065387968
19	2020-12-08	2401	0.5360266556	0.0054144106
20	2020-12-09	2597	0.4955718136	0.005390835
21	2020-12-10	2324	0.5327022375	0.0064543889
22	2020-12-11	2200	0.5113636364	0.0095454545
23	2020-12-12	1356	0.4911504425	0.0088495575
24	2020-12-13	1289	0.501939488	0.014740108
25	2020-12-14	2549	0.5366810514	0.0086308356
26	2020-12-15	2306	0.5381613183	0.0039028620
27	2020-12-16	2217	0.5575101488	0.009021199
28	2020-12-17	2160	0.5699074074	0.0050925925
29	2020-12-18	2279	0.5300570426	0.0039491004
30	2020-12-19	1283	0.53624318	0.002338269
31	2020-12-20	1208	0.5438741722	0.012417218
32	2020-12-21	2280	0.5425438596	0.0013157894
33	2020-12-22	2310	0.5277056277	0.0038961038
34	2020-12-23	2130	0.5478873239	0.0018779342

図6-3-9　データが取得されたシート

前日の数値との増減を計算するシートを作成

続いて、セッション数、直帰率、CVRの前日からの増減を計算するシートを作成しましょう。

まず、スプレッドシートで「前日増減」というシートを作成します。続いて、前日増減シートのから「daily_30days」のデータを参照します。EXCEL同様にセルに「=」(イコール)を記入して、読み込みたいシートのセルを指定すれば参照できます。読み込めたら、Sessionsの表示形式を数値に、Bounce RateとCVRの表示形式を%に変更しておきましょう。

	A	B	C	D
1	Date	Sessions	Bounce Rate	CVR
2	2020-12-05	1,297	47.96%	0.93%
3	2020-12-06	1,241	50.85%	0.81%
4	2020-12-07	2,294	53.05%	0.65%
5	2020-12-08	2,401	53.60%	0.54%
6	2020-12-09	2,597	49.56%	0.54%
7	2020-12-10	2,324	53.27%	0.65%
8	2020-12-11	2,200	51.14%	0.95%
9	2020-12-12	1,356	49.12%	0.88%
10	2020-12-13	1,289	50.19%	1.47%
11	2020-12-14	2,549	53.67%	0.86%
12	2020-12-15	2,306	53.82%	0.39%
13	2020-12-16	2,217	55.75%	0.90%
14	2020-12-17	2,160	56.99%	0.51%
15	2020-12-18	2,279	53.01%	0.39%
16	2020-12-19	1,283	53.62%	0.23%
17	2020-12-20	1,208	54.39%	1.24%
18	2020-12-21	2,280	54.25%	0.13%
19	2020-12-22	2,310	52.77%	0.39%
20	2020-12-23	2,130	54.79%	0.19%
21	2020-12-24	1,924	56.96%	0.21%
22	2020-12-25	2,002	53.00%	0.25%
23	2020-12-26	1,173	50.21%	0.60%
24	2020-12-27	1,052	50.76%	0.19%
25	2020-12-28	1,702	52.17%	0.29%
26	2020-12-29	1,326	51.96%	0.38%

図6-3-10　前日増減シートにアドオンで取得したデータを参照

次は前日のデータを参照しましょう。先程と同様に「=」を使って「yesterday_30days」のデータを読み込みます。読み込み終えたら、1行目のSessions、Bounce Rateなどを和文に変更しておきましょう。

データポータルでスプレッドシートのデータを読み込む際には、1行目の記述がデータの系列として読み込まれます。その際に1行目の項目が重複しているとデータの読み込みに失敗します。直近30日のSessionsは「セッション」、前日のSessionsは「セッション(前日)」のように違う系列として読み込めるように命名しておきましょう。

fx	=yesterday_30days!D16							
	A	B	C	D	E	F	G	H
1	日付	セッション	直帰率	CVR	前日	セッション（前日）	直帰率（前日）	CVR（前日）
2	2020-12-05	1,297	47.96%	0.93%	2020-12-04	2,235	52.84%	0.72%
3	2020-12-06	1,241	50.85%	0.81%	2020-12-05	1,297	47.96%	0.93%
4	2020-12-07	2,294	53.05%	0.65%	2020-12-06	1,241	50.85%	0.81%
5	2020-12-08	2,401	53.60%	0.54%	2020-12-07	2,294	53.05%	0.65%
6	2020-12-09	2,597	49.56%	0.54%	2020-12-08	2,401	53.60%	0.54%
7	2020-12-10	2,324	53.27%	0.65%	2020-12-09	2,597	49.56%	0.54%
8	2020-12-11	2,200	51.14%	0.95%	2020-12-10	2,324	53.27%	0.65%
9	2020-12-12	1,356	49.12%	0.88%	2020-12-11	2,200	51.14%	0.95%
10	2020-12-13	1,289	50.19%	1.47%	2020-12-12	1,356	49.12%	0.88%
11	2020-12-14	2,549	53.67%	0.86%	2020-12-13	1,289	50.19%	1.47%
12	2020-12-15	2,306	53.82%	0.39%	2020-12-14	2,549	53.67%	0.86%
13	2020-12-16	2,217	55.75%	0.90%	2020-12-15	2,306	53.82%	0.39%
14	2020-12-17	2,160	56.99%	0.51%	2020-12-16	2,217	55.75%	0.90%
15	2020-12-18	2,279	53.01%	0.39%	2020-12-17	2,160	56.99%	0.51%
16	2020-12-19	1,283	53.62%	0.23%	2020-12-18	2,279	53.01%	0.39%
17	2020-12-20	1,208	54.39%	1.24%	2020-12-19	1,283	53.62%	0.23%

図6-3-11　**指標名を和文に変更**

続いて各指標の前日からの増減をスプレッドシート上で計算しましょう。2020/12/5のセッション数から2020/12/4のセッション数を引けば算出できます。データ系列名は「セッション　前日増減」とGoogleデータポータルでグラフ化したときに判別できるように命名しておきましょう。

F	G	H	I	J	K
セッション（前日）	直帰率（前日）	CVR（前日）	セッション　前日増減	直帰率　前日増減	CVR　前日増減
2,235	52.84%	0.72%	-938	-4.88%	0.21%
1,297	47.96%	0.93%	-56	2.89%	-0.12%
1,241	50.85%	0.81%	1,053	2.21%	-0.15%
2,294	53.05%	0.65%	107	0.55%	-0.11%
2,401	53.60%	0.54%	196	-4.05%	0.00%
2,597	49.56%	0.54%	-273	3.71%	0.11%
2,324	53.27%	0.65%	-124	-2.13%	0.31%
2,200	51.14%	0.95%	-844	-2.02%	-0.07%
1,356	49.12%	0.88%	-67	1.08%	0.59%
1,289	50.19%	1.47%	1,260	3.47%	-0.61%
2,549	53.67%	0.86%	-243	0.15%	-0.47%
2,306	53.82%	0.39%	-89	1.93%	0.51%
2,217	55.75%	0.90%	-57	1.24%	-0.39%
2,160	56.99%	0.51%	119	-3.99%	-0.11%
2,279	53.01%	0.39%	-996	0.62%	-0.16%
1,283	53.62%	0.23%	-75	0.76%	1.01%
1,208	54.39%	1.24%	1,072	-0.13%	-1.11%
2,280	54.25%	0.13%	30	-1.48%	0.26%
2,310	52.77%	0.39%	-180	2.02%	-0.20%

図6-3-12　**セッションとCVRの前日増減を計算**

手入力の日別アクション記入シートを作成

次に日別のアクションを手入力で記入するシートを作成します。「日付」「曜日」「アクション」を1行目に設定したシートを作成し、日別のアクションを適宜記入しておきましょう。曜日の記入はスプレッドシートでもExcel同様「=TEXT(日付セルを参照,"ddd")という関数が使えます。

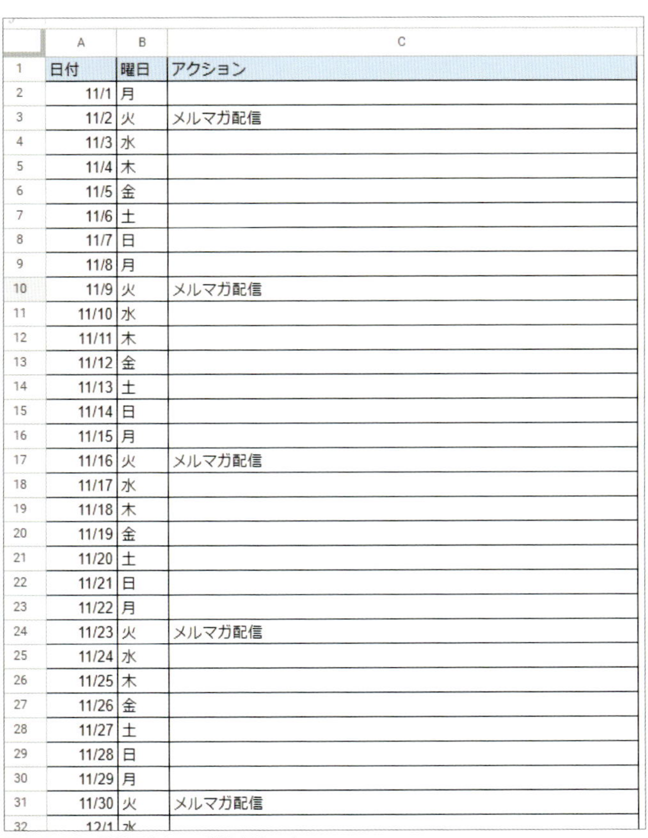

	A	B	C
1	日付	曜日	アクション
2	11/1	月	
3	11/2	火	メルマガ配信
4	11/3	水	
5	11/4	木	
6	11/5	金	
7	11/6	土	
8	11/7	日	
9	11/8	月	
10	11/9	火	メルマガ配信
11	11/10	水	
12	11/11	木	
13	11/12	金	
14	11/13	土	
15	11/14	日	
16	11/15	月	
17	11/16	火	メルマガ配信
18	11/17	水	
19	11/18	木	
20	11/19	金	
21	11/20	土	
22	11/21	日	
23	11/22	月	
24	11/23	火	メルマガ配信
25	11/24	水	
26	11/25	木	
27	11/26	金	
28	11/27	土	
29	11/28	日	
30	11/29	月	
31	11/30	火	メルマガ配信
32	12/1	水	

図6-3-13　日別アクション記入用シート

データポータルでスプレッドシートのデータを読み込む

最後にデータポータルとスプレッドシートを接続してレポートを完成させましょう。

データポータルで新規レポートを作成し、「データを追加」メニューをクリックして「Googleスプレッドシート」を選択します。

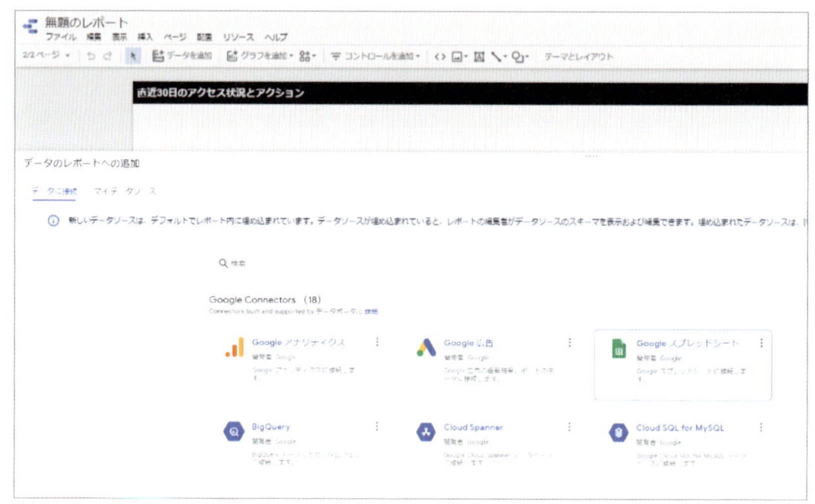

図6-3-14　データ追加画面

スプレッドシートに接続したら、作成した「Googleアナリティクスアドオンシート」の「前日増減」を選択して追加します。同様の手順で「日別アクション」のデータも追加しておきましょう。

図6-3-15　前日増減シートのデータを追加

データポータルのレポート画面に戻り、上部の挿入メニューから「複合グラフ」を選択して、レポートに配置します。次に右ウィンドウのデータソースをクリックして「Googleアナリティクスアドオンシート - 前日増減」をデータソースに設定します。

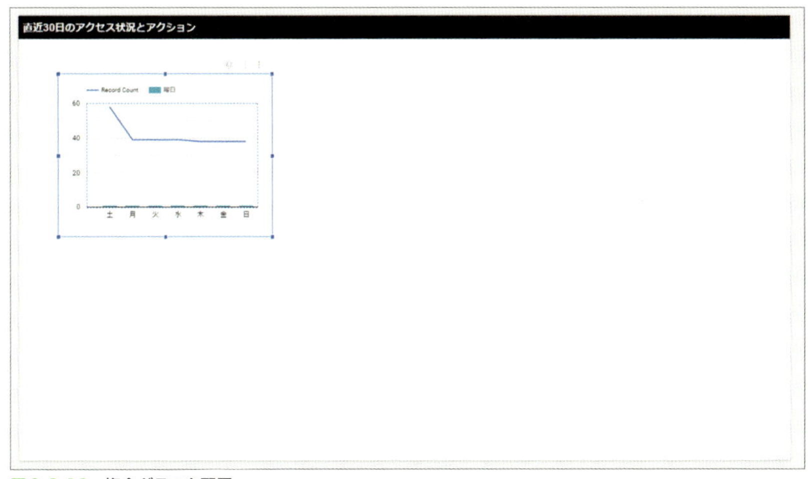

図6-3-16　複合グラフを配置

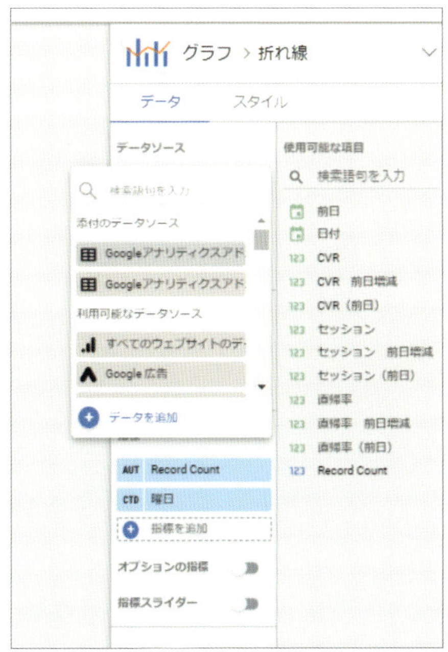

図6-3-17
データソースでスプレッドシートのデータを選択

グラフに「前日増減」のデータソースが読み込まれたら、右ウィンドウで以下のように設定します。

＜データタブ＞
ディメンション：日付
指標：セッション、セッション　前日増減
並べ替え：日付　昇順

＜スタイルタブ＞
系列番号1
軸：左
軸タイトル表示

系列番号2
軸：2
系列番号2：データラベル表示
軸タイトル表示

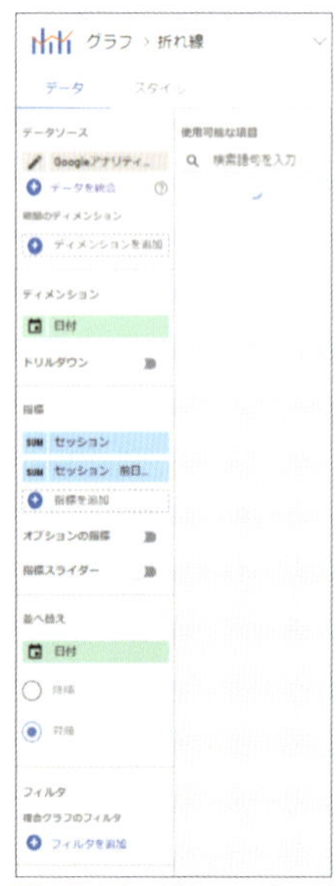

図6-3-18　グラフのデータ取得設定

図6-3-19　グラフのスタイル設定

これで日別のセッションと前日からの増減を確認できるグラフの完成です。直帰率とCVRのグラフは日別セッションのグラフをコピーして、指標を変更して作成しましょう。

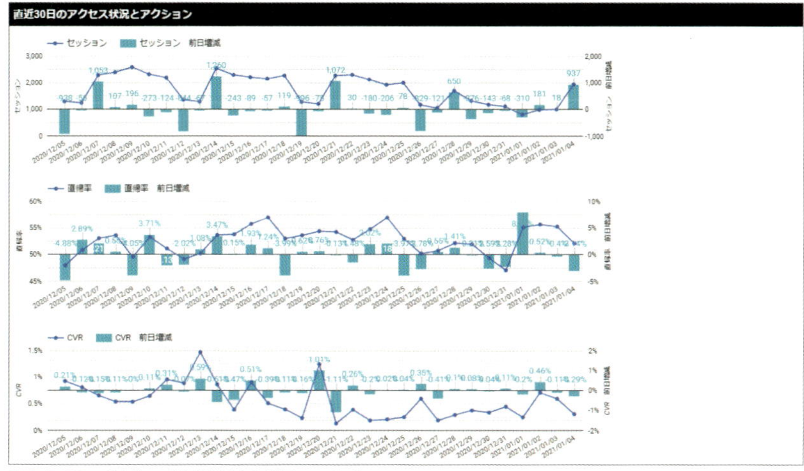

図6-3-20　**前日との増減確認するグラフの完成**

続いて手入力の日別アクションのデータを読み込みましょう。上部の挿入メニューから「表」を選択し、グラフに配置します。

図6-3-21　**日別アクションを読み込む表を追加**

右ウィンドウのデータ設定で以下のように設定します。

<データタブ>
期間のディメンション：なし
ディメンション：日付、曜日、アクション
並べ替え：日付　昇順
デフォルトの日付期間：カスタム>過去30日（今日を含まず）

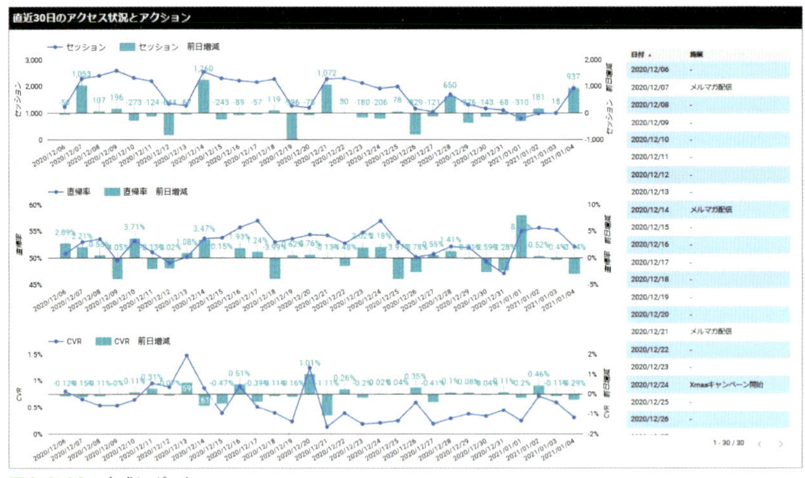

図6-3-22　**完成レポート**

最後にGoogle　Analyticsアドオンで、毎日データを自動更新するように設定しておきましょう。Google Analyticsアドオンの「Schedule reports」をクリックして毎日データを自動更新するように設定しましょう。これで日別のアクションとセッション、直帰率、CVRの変化を振り返るレポートの完成です。

図6-3-23　**取得スケジュール設定ウィンドウ**

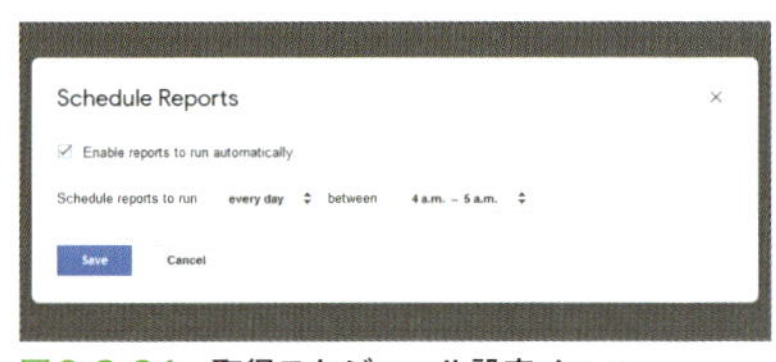

図6-3-24　**取得スケジュール設定メニュー**

Chapter 7

レポート活用事例

ここでは具体的なレポート活用事例を7つ紹介します。データポータルを活用して「次のアクション」を促すためのヒントをここで得てください。明日からの実務ですぐに役立つレポーティング術を散りばめたので、すでにGoogleデータポータルを活用できている方にも役立つ情報を説明します。

7-1

リードジェネレーションサイトのレポート作成事例

レポート作成の目的

毎月の問い合わせ状況を把握し、検討段階のユーザーへのアプローチを検討する

連携するデータソース

- **案件の進捗管理用スプレッドシート**
- **Googleアナリティクス**

GoogleAnalyticsで事前に設定すること

1. 会員・非会員のカスタムディメンション
2. ユーザーのステージを４段階に分けたカスタムディメンション
    a. ステージ1：課題発生((事業支援ページPV || サイト改善成功事例ページPV)&& 新規ユーザー)
    b. ステージ2：調査・情報収集((事業支援ページPV || サイト改善成功事例ページPV)&& リピーター)
    c. ステージ3：資料ダウンロード(ホワイトペーパーPDFダウンロード)
    d. ステージ4：法人:相談申込み(個別相談申込CV)
    e. ステージ5：リピート(リピートで個別相談申込CV)

レポート作成のポイント

ポイント①

案件の進捗管理用スプレッドシートと連携し、問い合わせ状況と進捗を見える化

- **問い合わせが来たチャネル、受注額、成約件数など一目でわかるフォーマットで出力している**

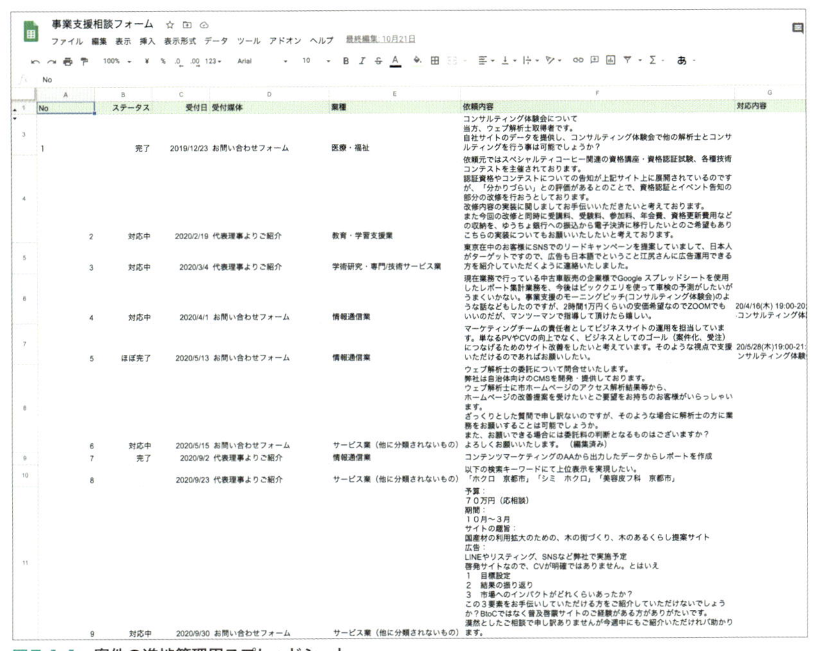

事業支援相談フォーム

ファイル 編集 表示 挿入 表示形式 データ ツール アドオン ヘルプ 最終編集: 10月21日

No	ステータス	受付日	受付媒体	業種	依頼内容	対応内容
1	完了	2019/12/23	お問い合わせフォーム	医療・福祉	コンサルティング体験会について 当方、ウェブ解析士取得者です。 自社サイトのデータを提供し、コンサルティング体験会で他の解析士とコンサルティングを行う事は可能でしょうか？	
2	対応中	2020/2/19	代表理事よりご紹介	教育・学習支援業	依頼元ではスペシャルティコーヒー関連の資格講座・資格認証試験、各種技術コンテストを主催されております。 認証資格やコンテストについての告知が上記サイト上に展開されているのですが、「分かりづらい」との評価があるとのことで、資格認証とイベント告知の部分の改修を行おうとしております。 改修内容の実装に関しましてお手伝いいただきたいと考えております。 また今回の改修と同時に受講料、受験料、参加料、年会費、資格更新費用などの収納を、ゆうちょ銀行への振込から電子決済に移行したいとのご希望もありこちらの実装についてもお願いいたしたいと考えております。	
3	対応中	2020/3/4	代表理事よりご紹介	学術研究・専門/技術サービス業	東京在中のお客様にSNSでのリードキャンペーンを提案していまして、日本人がターゲットですので、広告も日本語でということ江尻さんに広告運用できる方を紹介していただくように連絡いたしました。	
4	対応中	2020/4/1	お問い合わせフォーム	情報通信業	現在業務で行っている中古車販売の企業様でGoogle スプレッドシートを使用したレポート集計業務を、今後はビッククエリを使って車検の予測がしたいがうまくいかない。事業支援のモーニングピッチ(コンサルティング体験会)のような話などもしたのですが、2時間1万円くらいの安価希望なのでZOOMでもいいのだが、マンツーマンで指導して頂けたら嬉しい。	20/4/16(木) 19:00-20 ･コンサルティング体
5	ほぼ完了	2020/5/13	お問い合わせフォーム	情報通信業	マーケティングチームの責任者としてビジネスサイトの運用を担当しています。単なるPVやCVの向上でなく、ビジネスとしてのゴール（案件化、受注）につなげるためのサイト改善をしたいと考えています。そのような視点で支援いただけるのであればお願いしたい。	20/5/28(木)19:00-21 ンサルティング体験
6	対応中	2020/5/15	お問い合わせフォーム	サービス業（他に分類されないもの）	ウェブ解析士の委託について問合せいたします。 弊社は自治体向けのCMSを開発・提供しております。 ウェブ解析士に市ホームページのアクセス解析結果等から、 ホームページの改善提案を受けたいとご要望をお持ちのお客様がいらっしゃいます。 ざっくりとした質問で申し訳ないのですが、そのような場合に解析士の方に業務をお願いすることは可能でしょうか。 また、お願いできる場合には委託料の判断となるものはございますか？ よろしくお願いいたします。（編集済み）	
7	完了	2020/9/2	代表理事よりご紹介	情報通信業	コンテンツマーケティングのAAから出力したデータからレポートを作成	
8		2020/9/23	代表理事よりご紹介	サービス業（他に分類されないもの）	以下の検索キーワードにて上位表示を実現したい。 「ホクロ　京都市」「シミ　ホクロ」「美容皮フ科　京都市」	
9	対応中	2020/9/30	お問い合わせフォーム	サービス業（他に分類されないもの）	予算： ７０万円（応相談） 期間： １０月～３月 サイトの趣旨： 国産材の利用拡大のための、木の街づくり、木のあるくらし提案サイト 広告： LINEやリスティング、SNSなど弊社で実施予定 啓発サイトなので、CVが明確ではありません。とはいえ １　目標設定 ２　結果の振り返り ３　市場へのインパクトがどれくらいあったか？ この３要素をお手伝いしていただける方をご紹介していただけないでしょうか？BtoCではなく普及啓蒙サイトのご経験がある方がありがたいです。 漠然としたご相談で申し訳ありませんが今週中にもご紹介いただけれバ助かります。	

図7-1-1　案件の進捗管理用スプレッドシート

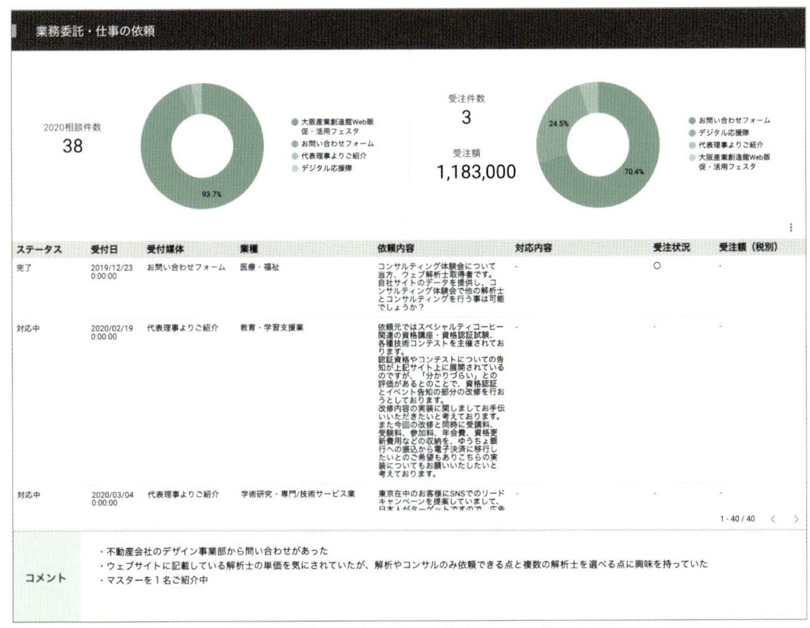

ステータス	受付日	受付媒体	業種	依頼内容	対応内容	受注状況	受注額（税別）
完了	2019/12/23 0:00:00	お問い合わせフォーム	医療・福祉	コンサルティング体験会について 当方、ウェブ解析士取得者です。 自社サイトのデータを提供し、コンサルティング体験会で他の解析士とコンサルティングを行う事は可能でしょうか？	-	○	-
対応中	2020/02/19 0:00:00	代表理事よりご紹介	教育・学習支援業	依頼元ではスペシャルティコーヒー関連の資格講座・資格認証試験、各種技術コンテストを主催されております。 認証資格やコンテストについての告知が上記サイト上に展開されているのですが、「分かりづらい」との評価があるとのことで、資格認証とイベント告知の部分の改修を行おうとしております。 改修内容の実装に関しましてお手伝いいただきたいと考えております。 また今回の改修と同時に受講料、受験料、参加料、年会費、資格更新費用などの収納を、ゆうちょ銀行への振込から電子決済に移行したいとのご希望もありこちらの実装についてもお願いいたしたいと考えております。	-	-	-
対応中	2020/03/04 0:00:00	代表理事よりご紹介	学術研究・専門/技術サービス業	東京在中のお客様にSNSでのリードキャンペーンを提案していまして、	-	-	-

1 - 40 / 40

図7-1-2　スプレッドシートのデータをデータポータル でビジュアライズ

ポイント②

組織名分析結果をステージ別に分けて表示し、検討段階の組織を把握

- **組織名をクリックするとウェブサイトにリンクするよう関数指定されている**
- **閲覧者が会員かどうかわかるように、ドリルダウンで会員番号が表示できる**

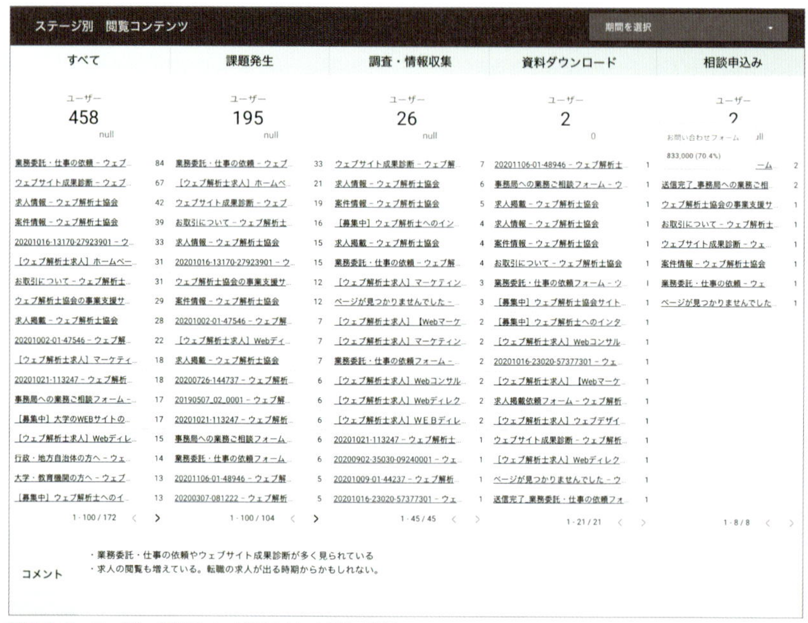

図7-1-3　ユーザーの閲覧ページをステージ別に表示

ポイント③

各ステージのユーザーが閲覧しているコンテンツを表示し、サイト改善に活かす

- 閲覧コンテンツをステージごとに表示
- ユーザーの減少状況からボトルネックとなっているステージがわかる
- ページ名をクリックすると該当ページへリンクする

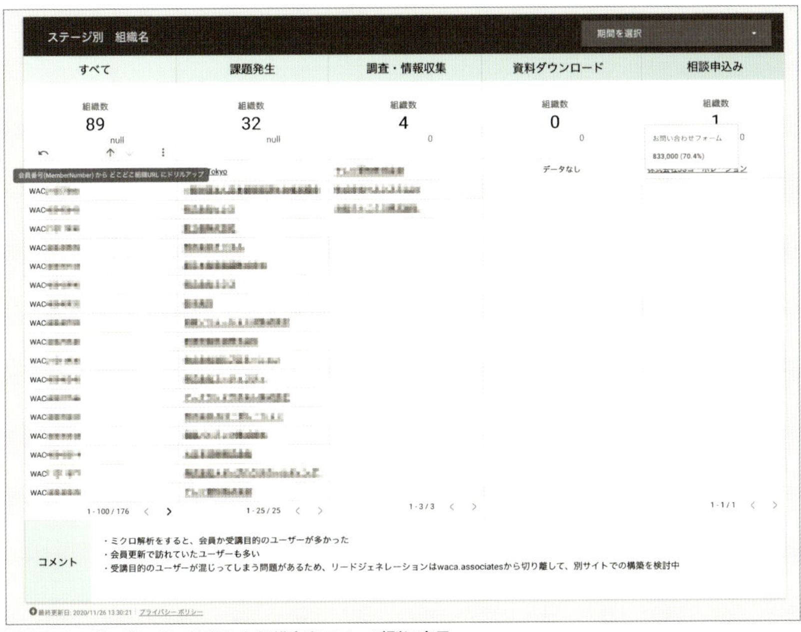

図7-1-4　どこどこJPで取得した組織名をステージ別に表示

7-1

7-2 Google Search Consoleのレポート事例

「サイトのインプレッション」データソースを利用して、「表示回数」「平均CTR」「クリック数」「平均掲載順位」の時系列推移と比較レポートを作成していきます。

自然検索流入分析はアクセス解析の中でもとくに重要な内容になります。Googleデータポータルを使ってGoogle Search Consoleのレポートティングをするメリットとして Googleアナリティクスや Google広告、その他データと並べて見ることができる点があります。Google Search Consoleはとくにデータをドリルダウンして見る機会が多いです。全体の掲載順位を見ることよりも個々のキーワードやページごとの結果を見ることが多いのではないでしょうか。

フィルタを設定して見たいデータに絞った情報を表示させることができるのもGoogleデータポータルの強みになります。

完成イメージは、図7-2-1のようになります。

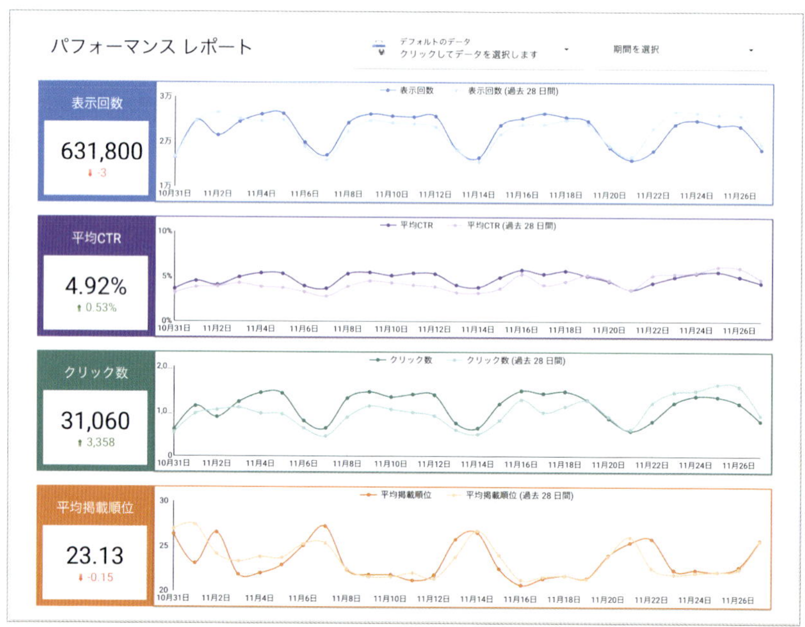

図7-2-1　完成したパフォーマンスレポートのプレビュー

まずは、左上にテキストを追加し、レポート名を入力します。

右上には、Search Consoleのプロパティを変更できる「データ管理」と「期間設定」を配置します。

次に、スコアカードでそれぞれの数値を表示するグラフを作成していきます。ツールバーの「グラフを追加」を押して表示されたグラフの中からスコアカードを選択し、4つ分の配置を決めます。プロパティの設定を次に示します。4つのグラフの共通部分は(共通)、異なる部分はそれぞれのグラフ名を記載しています。

データソース
【サイト】Search Console(共通)

データ
ディメンション:Date(共通)
指標:Impressions(表示回数)
指標:Site CTR(平均CTR)
指標:Clicks(クリック数)
指標:Average Position(平均掲載順位)
デフォルトの日付範囲:自動(共通)
比較期間:前の期間(共通)

なお、それぞれの指標名の背景には色付けした図形を配置し、さらにその上にテキストを配置しています。これで数値を表示するグラフが完成しました。

次に、折れ線グラフでそれぞれの時系列推移を見るグラフを作成していきます。ツールバーの「グラフを追加」を押して折れ線グラフを選択し、配置を決めます。プロパティの設定を次に示します。

データソース
【サイト】Search Console

データ
ディメンション:Date
指標:Impressions(表示回数)
指標:Site CTR(平均CTR)

指標：Clicks（クリック数）
指標：Average Position（平均掲載順位）

これで、Search Console のパフォーマンスレポートが完成しました。

プロパティのデフォルトの期間（折れ線グラフの時系列を、いつからいつまでにするかということ）も設定できます。この例では、デフォルトのまま、直近28日間になっています。

キーワードレポート

「サイトのインプレッション」データソースを利用して、キーワードレポートを作成していきます。完成イメージを図7-2-2に示します。

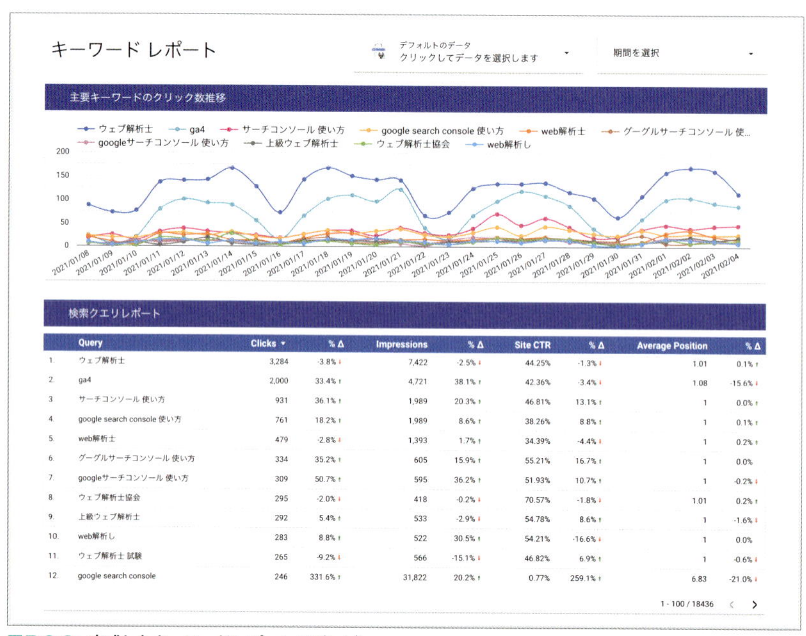

	Query	Clicks ▾	% Δ	Impressions	% Δ	Site CTR	% Δ	Average Position	% Δ
1.	ウェブ解析士	3,284	-3.8% ↓	7,422	-2.5% ↓	44.25%	-1.3% ↓	1.01	0.1% ↑
2.	ga4	2,000	33.4% ↑	4,721	38.1% ↑	42.36%	-3.4% ↓	1.08	-15.6% ↓
3.	サーチコンソール 使い方	931	36.1% ↑	1,989	20.3% ↑	46.81%	13.1% ↑	1	0.0% ↑
4.	google search console 使い方	761	18.2% ↑	1,989	8.6% ↑	38.26%	8.8% ↑	1	0.1% ↑
5.	web解析士	479	-2.8% ↓	1,393	1.7% ↑	34.39%	-4.4% ↓	1	0.2% ↑
6.	グーグルサーチコンソール 使い方	334	35.2% ↑	605	15.9% ↑	55.21%	16.7% ↑	1	0.0%
7.	googleサーチコンソール 使い方	309	50.7% ↑	595	36.2% ↑	51.93%	10.7% ↑	1	-0.2% ↓
8.	ウェブ解析士協会	295	-2.0% ↓	418	-0.2% ↓	70.57%	-1.8% ↓	1.01	0.2% ↑
9.	上級ウェブ解析士	292	5.4% ↑	533	-2.9% ↓	54.78%	8.6% ↑	1	-1.6% ↓
10.	web解析し	283	8.8% ↑	522	30.5% ↑	54.21%	-16.6% ↓	1	0.0%
11.	ウェブ解析士 試験	265	-9.2% ↓	566	-15.1% ↓	46.82%	6.9% ↑	1	-0.6% ↓
12.	google search console	246	331.6% ↑	31,822	20.2% ↑	0.77%	259.1% ↑	6.83	-21.0% ↓

図7-2-2　完成したキーワードレポートのプレビュー

パフォーマンスレポートと同様に、タイトル部分のテキストと「データ管理」と「期間設定」を配置します。

次に、折れ線グラフでキーワードの時系列推移を見るグラフを作成していきます。

折れ線グラフを選択し、配置を決めます。プロパティの設定を次に示します。日ごとの検索クエリ(検索キーワード)のクリック数の推移を表しています。

データソース
【サイト】Search Console

データ
ディメンション：Date
内訳ディメンション：Query
指標：Clicks
並べ替え：Dateの昇順

今回は、検索クエリごとのクリック数推移を設定しましたが、たとえば、「指標」を「Average Position(平均掲載順位)」にし、「予備の並べ替え」を「Clicks」の「降順」にしておくと、よくクリックされている検索クエリでの平均掲載順位の推移にすることもできます。掲載順位もチェックをしている場合には、こちらのレポートも有効です。

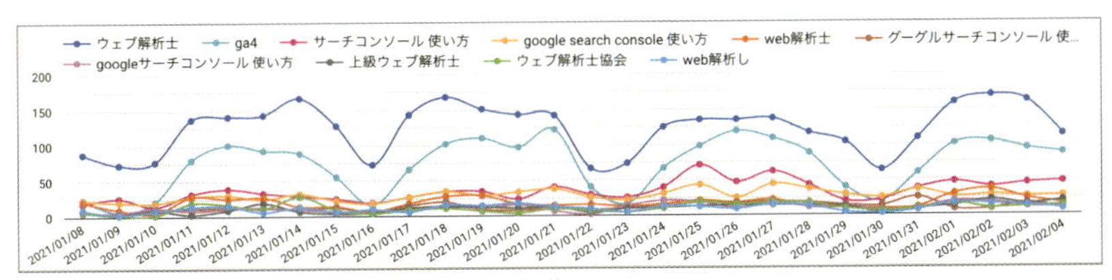

図7-2-3　**検索上位10キーワードの平均掲載順位推移**

フィルタを利用すれば、特定の検索クエリのみの掲載順位を表示することも可能です。

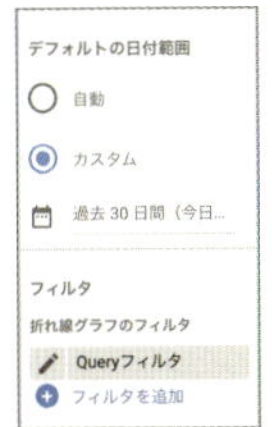

図7-2-4　**フィルタを作成し、追加する**

また、主に英語のキーワードが含まれる場合には、図7-2-5のような「日本のみのデータを表示する」というフィルタも有効でしょう。

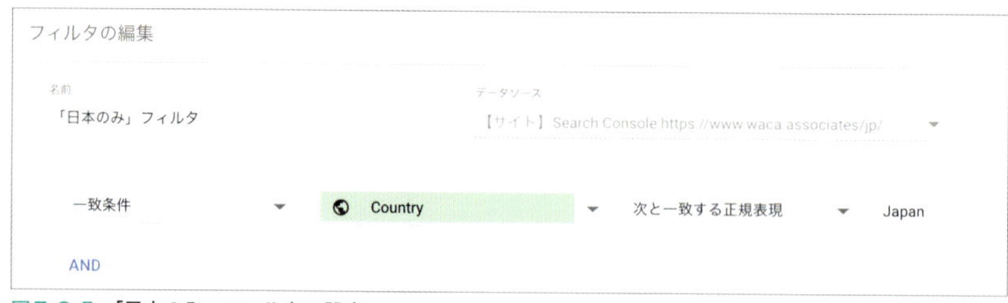

図7-2-5 「日本のみ」フィルタの設定

ここまでで、上部の折れ線グラフが完成しました。

次に、検索クエリレポートを作成していきます。今回は、「表」を選択します。表のプロパティを次に示します。

データソース
【サイト】Search Console

データ
ディメンション：Query
指標：Clicks、Impressions、Site CTR、Average Position
並べ替え：Clicksの昇順
デフォルトの日付範囲：自動
デフォルトの日付範囲（比較期間）：前の期間

今回は、「前の期間」との比較を入れています。

ランディングページレポート

次に、ランディングページのレポートを作成していきます。

まずは左上の「ページを追加」ボタンで、新しいページを作成します。体裁などに変更がない場合には、「複製」しても良いでしょう。

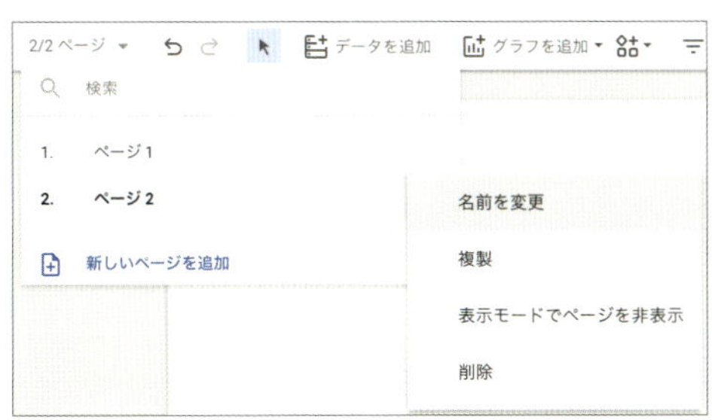

図7-2-6　2ページ目を追加し、「名前の変更」を実行

ページ追加のメニューから名前を変更できます。それぞれ「キーワードレポート」「ランディングページレポート」などと、わかりやすい名称をつけておきます。

ランディングページレポートでは、各検索クエリとランディングページとの関係性を見ていきます。検索クエリとランディングページの組み合わせに対して、検索クエリとクリック率(CTR)の関係、掲載順位とクリック率(CTR)の関係などが確認できます。

これによって、どの検索クエリの場合に、どのランディングページを上位表示するべきかという改善案が見えてきます。完成イメージを図7-2-7に示します。

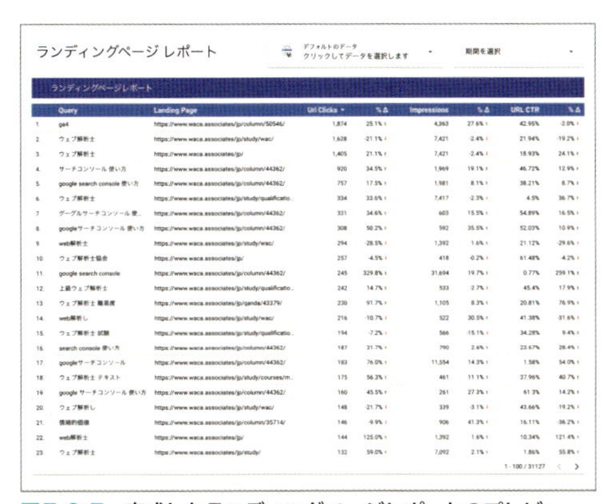

ランディングページ レポート

デフォルトのデータ
クリックしてデータを選択します

期間を選択

ランディングページレポート

	Query	Landing Page	Url Clicks	% Δ	Impressions	% Δ	URL CTR	% Δ
1.	ga4	https://www.waca.associates/jp/column/50546/	1,874	25.1%	4,363	27.6%	42.95%	-2.0%
2.	ウェブ解析士	https://www.waca.associates/jp/study/wac/	1,628	-21.1%	7,421	-2.4%	21.94%	-19.2%
3.	ウェブ解析士	https://www.waca.associates/jp/	1,405	21.1%	7,421	-2.4%	18.93%	24.1%
4.	サーチコンソール 使い方	https://www.waca.associates/jp/column/44362/	920	34.5%	1,969	19.1%	46.72%	12.9%
5.	google search console 使い方	https://www.waca.associates/jp/column/44362/	757	17.5%	1,981	8.1%	38.21%	8.7%
6.	ウェブ解析士	https://www.waca.associates/jp/study/qualificatio...	334	33.6%	7,417	-2.3%	4.5%	36.7%
7.	グーグルサーチコンソール 使...	https://www.waca.associates/jp/column/44362/	331	34.6%	603	15.5%	54.89%	16.5%
8.	googleサーチコンソール 使い方	https://www.waca.associates/jp/column/44362/	308	50.2%	592	35.5%	52.03%	10.9%
9.	web解析士	https://www.waca.associates/jp/study/wac/	294	-28.5%	1,392	1.6%	21.12%	-29.6%
10.	ウェブ解析士協会	https://www.waca.associates/jp/	257	-4.5%	418	-0.2%	61.48%	-4.2%
11.	google search console	https://www.waca.associates/jp/column/44362/	245	329.8%	31,694	19.7%	0.77%	259.1%
12.	上級ウェブ解析士	https://www.waca.associates/jp/study/qualificatio...	242	14.7%	533	-2.7%	45.4%	17.9%
13.	ウェブ解析士 難易度	https://www.waca.associates/jp/qanda/43379/	230	91.7%	1,105	8.3%	20.81%	76.9%
14.	web解析し	https://www.waca.associates/jp/study/wac/	216	-10.7%	522	30.5%	41.38%	-31.6%
15.	ウェブ解析士 試験	https://www.waca.associates/jp/study/qualificatio...	194	-7.2%	566	-15.1%	34.28%	9.4%
16.	search console 使い方	https://www.waca.associates/jp/column/44362/	187	31.7%	790	2.6%	23.67%	28.4%
17.	googleサーチコンソール	https://www.waca.associates/jp/column/44362/	183	76.0%	11,554	14.3%	1.58%	54.0%
18.	ウェブ解析士 テキスト	https://www.waca.associates/jp/study/courses/m...	175	56.3%	461	11.1%	37.96%	40.7%
19.	google サーチコンソール 使い方	https://www.waca.associates/jp/column/44362/	160	45.5%	261	27.3%	61.3%	14.2%
20.	ウェブ解析し	https://www.waca.associates/jp/study/wac/	148	-21.7%	339	-3.1%	43.66%	-19.2%
21.	情緒的価値	https://www.waca.associates/jp/column/35714/	146	-9.9%	906	41.3%	16.11%	-36.2%
22.	web解析士	https://www.waca.associates/jp/	144	125.0%	1,392	1.6%	10.34%	121.4%
23.	ウェブ解析士	https://www.waca.associates/jp/study/	132	59.0%	7,092	2.1%	1.86%	55.8%

1 - 100 / 31127

図7-2-7　完成したランディングページレポートのプレビュー

表のプロパティを次に示します。

データソース
【URL】Search Console

データ
ディメンション：Query、Landing Page
指標：Url Clicks、Impression、URL CTR
並べ替え：Url Clicksの降順
デフォルトの日付範囲：自動
デフォルトの日付範囲（比較期間）：前の期間

ポイントとしては、先ほどのキーワードレポートではデータソースが「サイト」となっているものを選択したのに対して、ここでは「URL」を選択していることです。

ディメンションには「検索クエリ」と「ランディングページ」を、指標には「クリック数（URL Clicks）」「インプレッション数（Impressions）」「クリック率（URL CTR）」を選択します。

これで、Search Consoleのレポートが完成しました。

データソースのフィールド名

Search Consoleのレポートについては、標準のままだと項目名が全て英語になってしまうため、「データソースのフィールド編集画面」で項目名を変更していきます。とくに、お客さまに見せるレポートを作る場合は、変更しておくと良いでしょう。

ホーム画面の左側メニューで「データソース」を選択し、先ほど接続した「【サイト】〜〜〜」のデータソースを選択します。すると、次のような画面になります。

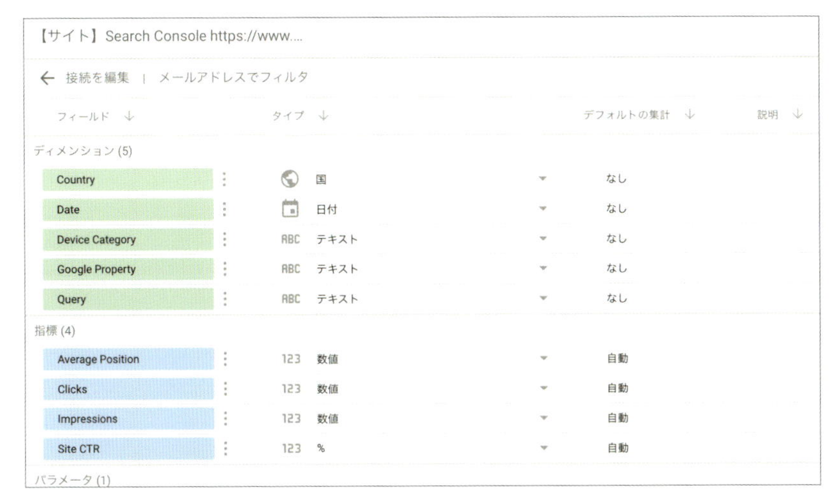

図7-2-8　**コネクションを編集**

例えば、デフォルトでは「Query」となっていますが、項目名(フィールド名)をクリックすると、編集できるようになるため、「検索クエリ」などの訳語に変更します。単なる訳語にするのではなく、よりわかりやすい用語にしても良いでしょう。

Googleアナリティクス連携レポート

Googleアナリティクスと Search Consoleを連携して、1つのレポート内で2つのデータをかけ合わせたグラフを表示できます。ここでは、【URL】Search ConsoleレポートとGoogleアナリティクスレポートを連携し、「Google検索のImpressionsとコンバージョン(目標の完了)数の関係性レポート」「Google検索CTRとコンバージョン率の関係性レポート」を作成していきます。完成イメージを図7-2-8に示します。

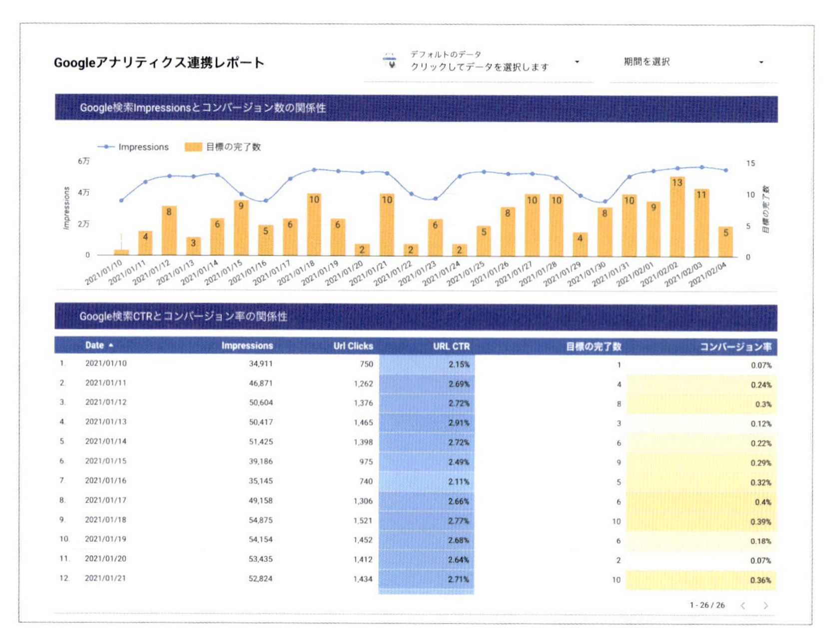

	Date ▲	Impressions	Url Clicks	URL CTR	目標の完了数	コンバージョン率
1.	2021/01/10	34,911	750	2.15%	1	0.07%
2.	2021/01/11	46,871	1,262	2.69%	4	0.24%
3.	2021/01/12	50,604	1,376	2.72%	8	0.3%
4.	2021/01/13	50,417	1,465	2.91%	3	0.12%
5.	2021/01/14	51,425	1,398	2.72%	6	0.22%
6.	2021/01/15	39,186	975	2.49%	9	0.29%
7.	2021/01/16	35,145	740	2.11%	5	0.32%
8.	2021/01/17	49,158	1,306	2.66%	6	0.4%
9.	2021/01/18	54,875	1,521	2.77%	10	0.39%
10.	2021/01/19	54,154	1,452	2.68%	6	0.18%
11.	2021/01/20	53,435	1,412	2.64%	2	0.07%
12.	2021/01/21	52,824	1,434	2.71%	10	0.36%

図7-2-9　Search Console × Googleアナリティクス レポート

Search ConsoleとGoogleアナリティクスを連携して使うには「データを結合」により、新たなデータソース「混合データ」を作成します。

「データを結合」とは、異なるデータソースをディメンションにキーとして紐付けて、各指標をレポート上に表示させるための機能です。Googleアナリティクスレポートで表示できるコンバージョン数やコンバージョン率と、Search ConsoleのImpressionsやURL CTRなどをかけ合わせてグラフに表示させるために使います。

「データを結合」するときは、各データソースの共通のディメンションが必要です。ここでは、Search ConsoleとGoogleアナリティクスに共通して存在する「ランディングページ」「日付」をキーとして連携する方法を紹介します。

まず、Googleアナリティクス側の設定を行う必要があります。「データを結合」の機能は共通のディメンションのみならず、文字列形式が一致しなければ連携できません。試しに【URL】Search Consoleレポートのディメンション「Landing Page」とGoogleアナリティクスレポートのディメンション「ランディングページ」を表示してみましょう。

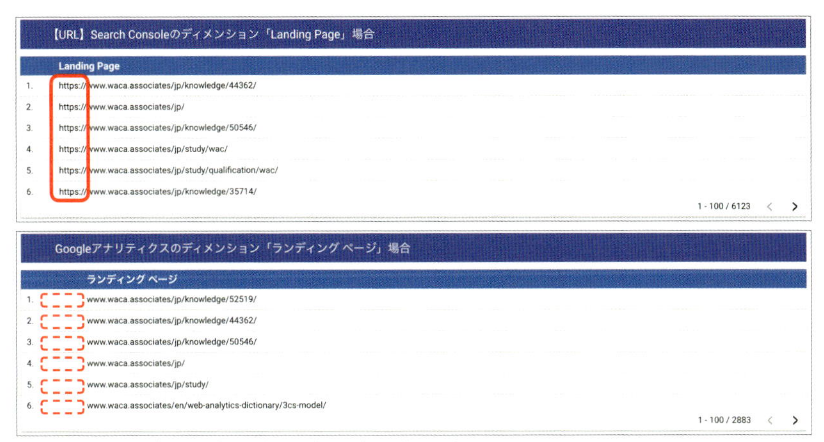

図7-2-10　各レポートの「ランディングページ」の表示の違い

Search Consoleレポートの「Landing Page」はhttps://からはじまる全てのURLが表示されるのに対し、Googleアナリティクスレポートの「ランディングページ」はhttps://の表記がありません。この状態では連携ができないため、Googleアナリティクスレポートのディメンション「ランディングページ」のURLにhttps://を付して文字列形式を一致させます。

上部メニュー内の「追加済みのデータソースの管理」を押し、Googleアナリティクスのデータソースの編集を押します。その後、図7-2-12の「フィールドを追加」を押しましょう。

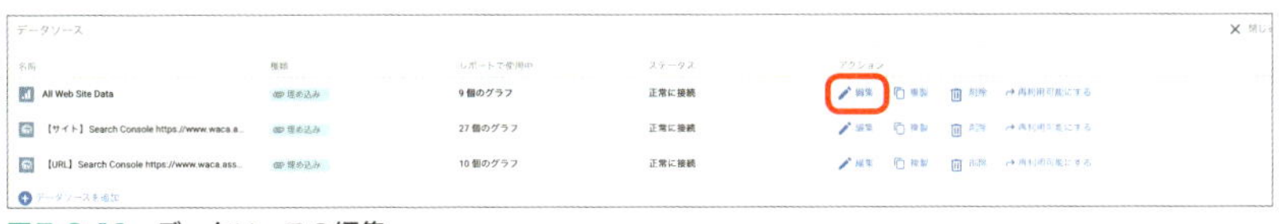

図7-2-11　データソースの編集

図7-2-12　フィールドを追加

フィールド名は「【URL表示】ランディングページ」など、わかりやすい名前をつけましょう。計算式の欄には以下の情報を入力します。

```
CONCAT(“付与したい文字列”,ランディングページ)
```

CONCAT関数は「CONCAT (X , Y)」形式で記述することで、XとYの文字列を結合して表示します。ここでは「https://」の文字列を付与するため、以下を入力します。入力後は保存ボタンを押せば、新しいフィールドが作成されます。

```
CONCAT(“https://”,ランディングページ)
```

図7-2-13　**フィールドを編集**

レポート画面に戻ったら、【URL】Search Consoleレポートで作成したグラフを選択し、「データを結合」ボタンを押しましょう。

ランディングページレポート

	Landing Page	Url Clicks ▾	Impressions	URL CTR
1.	https://www.waca.associates/jp/knowledge/44362/	6,281	251,843	2.49%
2.	https://www.waca.associates/jp/	3,081	26,405	11.67%
3.	https://www.waca.associates/jp/knowledge/50546/	2,862	31,446	9.1%
4.	https://www.waca.associates/jp/study/wac/	1,369	25,034	5.47%
5.	https://www.waca.associates/jp/study/qualification/wac/	1,190	24,147	4.93%
6.	https://www.waca.associates/jp/knowledge/35714/	851	6,794	12.53%

1 - 100 / 6123

データソース
【URL】Search C...
データを結合
ディメンション
Landing Page
ディメンションを追加
ドリルダウン
指標
Url Clicks

図7-2-14　**データを結合ボタン**

「別のデータソースを追加」ボタンを押し、先ほどフィールドを新規追加したGoogleアナリティクスのデータソースを追加します。

データの結合画面では、データソース名を設定しましょう。「データを結合」により「混合データ」と呼ばれるデータソースが新たに作成されます。ここでは「Search Console × Googleアナリティクス」と設定しました。

次に左側のSearch Consoleと、右側のGoogleアナリティクスの結合キーを設定します。ここでは「Landing Pageと【URL表示】ランディングページ」「Dateと日付」が同一文字列形式であるため設定できます。指標は各データソースから選択したいものを選ぶことができます。ここでは次のように設定しています。

データソース(左側)
【URL】Search Console

7-2

データ

ディメンション：Landing Page、Date

指標：Url Clicks、Impression、URL CTR

データソース(右側)

Googleアナリティクス

データ

ディメンション：セッション、新規ユーザー、目標の完了数、コンバージョン率

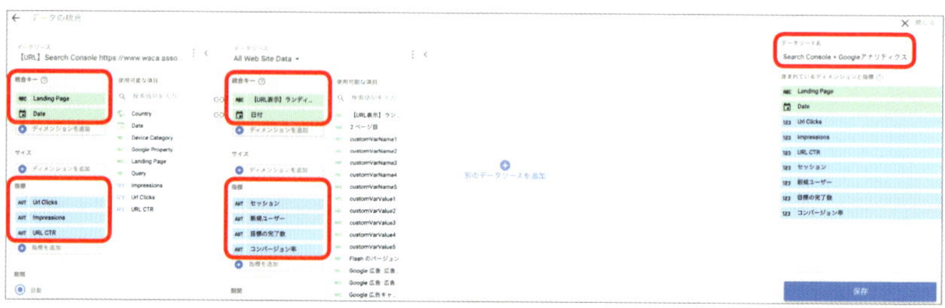

図7-2-15　**データの結合設定画面**

保存ボタンを押せば「データを結合」が完了します。レポート作成画面に戻り、データソースを先ほど作成した「Search Console × Googleアナリティクス」を選択すると、ImpressionsなどのSearch Consoleレポートによる指標、セッションなどのGoogleアナリティクスレポートによる指標が使用可能な項目に表示されています。これで、異なったデータソースの指標をかけ合わせてグラフ上に表示できるようになりました。

図7-2-16　**データの結合完了後**

サンプルレポートの設定を次に示します。

上のグラフ

データソース
Search Console × Googleアナリティクス

データ
ディメンション：Date
指標：Impressions、目標の完了数
並べ替え：Dateの昇順
デフォルトの日付範囲：自動

下のグラフ

データソース
Search Console × Googleアナリティクス

データ
ディメンション：Date
指標：Impressions、URL Clicks、URL CTR、目標の完了数、コンバージョン率
並べ替え：Dateの昇順
デフォルトの日付範囲：自動

7-3

「ページ」についた不要なパラメータを削除する関数

SNSや広告からの流入によって、パラメータが付いているページと付いていないページが計測され、集計に時間がかかってしまうことはありませんか？　事前にビューの設定で除外すれば回避できますが、そうはいかない状況は多々あるでしょう。

そんなときにこの関数を使うと、パラメータを削除した「ページ」へ置き換え、一括で合算できます。

CASE文を使ってグルーピングする方法もありますが、ここで紹介する関数は、記事コンテンツのような大量のページにそれぞれパラメータが付いてしまっている場合に有効です。

使用する関数：

REGEXP_REPLACE

構文：

REGEXP_REPLACE(A, B, C)

A…「ページ」などのフィールド名
B…Aで返ってきた値の一部と一致させる正規表現
C…置き換えるテキストを指定する正規表現

記述例①：

特定のディレクトリに格納された6桁の任意の数字のページに、不要なパラメータが付いているページがある場合

フィールド名

ページ(パラメータ削除)

計算式

```
1 REGEXP_REPLACE( ページ , '(^/articles/[0-9]{6})(.*)', '¥¥1' )
```

図7-3-1
計算式記述例①

REGEXP_REPLACE(ページ, '(^/articles/[0-9]{6})(.*)', '\\1')

	ページ	ページビュー数 ▾
1.	/articles/000187	6,800
2.	/articles/000312	1,082
3.	/articles/000635	966
4.	/articles/000037	956
5.	/articles/000429	754
6.	/articles/000177	649
7.	/articles/000187?fbclid=DtUxdZS...	637
8.	/articles/000635?fbclid=TnJrMy...	532
9.	/articles/000312?fbclid=TnJrNdc...	431
10.	/articles/000037?fbclid=DtUxMk...	330

1 - 10 / 29

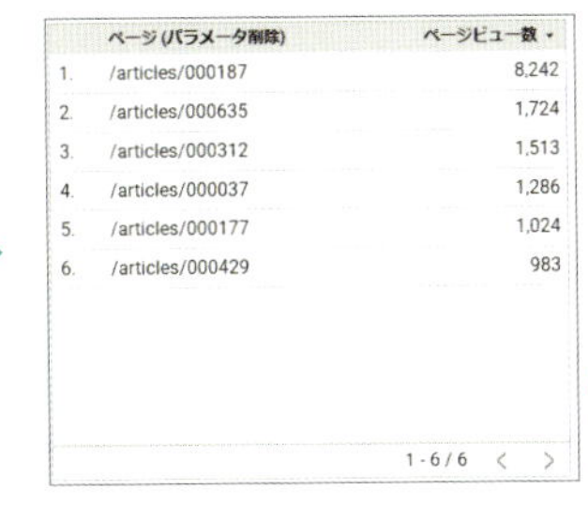

	ページ (パラメータ削除)	ページビュー数 ▾
1.	/articles/000187	8,242
2.	/articles/000635	1,724
3.	/articles/000312	1,513
4.	/articles/000037	1,286
5.	/articles/000177	1,024
6.	/articles/000429	983

1 - 6 / 6

図7-3-2
パラメータ削除後の表出力例①

記述例②：
TOPページやディレクトリ配下など、さまざまな箇所に不要なパラメータが付いているページがある場合

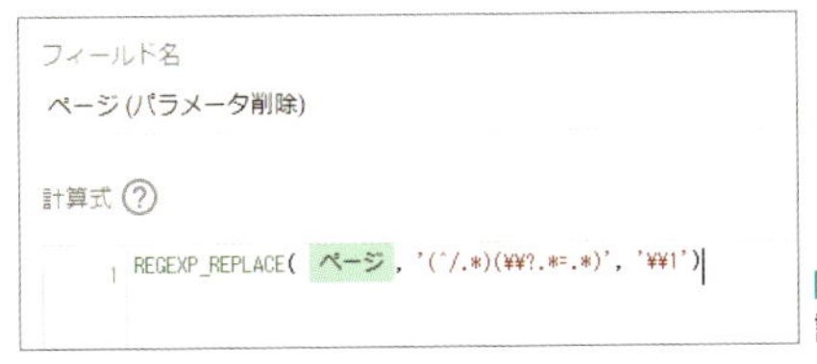

図7-3-3
計算式記述例②

REGEXP_REPLACE(ページ, '(^/.*)(\\?.*=.*)', '\\1')

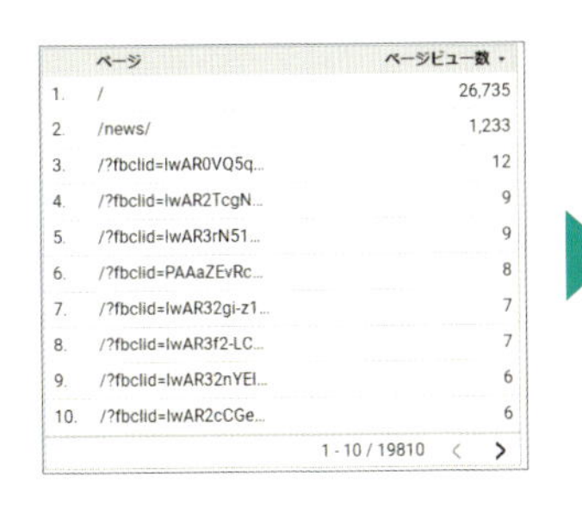

	ページ	ページビュー数 ▾
1.	/	26,735
2.	/news/	1,233
3.	/?fbclid=IwAR0VQ5q...	12
4.	/?fbclid=IwAR2TcgN...	9
5.	/?fbclid=IwAR3rN51...	9
6.	/?fbclid=PAAaZEvRc...	8
7.	/?fbclid=IwAR32gi-z1...	7
8.	/?fbclid=IwAR3f2-LC...	7
9.	/?fbclid=IwAR32nYEI...	6
10.	/?fbclid=IwAR2cCGe...	6

1 - 10 / 19810

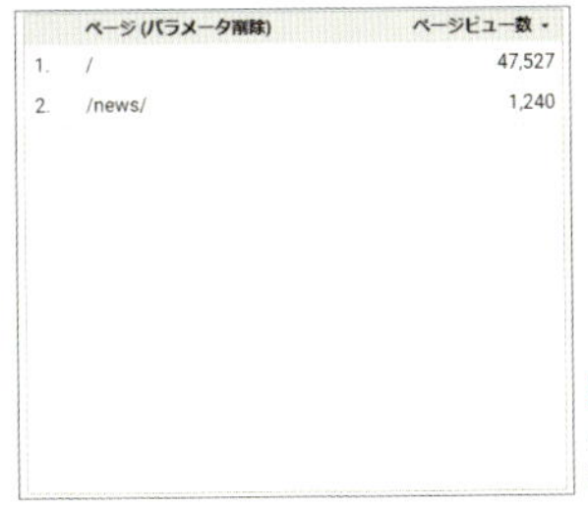

	ページ (パラメータ削除)	ページビュー数 ▾
1.	/	47,527
2.	/news/	1,240

図7-3-4
パラメータ削除後の表出力例②

構文の記述方法：

A…ページ名を合算させるので、「ページ」と記述します。

B…一致させる正規表現の中で、置き換えたい部分とそうでない部分を括弧で囲み、グループ化します。

C…グループの順番にあたる数字を二重バックスラッシュでエスケープし(\\1～\\9)記述します。

今回は置き換えたいグループが1つで、パラメータ部分を削除するので、「\\1」としています。これで、Bで指定したグループの値に置き換えられます。

7-3

7-4 時系列のグラフに割合と値を表示する

指標の割合と値を同じ時系列のグラフ内で可視化したい場合は、(Chapter6でご紹介した)データの統合を使います。

帯グラフで指標の表示タイプを「割合」にすれば、推移を見ることができますが、データポータルでは、実数値と併記できません。また、表形式のグラフでディメンションの各項目の内訳を％で表すことができますが、時系列ごとの割合を示すことはできません。

この方法を使えば、あるディメンションの一項目が全体の何割なのかを、実数値とともに推移を1つのグラフで表せます。

例)自然検索流入によるユーザー数とその割合を時系列で可視化する場合

1. データの統合で、統合キーを任意の時刻に指定したデータソースを作ります。今回はユーザー数の月次推移のグラフを作成するので、統合キーを「月(年間)」に、指標を「ユーザー」にします。
2. 片方のデータに、デフォルトチャネルグループが「Organic Search」のみになるフィルタをかけます(指標名を変更しておくと後で識別しやすい)。

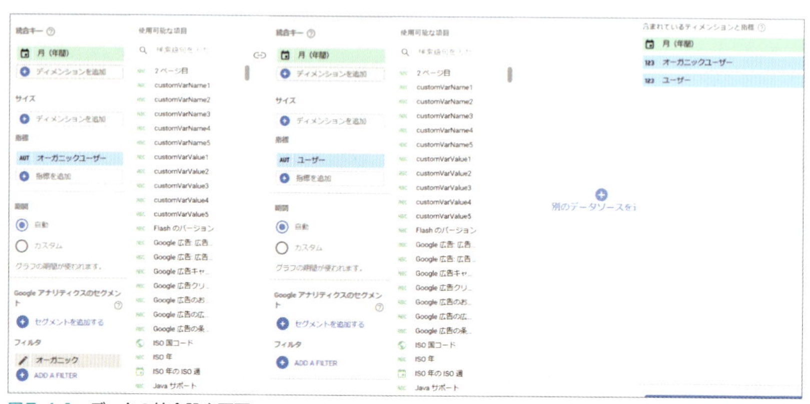

図7-4-1 データの統合設定画面

3. レポート編集画面に戻り、フィルタをかけた項目を指標に選択します(図7-4-2)。

4. 2つ目の指標には、フィールドを作成して追加します。「フィルタをかけたユーザー数÷フィルタをかけていないユーザー数」という計算式を入力し、タイプを%にします(図7-4-3)。

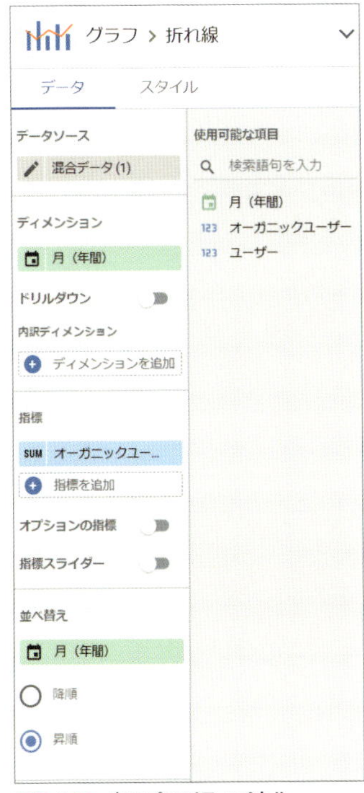

図7-4-2　表のプロパティパネル

図7-4-3　指標の計算フィールド設定画面

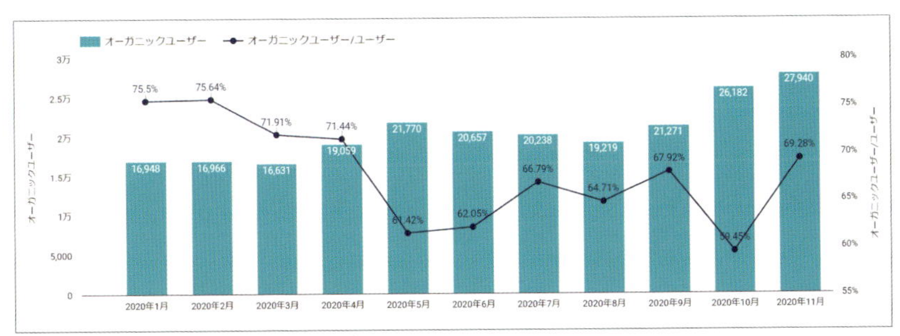

図7-4-4　割合と値を表した月次推移のグラフ

例えば、ターゲット層に向けた施策をうった後、その効果についてインパクトと効率の両面で観測することができます。

7-5 どこどこJPを活用した組織分析レポートの作成

ここでは、どこどこJPをGoogleアナリティクスと連携し、データをレポート化することでアクセス組織分析に活用する事例を紹介します。

組織単位での行動分析や興味関心を察知することで、オフラインでの営業活動やメールマーケティングにも活用でき、高い成約率に繋げられます。

※どこどこJPは株式会社Geolocation Technologyが提供する有償サービスです。どこどこJPとGoogleアナリティクスの連携については、どこどこJPのサイトからご確認ください。(https://www.docodoco.jp/analytics_ga/setting.html)

事前準備

Googleアナリティクスのカスタムディメンションにどこどこ JPの返り値(組織名・業種大分類・売上コード・法人番号など)が取得されています。

※紹介手順はユニバーサルアナリティクスです。GA4の場合はユーザープロパティ、非同期版ではカスタム変数を使用します。

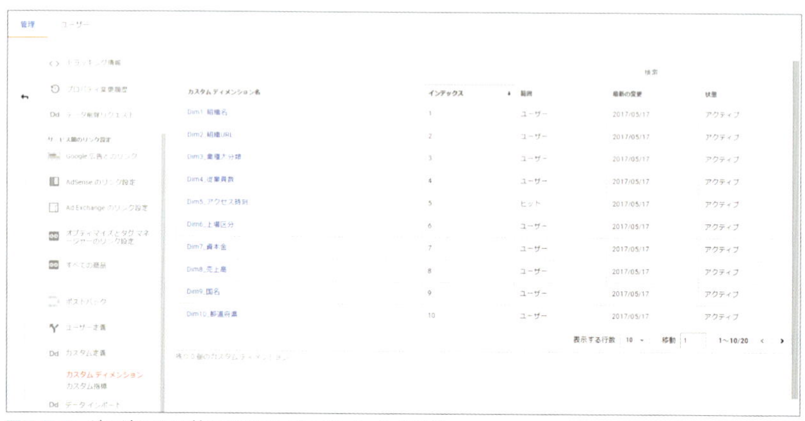

図7-5-1　どこどこ JPの値をカスタムディメンションに格納

完成レポートイメージ

ディメンションにどこどこJPで取得した「組織名」や「業種大分類」を置き、ウェブサイトにアクセスのあった企業名や組織属性を把握できます。

業種別や売上高別のコンバージョン率や直帰率を確認し、サイトのニーズを把握することでLPOやサイト改善に繋がる課題を関係者に共有し、共通認識をもつことができます。

また、特定の組織に絞り込んで行動を分析することで、その組織が何に興味をもち、どんな動機でサイトにアクセスしたのかが一目瞭然となります。いつ、どのタイミングでアクセスが急増し、ランディングページや離脱ページを把握することで、最適な営業活動に繋げられます。

Googleデータポータルは、普段Googleアナリティクスに馴染みのない営業部や人事部などにも簡単に操作ができるため、部門間を超えて共有することが容易になります。

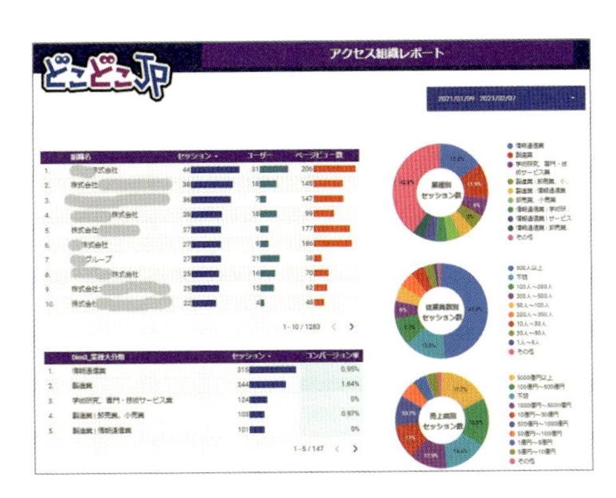

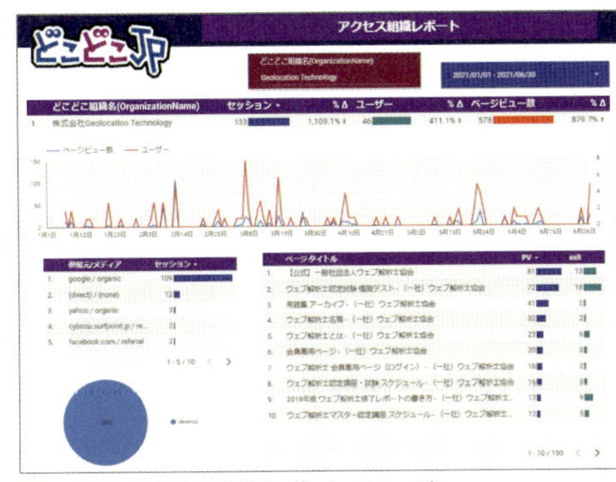

図7-5-2　アクセス組織レポートイメージ

活用のためのTIPS

メール送信設定

データポータルには、設定したメールアドレスに自動でレポートを送信する機能があります。

例えば毎週月曜日の朝に、営業部宛に先週のアクセス組織レポートを自動送信することで今週の営業活動に反映できます。

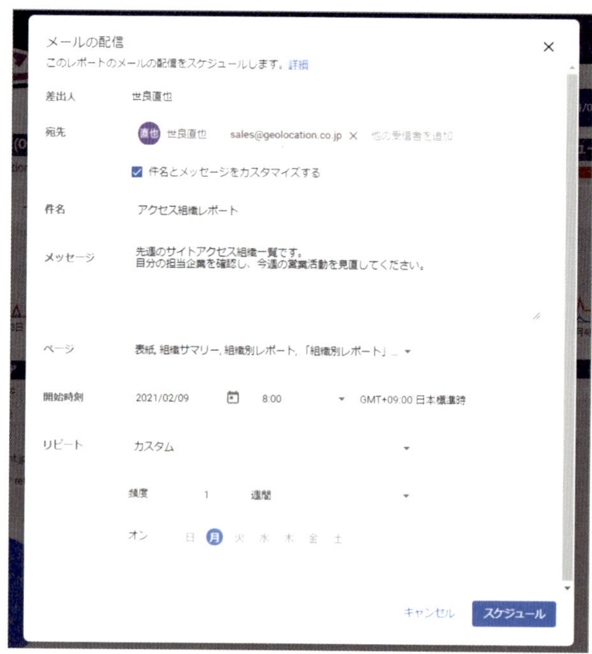

図7-5-3　メール送信設定画面

フィルタの活用

判定される組織は企業だけでなく、学校や自治体の判定も可能です。

組織名に【次を含む正規表現　大学|専門学校】とフィルタをかければ採用担当者にとって有益なレポートとなり、【次を含む正規表現　役所|庁|省】とフィルタをかければ自治体専用のレポートとなります。

	組織名	セッション ▾	ユーザー	ページビュー数
1.	京都大学	31	25	57
2.	国立大学法人東京工業大学	30	16	75
3.	学校法人日本女子大学	23	22	36
4.	東京大学	22	20	57
5.	学校法人早稲田大学	14	14	17
6.	国立大学法人北海道大学	12	12	23
7.	公立大学法人福島県立医科大学	12	9	14
8.	国立大学法人東京医科歯科大学	12	6	39
9.	東北大学	11	8	31
10.	立命館大学	11	11	13

図7-5-4 採用担当向けレポートイメージ

応用編：外部データとの連携

例えば、どこどこJPで取得した組織名や法人番号をキーとして自社顧客データとデータ統合をすることで、活用の幅がさらに広がります。

セールスフォースなどの自社SFAやCRMとデータ統合を行えば、営業担当者や契約状況、最終行動日などでソートすることが可能になります。

ウェブサイトだけでは完結しないリードジェネレーションサイトなどでは、オフラインの行動や施策と紐づけてアクセス解析を行う必要があり、それらをリアルタイムで紐づけることでより生きた情報を営業施策に反映できます。

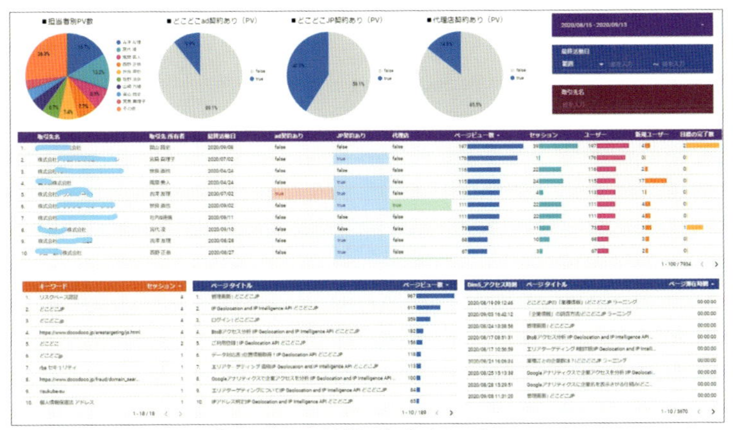

図7-5-5 アクセス組織レポートとSFAの連携レポートイメージ

7-6

Googleアナリティクスの簡易レポート①

データ解析をチェックする頻度によって見るべきポイントが変わります。例えば、突然のアクセス増減の場合、なるべく短い間隔で見ていないと突然のチャンスを逃してしまったり、急なトラブルに気付けず長引かせたりする可能性が高まります。

●具体的な例

- **突然ソーシャルメディアからのサイトアクセスが急増した。著名な有名人が自社の商品を紹介してくれていた。**
  →早く気付くことができればソーシャルメディア上で早急にコメントを返せたり、ほかのプロモーションとしても活用できたりする可能性がある。

- **突然サイトアクセス数が激減した。詳しく調べると自然検索経由のアクセスが著しく低下しており、今までサイト流入に貢献していたキーワードでの検索流入が低下していた。**

このようなことはどの企業にも起こりえることです。仮に1ヵ月に一度の解析だと気付いたときにはすでに遅いです。

今回はウェブサイトのアクセスと目標の完了数の変化に気付くための簡易レポートを紹介します。もちろん、このレポートだけでは詳細はわかりません。しかし、まずは変化に気付くことが重要です。このレポートをきっかけに、タイムリーに変化に気付ける仕組みを作りましょう。

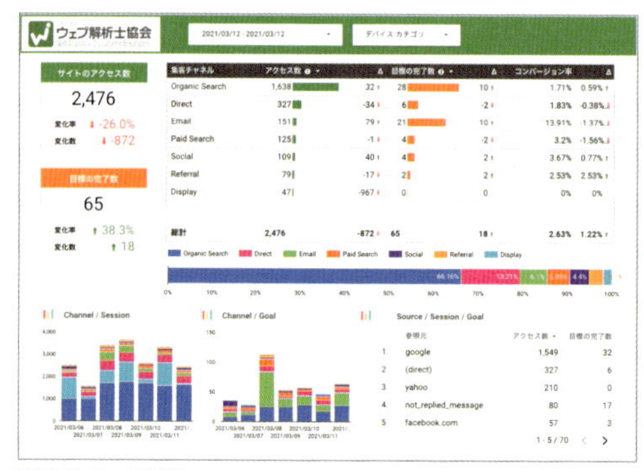

図7-6-1　全体像

サイトアクセス数（セッション数）と目標の完了数にフォーカスしたレポートです。まずは全体を俯瞰して見て、気になるところを掘り下げて見られる仕様になっています。

個々の情報について掘り下げて解説します。

日付変更機能

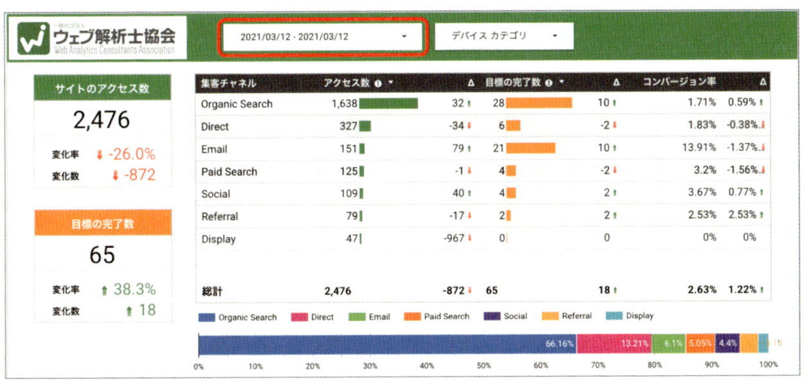

集客チャネル	アクセス数	Δ	目標の完了数	Δ	コンバージョン率	Δ
Organic Search	1,638	32 ↑	28	10 ↑	1.71%	0.59% ↑
Direct	327	-34 ↓	6	-2 ↓	1.83%	-0.38% ↓
Email	151	79 ↑	21	10 ↑	13.91%	-1.37% ↓
Paid Search	125	-1 ↓	4	-2 ↓	3.2%	-1.56% ↓
Social	109	40 ↑	4	2 ↑	3.67%	0.77% ↑
Referral	79	-17 ↓	2	2 ↑	2.53%	2.53% ↑
Display	47	-967 ↓	0	0	0%	0%
総計	2,476	-872 ↓	65	18 ↑	2.63%	1.22% ↑

図7-6-2　**カレンダー機能**

レポート上部にカレンダー機能を付けています。デフォルトでは前日のデータが表示されるように設定しています。適宜必要に応じて好きな日に変更したり日数を伸ばしてデータを変化させたりしてください。また、比較期間として設定しているのは「前の期間」です。そのため、デフォルトの場合は前日と前々日の比較データが変化量で表示されています。

レポート設定

デフォルトの日付範囲…昨日

デバイスカテゴリの絞り込み機能

ウェブ解析士協会
Web Analytics Consultants Association
2021/03/12 - 2021/03/12
デバイス カテゴリ
検索語句を入力
tablet
mobile
desktop

サイトのアクセス数
2,476
変化率 -26.0%
変化数 -872

集客チャネル	アクセス数	コンバージョン率	Δ
Organic Search	1,638	1.71%	0.59%
Direct	327	1.83%	-0.38%
Email	151	13.91%	-1.37%
Paid Search	125	3.2%	-1.56%
Social	109	3.67%	0.77%

図7-6-3　デバイスの選択

カレンダー機能の右側にデバイスカテゴリの選択機能を付けています。こちらも適宜必要に応じてデバイスカテゴリを絞ってデータを見てください。

デバイスカテゴリごとにアクセスや目標の完了数は異なりますし、デバイス×集客チャネルごとの異なりもあります。

俯瞰して見る箇所（前の期間比較）

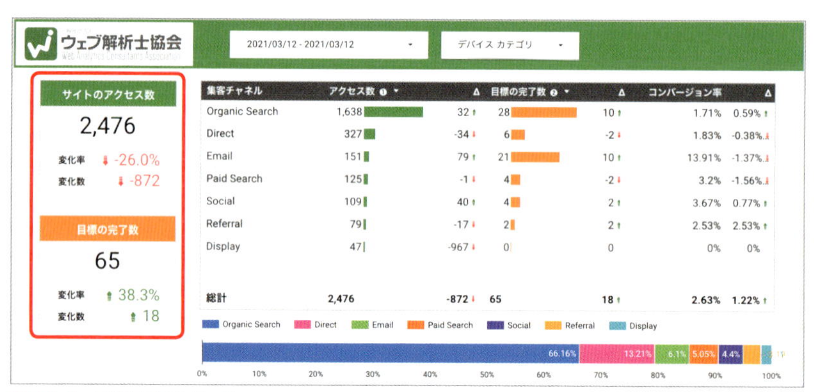

集客チャネル	アクセス数	Δ	目標の完了数	Δ	コンバージョン率	Δ
Organic Search	1,638	32	28	10	1.71%	0.59%
Direct	327	-34	6	-2	1.83%	-0.38%
Email	151	79	21	10	13.91%	-1.37%
Paid Search	125	-1	4	-2	3.2%	-1.56%
Social	109	40	4	2	3.67%	0.77%
Referral	79	-17	2	2	2.53%	2.53%
Display	47	-967	0	0	0%	0%
総計	2,476	-872	65	18	2.63%	1.22%

図7-6-4　俯瞰して見るデータ

デフォルトでは前日の数値と前の期間（前々日）との変化率と変化量を記載しています。変化率だけだと実数を別途計算する必要があり、変化量だけだと仮に目標の完了数が増加減したときにサイトのアクセス数との関連性に気付きにくくなります。変化率と変化量を両面から見ることで変化の原因に気付きやすくしています。

集客経路（チャネル）別データ（前の期間比較）

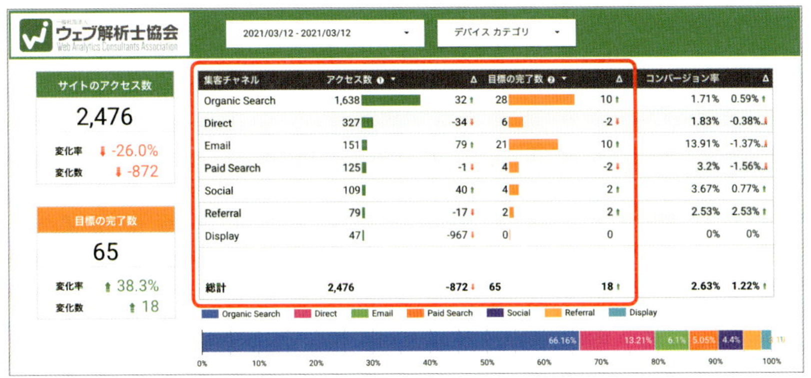

図7-6-5　チャネル別データ

左の俯瞰したデータだけ見るとサイトのアクセスが872減少して目標の完了数は18増加しています。これはあくまでも結果であり、過程ではありません。

アクセスデータを見るときによく活用されるのが集客チャネル別のデータです。

872のアクセス数減少も内訳を見るとOrganic Search（自然検索）経由、Email（メール）経由、Social（ソーシャル）経由は増加しているのにDisplay（ディスプレイ広告）経由のアクセス数が大幅に減少していることで全体のアクセス数が減少していることがわかりました。

目標の完了数も18増加している中でOrganic Search（自然検索）経由とEmail（メール）経由が20ずつ増加していることにより全体の底上げをしていることがわかります。

メルマガを配信した翌日やSNSを更新した翌日に見るとその効果を確認できるのでおすすめです。

集客経路（チャネル）のアクセス数の割合データ

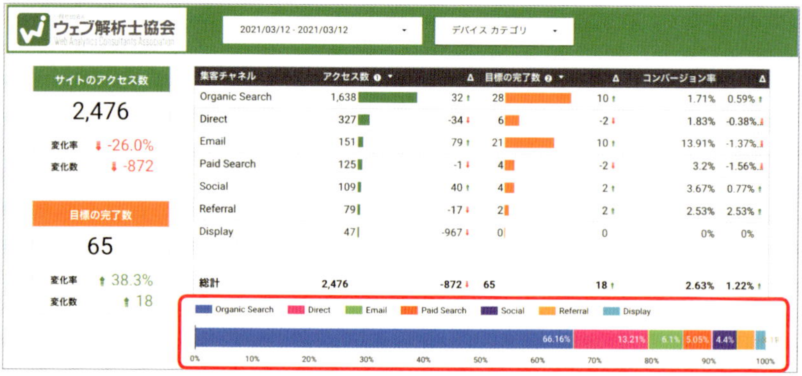

ウェブ解析士協会
Web Analytics Consultants Association
2021/03/12 - 2021/03/12
デバイス カテゴリ

サイトのアクセス数
2,476
変化率 -26.0%
変化数 -872

目標の完了数
65
変化率 38.3%
変化数 18

集客チャネル	アクセス数	Δ	目標の完了数	Δ	コンバージョン率	Δ
Organic Search	1,638	32↑	28	10↑	1.71%	0.59%↑
Direct	327	-34↓	6	-2↓	1.83%	-0.38%↓
Email	151	79↑	21	10↑	13.91%	-1.37%↓
Paid Search	125	-1↓	4	-2↓	3.2%	-1.56%↓
Social	109	40↑	4	2↑	3.67%	0.77%↑
Referral	79	-17↓	2	2↑	2.53%	2.53%↑
Display	47	-967↓	0	0	0%	0%
総計	2,476	-872↓	65	18↑	2.63%	1.22%↑

Organic Search　Direct　Email　Paid Search　Social　Referral　Display
66.16%　13.21%　6.1%　5.05%　4.4%
0%　10%　20%　30%　40%　50%　60%　70%　80%　90%　100%

図7-6-6　チャネル別アクセス数の構成比率

全体の構成比率を見るときによく使われるグラフは円グラフですが、今回は少し異なる見せ方をします。

使用しているグラフは100%積上横棒グラフです。ディメンションを「データソース」に設定し、内部ディメンションは「デフォルトチャネルグループ」にしています。今回はwebのみのデータを抽出するため、フィルタ設定でデータソースをwebのみに設定しています。指標をセッションにして割合を出したいため、指標の左側の鉛筆マークをクリックし、さらに比較計算を「全体に対する割合」にし、タイプを「%」にします。

並べ替え順をセッションの降順にすることで割合の多い順に左から並べられます。

集客経路（チャネル）×日別のアクセス数、目標の完了数の推移データ

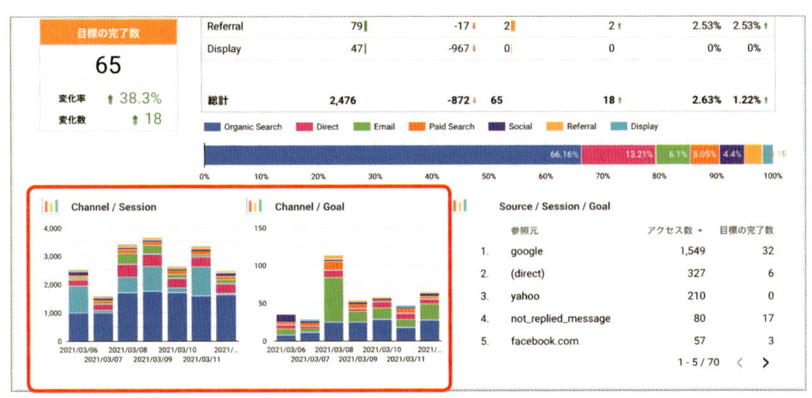

図7-6-7　日別推移グラフ

レポートの左下には日別の推移グラフがあります。チャネルごとの色は上のものと同じですので、このグラフから読み取れる情報を次に示します。

- 3月8日以降の自然検索からの流入と目標の完了数が増加している
- ディスプレイ広告からの流入には波がある
- 3月8日、9日はメールからのアクセスが多い
- 3月8日のメール流入からの目標達成数が多い

重要なことは変化に気付くことです。そして気付いたことに対して何故そうなったのかをさらに深堀して調べることです。

参照元別のアクセス数の上位5位までのデータ

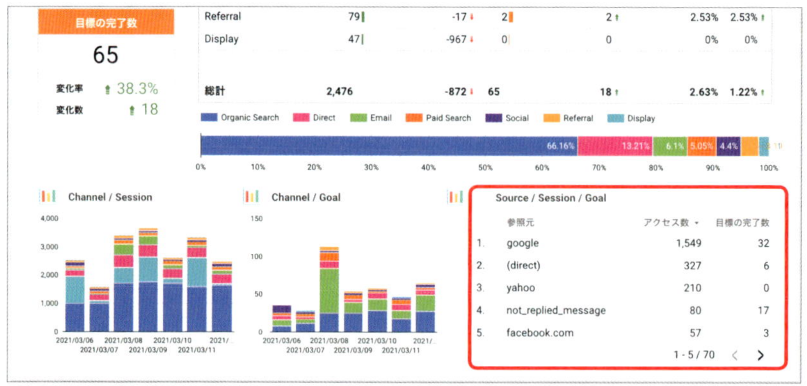

図7-6-8　参照元別Top5

先ほど言及したように、データを深堀することが重要です。深堀にはさまざまな方法がありますが、このレポートでは参照元に深堀できるようにしています。

デフォルトの状態だと全流入に対する参照元データになりますので、活用するコツを紹介します。

レポート利用のコツ

このレポートにはInteractionsというフィルタ設定を使用しています。この機能をオンにしておくと、グラフ上で設定しているディメンション(チャネル・参照元など)を使ってほかのグラフにフィルタリングをかけられます。

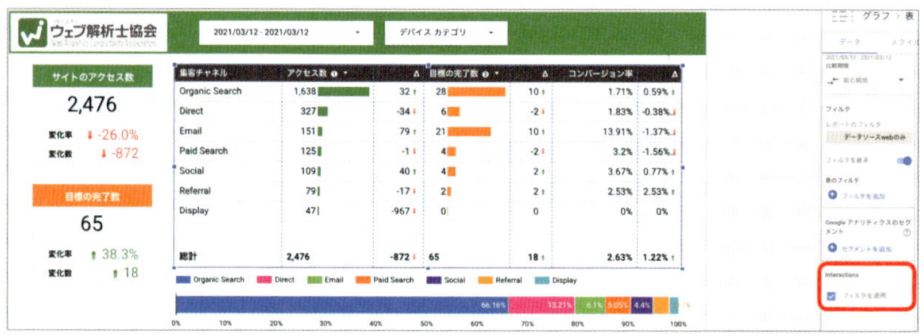

図7-6-9　Interactions機能

この機能を使いたいグラフをクリックし、データタブの一番下にあるInteractionsの「フィルタを適用」をチェックします。では、次に実際の挙動を見てみましょう。

フィルタを適用にチェックを入れた状態で表示モードにします。今回は例として「Referral」に絞ったデータを見てみます。集客チャネル別の表の中の「Referral」をクリックします。するとレポート内のデータがReferral経由のデータに変わりました。(図7-6-10)

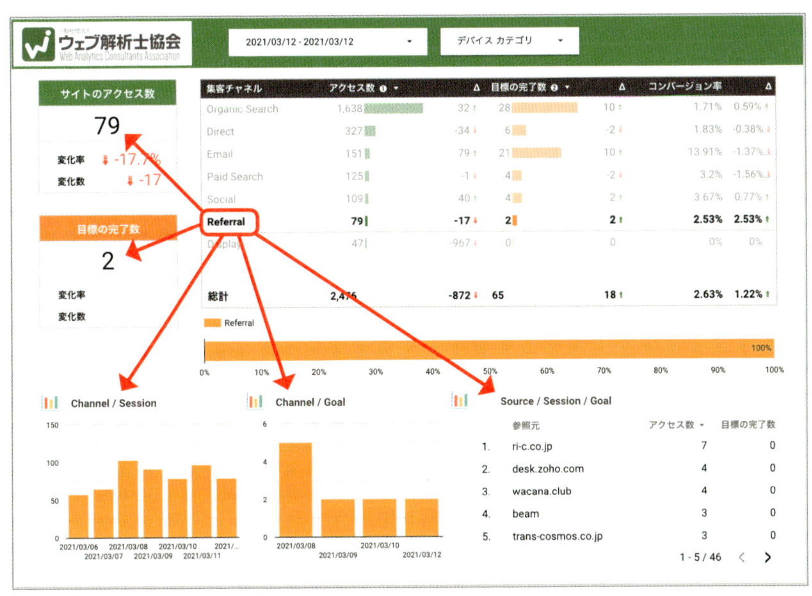

図7-6-10　Referralに絞ったデータ

参照元のデータはReferral経由に絞ったものになっているため、先ほどまでは見つけることが困難だったデータに辿り着けました。

また、3月8日以降、自然検索経由の流入が増えている内訳をみてみましょう。

先ほどはReferralをクリックしましたが、今回はOrganic Searchをクリックします。すると自然検索経由に絞られたデータになりました。(図7-6-11)

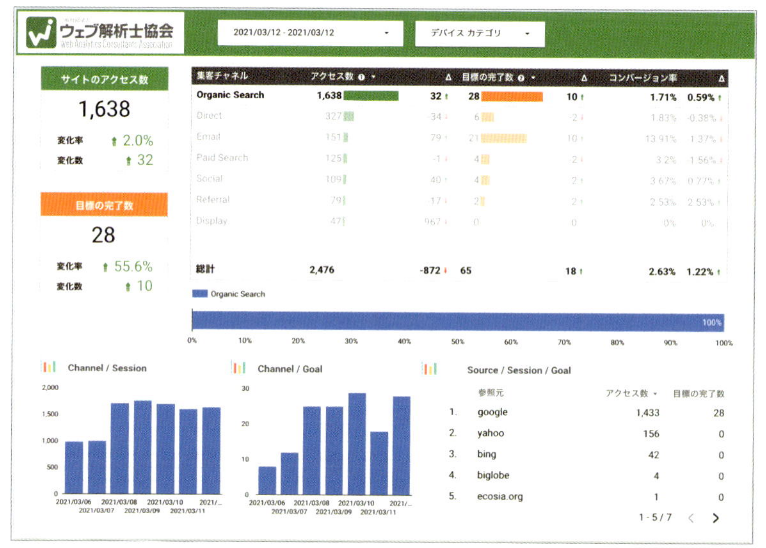

図7-6-11　自然検索経由に絞ったデータ

自然検索経由のアクセスが3月8日以降それまでに比べて1日700件ほど増加しています。

参照元はGoogle経由が全体の約87%と大半を占めていますが、GoogleとYahooでどのように変化しているのかをさらに見てみましょう。

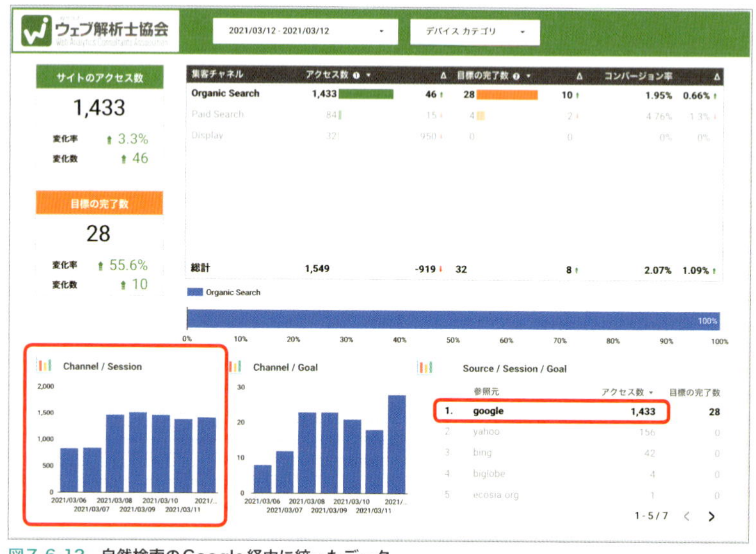

図7-6-12　自然検索のGoogle経由に絞ったデータ

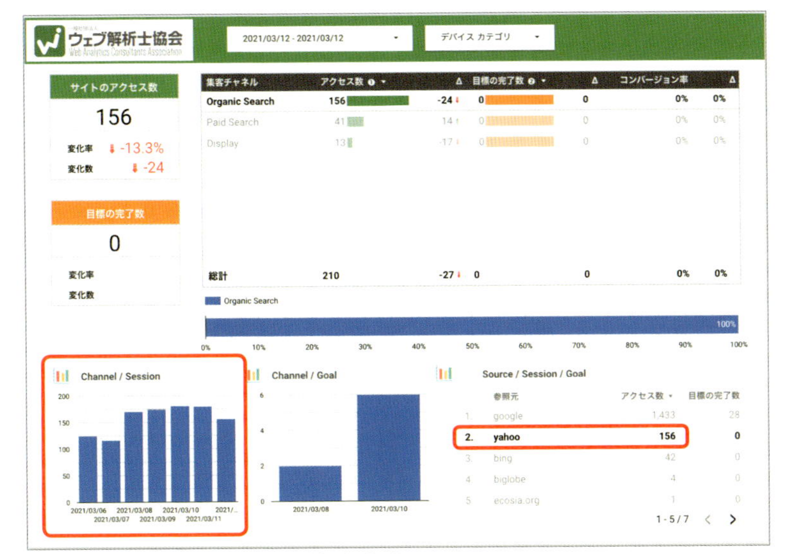

図7-6-13　自然検索のYahoo経由に絞ったデータ

Google、Yahooのいずれも3月8日からアクセスが増加している傾向があります。ただし、アクセス数はGoogleのほうが圧倒的に多いので影響度が高いことは間違いないでしょう。

ここまでわかると次はどのデバイスで増えているのか？　どのキーワードで流入しているのか？　どのページをきっかけに増えているのか？　などさらに疑問が生まれるでしょう。

このようにして1つの変化に対してさまざまな角度から疑問を持って見ると次のアクションに繋がるヒントを得られます。このレポートだと数分見るだけで良いので、毎日定時にPDFとしてメールで送る方法も良いでしょう。

7-7 Googleアナリティクスの簡易レポート②

先ほどの事例では、ウェブサイトのアクセスを簡易に確認できるレポートの一例を紹介しました。

ウェブサイトのアクセス解析が最も重要視されるのはECサイトではないでしょうか。この事例ではECサイトに特化した簡易レポートを紹介いたします。

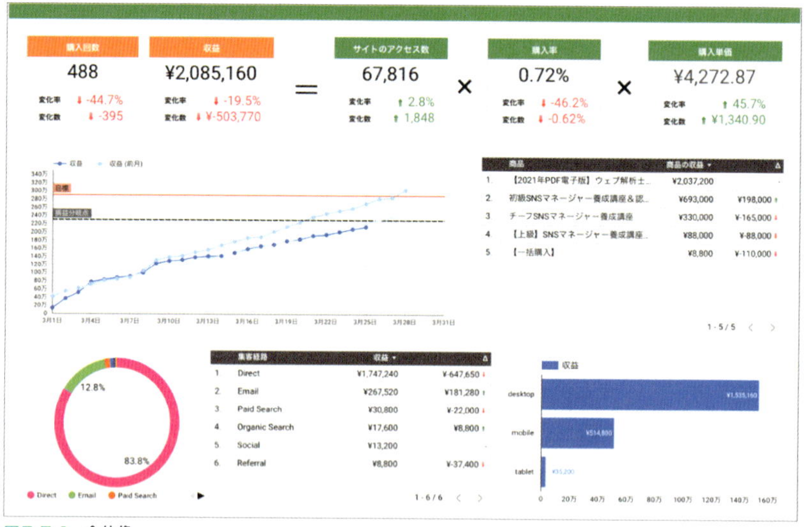

図7-7-1　全体像

上記はレポートの全体像です。次の項目を一目で確認できるスコアカードです。

- **購入回数（トランザクション数）**
- **収益**
- **サイトのアクセス数（セッション数）**
- **購入率（eコマースのコンバージョン率）**
- **平均注文単価**

デフォルトの期間は「今月初めから今日まで（今日を除く）」で、比較の期間は「前の期間」を設定しています。

スコアカード

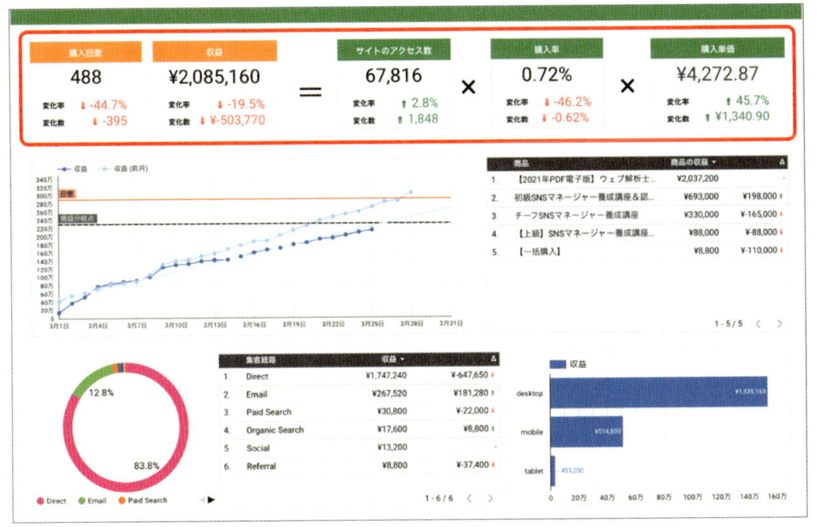

図7-7-2　スコアカード

スコアカードは、ECサイトで見るKGI（重要目標達成指標）として収益を設定することが多いでしょう。レポートの左上に今月の昨日までの収益と購入回数を配置し、一目でわかるようにしています。

収益の方程式は「サイトのアクセス数」×「購入率」×「購入単価」です。このスコアカードでは、比較期間と比べたときにどの要素が影響して収益に影響を与えているかをわかりやすく表現しています。この工夫により、仮に収益が下がったときに、サイトアクセスが減ったのか、購入率が下がったのか、購入単価が下がったのかをすぐに判断できるようになります。今回は比較期間を「前の期間」にしていますが、商材によっては前年と比較したほうが良いこともありますので適宜状況に合わせて活用してください。

積み上げ推移グラフ

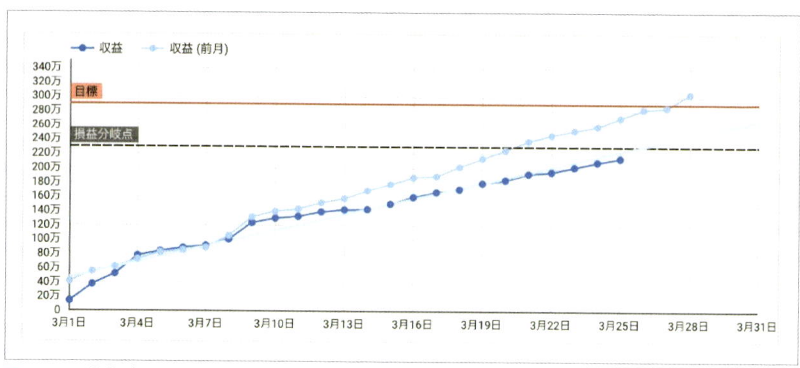

図7-7-3　推移グラフ累計表示

ECサイトにおいて、月間収益の損益分岐点の突破予想タイミングがわかると新たな施策の意思決定スピードが早くなります。月末付近で収益目標を達成するために急いでメルマガやSNSを配信したり、広告配信を強化したりしても、すぐに効果が出るとは限りません。

そこで日々の累積収益の推移グラフにトレンドライン、リファレンス行を追加することで未来を予測できるようになります。

推移グラフの累積表示の設定方法

図7-7-4　データ設定

ディメンション：日付
指標：収益
デフォルトの日付範囲：今月
比較期間：前の期間

デフォルトの日付を「今月」にすることで1日から月末までの推移がグラフで確認できるようになります。また、比較期間を「前の期間」にしているので「今月」の前の期間、すなわち「先月」との比較になります。比較期間に関しては、必要に応じて前年に変更することもおすすめします。

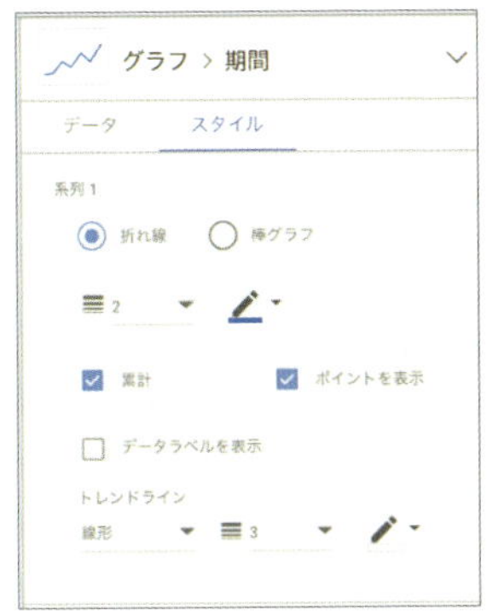

図7-7-5　スタイル設定

累計にチェックを入れると日々の累計推移グラフに変更されます。また、今回はポイントを表示させることで日々の増減を視覚的に判断しやすいようにしています。

トレンドラインの追加方法

トレンドラインの追加方法は、「線形」「指数」「多項式」の3つがあります。今回は「線形」を選択しています。それぞれのトレンドラインの違いや利用用途を次に示します。

線形トレンドラインは、グラフのデータに最も近い直線です（正確には、全てのポイントからの距離の 2 乗の合計を最小にする線です）。

データについて説明するのに eax+b の指数形式が最も適切な場合は、指数トレンドラインを使用してデータの傾向を表すことができます。

多項式トレンドラインでは、曲線を使用してデータの傾向を表します。これは、大規模でばらつきの大きいデータ系列を分析する際に役立ちます。”[※1]

リファレンス行の追加方法

図7-7-6　リファレンス行の設定

今回はリファレンス行の「定数値」という種類を利用します。任意で指定した数値の線を左右のY軸に追加できます。

※1　参照：Googleデータポータルのヘルプ

ここでは、仮に月間の収益額の損益分岐点を2,300,000円とします。今回は左側のY軸が収益ですので左Y軸を選択し、値を2,300,000に設定します。線の種類は破線、点線、実線の3種類の中から選択でき、今回は破線を選んでいます。これで2,300,000円のラインに損益分岐点の破線ラインが追加されます。同様に、目標額2,900,000円のラインに赤色の実線を追加します。

リファレンス行の種類には定数値以外にも「指標」と「パラメータ」が選択できます。「指標」を選択するとグラフで使用している指標の平均値や中央値、最小、最大などに線を引くことができます。常に変化する平均のラインや中央値のラインを見える化するのに適しています。

パラメータは使いどころが難しいのですが、データーソースに設定を追加できるというくらいの認識で問題ないでしょう。同じリファレンス行を複数のグラフで設定するときに毎回値を設定しなくてもパラメータを読み込むことで簡単に設定できます。

※今回は目標値を表示させるために左Y軸の軸の最大値を3,000,000にて入力で設定しています。実際にこのテンプレートをコピーして活用するときは、「軸の最大値」と「カスタム目盛の間隔」をご自身のデータに合わせて変更してください。

図7-7-7　**カスタム目盛の間隔**

販売した商品の一覧

	商品	商品の収益 ▼	Δ
1.	【2021年PDF電子版】ウェブ解析士...	¥2,037,200	-
2.	初級SNSマネージャー養成講座＆認...	¥693,000	¥198,000 ↑
3.	チーフSNSマネージャー養成講座	¥330,000	¥-165,000 ↓
4.	【上級】SNSマネージャー養成講座...	¥88,000	¥-88,000 ↓
5.	【一括購入】	¥8,800	¥-110,000 ↓

1 - 5 / 5

図7-7-8　販売商品一覧データ

販売商品の一覧は表で見せています。商品の収益が高い順に並び替えを行っており前の期間との比較も合わせて確認できるようにしています。

グラフの種類：表
ディメンション：商品
指標：商品の収益
並び替え：商品の収益　降順
比較期間：前の期間

集客経路（チャネル）別データ

図7-7-9　チャネル別データ

左側に今月分（今日まで）の流入経路ごとの収益の割合がドーナツグラフで表示されています。右側には実際の数値データも表で表示されているので、集客経路ごとの収益の増減の内訳が確認できるようになっています。

（左）
グラフの種類：ドーナツ
ディメンション：デフォルトチャネルグループ
指標：収益
並び替え：収益　降順

（右）
グラフの種類：表
ディメンション：デフォルトチャネルグループ
指標：商品の収益
並び替え：商品の収益　降順
比較期間：前の期間

7-7

デバイスごとのデータ

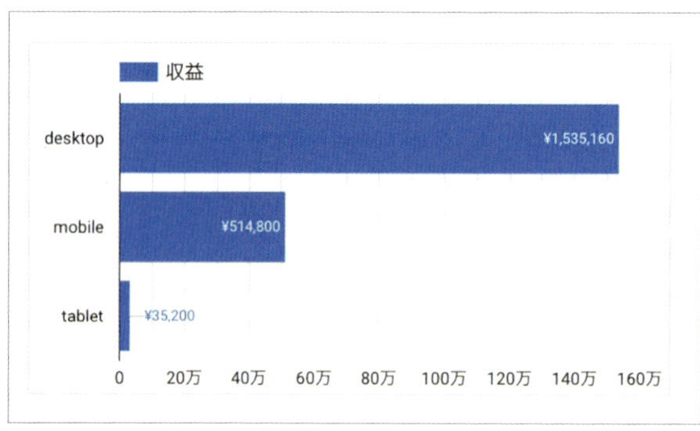

図7-7-10　デバイス別データ

デバイスごとの収益額の比較を横棒グラフで表示しています。

グラフの種類：棒グラフ
ディメンション：デバイス カテゴリ
指標：収益
並び替え：デバイス カテゴリ　降順

ECサイトの分析はこの1枚のレポートでは到底難しいでしょう。Chapter4でも説明しましたが、レポートは見せる相手によって載せる情報を分けることが必要な場合もあります。このレポートは、定期的に状況を把握する必要がある層の方が見るレポートに近いかもしれません。

- **全体として収益額がいくらなのか**
- **増減の簡単な理由**
- **いつ目標を達成する見込みがあるのか**
- **何が売れているのか**

上記のような内容は、このレポートを見ればある程度は把握できるでしょう。まずはこのレポートを定期的に見ることで、数字の変化を掴み未来の見込み値を知るきっかけにしましょう。

Appendix

付録

本書の付録として、購入者特典とGoogleデータポータルのテンプレートを用意しました。こちらを参考として、日頃のレポーティングに活用してください。

A-1

購入者特典

本書をここまで読んでいただき、ありがとうございます。Googleデータポータルの魅力をより深く理解できたのではないでしょうか。ここまで読んでいただいた読者のみなさまに感謝の気持ちを込めて、プレゼントがあります。

アクセスユーザーのIPアドレスから企業情報を判定する『どこどこJP』を30日間無料でご利用いただける特典をご用意しました。
https://www.docodoco.jp/

近年では、情報源はウェブを中心に多様化し、デジタルマーケティングの重要性が増してきています。とくにBtoB企業では、お問い合わせ前の情報収集手段が溢れ、営業担当に声がかかるときにはすでに意思決定の後、というケースも少なくありません。

そこで重要になる情報が、アクセス企業情報です。

Googleアナリティクスと Googleデータポータルにどこどこ JPを連携することで、サイトにアクセスのあった企業名をダイレクトに取得し、どの企業がいつ、何人、どのページを閲覧したかを可視化し、アクセス解析や営業活動に活用できます。

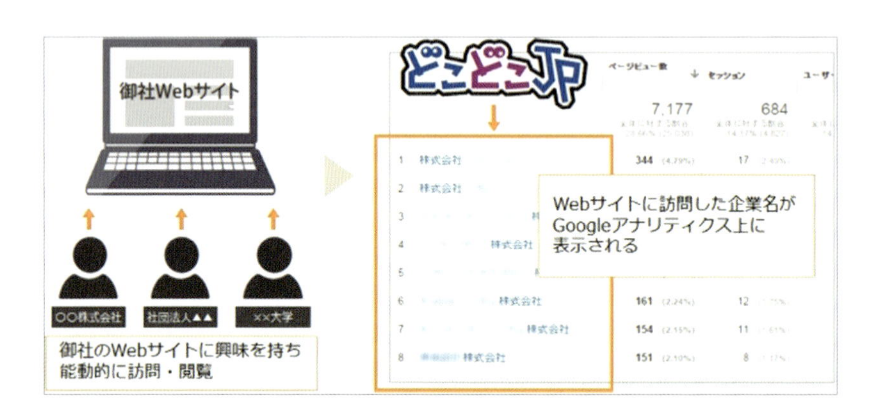

取得できる情報は、企業名・業種・従業員数・売上高などさまざまです。

取得したデータはGoogleデータポータルレポートにも活用でき、企業属性をフィルタやセグメントの条件として本格的なアクセス企業分析が簡単に実現できます。

※具体的な活用テクニックは本書「7-5」で詳しく紹介しています

今回は、この本を読んでいただいた読者限定で、特別プレゼント。
通常、初期費用10万円+月額1万円からご利用いただけるどこどこJPですが、以下のエントリーフォームからお申込みいただくと、本書限定特典として30日間の無料トライアルをお試しいただけます。
https://www.docodoco.jp/contact/trial_cc.html
※キャンペーン期限：2023年3月31日まで

どこどこJPは、デジタルマーケティングを行うBtoB企業にとって不可欠なサービスです。是非お試しください！

A-2

本書で使用しているテンプレート

本書の説明時に使用したサンプルをテンプレートとして公開しています。

Googleアカウントでログインした状態で、以下の手順で操作することで、自社の数値を使ってサンプルと同じレポートが作成できます。

各レポートテンプレートを以下に示します。

・Chapter2
「Google アナリティクスレポート」
https://datastudio.google.com/s/jaQpa1dlRrk
・Chapter2
「Google広告レポート」
https://datastudio.google.com/s/rSq-Ak6sp3M
・Chapter2
「YouTubeアナリティクスレポート」
https://datastudio.google.com/s/u-BjRgxvHDY
※共有可能なデータがないため、ダミーデータと接続してあり、ほとんどデータがありませんが、テンプレート利用は可能です。

・Chapter7
「Search Consoleレポート」
https://datastudio.google.com/s/t1OQG5OYL2Q
・Chapter7
「Googleアナリティクスの簡易レポート①」
https://datastudio.google.com/s/rfV7lFrxMo0
・Chapter7
「Googleアナリティクスの簡易レポート②」
https://datastudio.google.com/s/iv9PTJJkBKw

なお、テンプレートをご自身のGoogleデータポータルに取り入れる方法を次に示します。

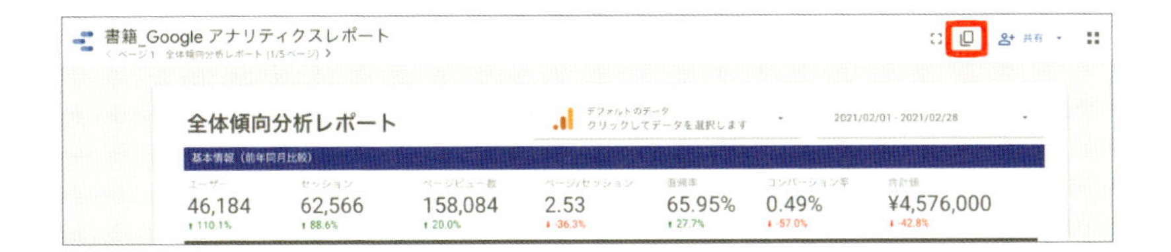

まずは各URLにアクセスをし、右上の赤丸部分でレポートをコピーします。

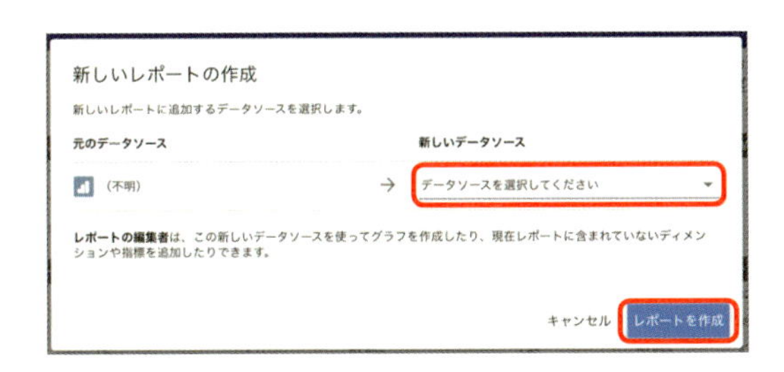

新しいデータソースを選択するプルダウンで、自社のデータソースを選択し、「レポートの作成」をクリックします。
(そのため、事前に自社のGoogle アナリティクスなどのデータを「データソース」として作成しておく必要があります)

また、一部のレポートでは、本書で説明したように新しく作成した指標(例：離脱改善指標)を使っているものがあります。その場合は次図のような画面になるため、「編集」モードにして、項目を差し替えるなどの対応をしてください。「指標が無効です」などと表示されています。

ほかにもディメンション・フィルタ・並べ替えなどの部分でエラーが出る場合がありますので、「無効な〜〜」がなくなるように、設定を変更してください。

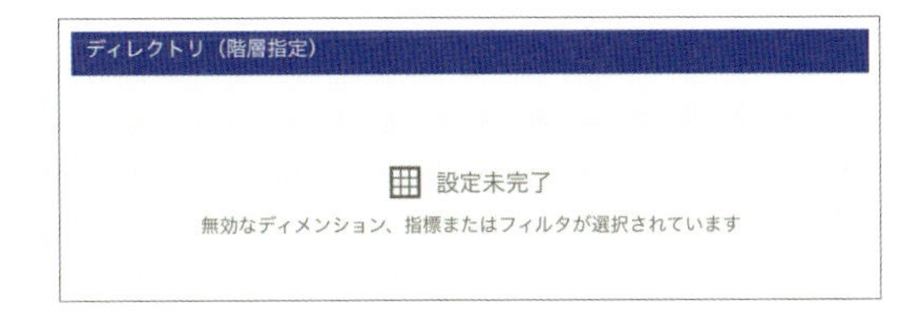

レポートのコピーについては、
https://support.google.com/datastudio/answer/7175478?hl=ja
公式ヘルプにも記載がありますので参考にしてください。

おわりに

この本を最後まで読んでいただき、ありがとうございました。Googleデータポータルやマーケティングで必要とされるレポートについて少しでも理解を深めることができたでしょうか。この本を読んだ後に、過去に作ったレポートを改めて見直すと「ここの○○をもう少し○○すれば見やすくなるかも」「この部分は分けて見せたほうがもっと伝えたいことが上手く伝わるかも」といった気付きをきっと得られると思います。

レポートはテンプレート化されることが多いかもしれません。私は代理店の立場なので複数のクライアントのレポートをGoogleデータポータルで作ることが多いです。なるべくレポート作成の時間を短縮しようと考えるとテンプレート化してしまいがちです。しかし、いつも心掛けているのは「クライアントごとにKPIがあり、担当者・企業ごとに課題と悩みがある」ということ。担当者の悩みを聞きKPIとして何を設定するか、どう定点観測をするのかを考えると、全てのクライアントを全く同じレポートにするのは厳しいです。テンプレート化できるところとできないところがあることを認識する必要があります。

普段私がGoogleデータポータルを利用するシチュエーションを以下に示します。

- **クライアントに提出する解析レポートとして**
- **クライアントへの施策効果を自社が定点観測するために**
- **クライアントが自社のデータに興味を持ってもらうために**

私は中小企業と取引する機会が多いのですが、社内にウェブマーケティング専門の部署を設置していることは極めて稀で、多くの担当者はほかの業務とウェブを兼務で担当者としています。よって、毎日Googleアナリティクスの管理画面にアクセスすることも少ない状況です。そのため、Googleデータポータルで必要な情報をピックアップし、簡易なレポート作成して希望があれば担当者に毎朝PDF化してメールで送ることもしています。まずは数字を見る習慣を作り、変化に興味を持ってもらうことが重要ではないかと思います。Googleデータポータルにはそれを実現する機能が備わっています。

Googleデータポータルの無償サービスがローンチした頃から使い続けているのですが、当時はまだまだ機能面で物足りないところもありました。機能改善が日々行われていることから、Googleが力を入れていることがうかがえます。最近ではGoogleマップの見せ方で表示できるバブルマップや条件付き書式の機能などが追加されています。今後もアップデートが繰り返されることが予想されます。
　過去にGoogleデータポータルを使っていて最近管理画面に訪れていない方は、機能の変化に少し驚くかもしれませんね。

　レポートを綺麗に作ったからといって業績が伸びる訳ではないです。
　Googleデータポータルが使えたからといって売上が伸びる訳でもないです。
　この2つはあくまでも「ツール」です。何度も言いますが重要なことは次のアクション(意思決定)に繋がる仕組みになっているかということです。
　そのためのツールということを念頭に置いて活用しましょう。そしてレポートの質を何倍にも跳ね上げましょう！

2021年3月
著者を代表して　安田 渉

著者プロフィール

・**安田 渉**（やすだ わたる）：Chapter1-2、Chapter4担当
株式会社スワールコミュニケーションズ
兵庫県神戸市でウェブ広告の運用代行を中心にアクセス解析、サイト改善、社内ウェブ担当者の育成支援、セミナー講師などを行う。ロジカルな視点での改善立案を得意とする。

・**石本 憲貴**（いしもと のりたか）：Chapter2-5、事例担当
株式会社トモシビ 代表取締役、ウェブ解析士マスター/AJSA認定 SEOコンサルタント
関西大学法学部法律学科卒業 大学卒業後、独学でウェブサイト制作/プログラミング/ウェブマーケティングを学び、25歳でウェブコンサルティング会社を設立。企業研修・セミナーなどの講師活動を年間200回以上実施。

・**稲葉 修久**（いなば のぶひさ）：Chapter2-2、Chapter2-3、Chapter2-6担当
RIコンサルティング株式会社 代表取締役、ウェブ解析士マスター、チーフSNSマネージャー、臨床検査技師
2011年に会社を設立。ウェブ解析関連講座を年間200回以上開催、海外での登壇実績あり。ウェブ解析士アワード3年連続受賞。

・**沖本 一生**（おきもと かずき）：Chapter3担当
株式会社デジタルアイデンティティ Adstrategy Div. Manager、
Google広告 公式プロダクトエキスパート、ウェブ解析士マスター
デジタルアイデンティティ社にて、広告運用部署のテクニカルマネージャーとして、Googleアナリティクスなどの解析ツールも活用しデジタルマーケティング成果の改善に従事。

・**小田切 紳**（おだぎり しん）：Chapter6-3担当
株式会社クラックス ウェブコンサルタント、一般社団法人エスノグラフィ・マーケティング協会理事。主に国内メーカーECサイトのマーケティング支援に従事。

・**佐々木 秀憲**（ささき ひでのり）：Chapter1-1、Chapter1-3、Chapter2-1、Chapter2-2、Chapter2-7担当
株式会社Task it　代表取締役、ウェブ解析士マスター
慶應義塾大学法学部法律学科卒業後、株式会社リクルートジョブズにて求人広告営業などとして従事後、2016年より現職。ウェブ解析をフルに用いたウェブコンサルティングや、講座講師を行っている。

・**白水 美早**（しろうず みさ）：Chapter6-1担当
トランスコスモス株式会社 テクノロジーコンサルチーム チームリーダー
データコンサルタントとしてウェブマーケティングの効果計測に携わる。企画、設計からレポーティングまで一気通貫のダッシュボード実装、特に各種ツールを複合的に活用したデータポータル実装を得意とする。その傍らテクノロジーを通じたウェブマーケティングのセミナー登壇や執筆活動など、マーケターのビジネス課題解決サポートに従事。TrenDec代表。

・**杉山 健一郎**（すぎやま けんいちろう）：Chapter2-7担当
アークランドサカモト(株)経営企画室所属、上級ウェブ解析士・提案型ウェブアナリスト
2015年初級ウェブ解析士取得。インハウスのウェブ担当、ウェブディレクターを経て、現在はホームセンターを軸とした、複数の事業を運営するグループのデジタルマーケティング部の立ち上げを行っている。

- **世良 直也**（せら なおや）：Chapter6-2、事例担当
  株式会社Geolocation Technology
  IPアドレスを活用したウェブマーケティングを得意とし、BtoB企業を中心にアクセス解析や戦略立案などを支援。ウェブマーケティングに関する講座やセミナーに多数登壇。

- **谷尻 真弓**（たにじり まゆみ）：Chapter5担当
  株式会社D2C dot
  フリーランスのウェブデザイナーとして活動した後、デジタルマーケティング事業へ転身。株式会社D2C dotにて、UXデザインの一環としてウェブ解析を行っている。

- **古橋 香緒里**（ふるはし かおり）：事例担当
  株式会社Face Intelligence & co.代表取締役、ウェブ解析士マスター
  中小企業の市場分析から制作・運用まで行い、組織のウェブ担当者のような位置づけで長期的に企業に貢献している。

- **松浦 啓**（まつうら ひろむ）：Chapter2-7担当
  HCD-Net認定 人間中心設計専門家、上級ウェブ解析士
  NTTコミュニケーションズ(株)にてデータ分析基盤の開発とウェブやアプリのデザイン改善に従事。

- **宮本 裕志**（みやもと ひろし）：Chapter2-7担当
  株式会社ローカルフォリオ
  自社開発の広告運用プラットフォームを軸に、さまざまなデジタルソリューションで中小企業を支援する株式会社ローカルフォリオに所属し、日々、データポータルを愛用している。

監修者プロフィール

- **小川 卓**（おがわ たく）
  ウェブアナリストとして、リクルート、サイバーエージェント、アマゾンジャパンなどで勤務後、独立。複数社の社外取締役、大学院の客員教授などを通じてウェブ解析の啓蒙・浸透に従事。株式会社HAPPY ANALYTICS代表取締役。

- **江尻 俊章**（えじり としあき）
  一般社団法人ウェブ解析士協会代表理事。2000年の創業以来、業界では最も早い時期からアクセス解析に着目し、ウェブ解析を軸にしたコンサルティングを行っている。

協力者

- **井水 大輔**（いみず だいすけ）
- **小田 則子**（おだ のりこ）
- **窪田 望**（くぼたのぞむ）
- **藤岡 浩志**（ふじおか こうじ）

INDEX

数字

A

B

C

D

E

F

G

サ行

タ行

ナ行

ハ行

マ行

ヤ行

ラ行

STAFF

ブックデザイン：三宮 暁子（Highcolor）
DTP：富 宗治
編集：畠山 龍次

Google（グーグル）データポータルによる レポート作成（サクセイ）の教科書（キョウカショ）

2021年4月20日　初版第1刷発行

著者　安田 渉、石本 憲貴、稲葉 修久、沖本 一生、小田切 紳、佐々木 秀憲、白水 美早、杉山 健一郎、世良 直也、谷尻 真弓、古橋 香緒里、松浦 啓、宮本 裕志
監修　小川 卓、江尻 俊章
発行者　滝口 直樹
発行所　株式会社 マイナビ出版
〒101-0003　東京都千代田区一ツ橋2-6-3　一ツ橋ビル 2F
TEL：0480-38-6872（注文専用ダイヤル）
TEL：03-3556-2731（販売部）
TEL：03-3556-2736（編集部）
編集部問い合わせ先：pc-books@mynavi.jp
URL：https://book.mynavi.jp
印刷・製本　シナノ印刷株式会社

ISBN978-4-8399-7573-9